RURAL HUMAN SETTLEMENTS SYSTEM VULNERABILITY AND RURAL TRANSFORMATION ON LOESS PLATEAU

黄土高原乡村人居环境系统

脆弱性与乡村转型

杨晴青 著

中山大學出版社
SUN YAT-SEN UNIVERSITY PRESS
·广州·

图书在版编目（CIP）数据

黄土高原乡村人居环境系统脆弱性与乡村转型/杨晴青著．—广州：中山大学出版社，2023.5

ISBN 978－7－306－07779－0

Ⅰ．①黄…　Ⅱ．①杨…　Ⅲ．①黄土高原—乡村—居住环境—研究—中国　Ⅳ．①X21

中国国家版本馆CIP数据核字（2023）第060119号

出 版 人：王天琪
策划编辑：嵇春霞
责任编辑：潘惠虹
封面设计：曾　斌
责任校对：舒　思
责任技编：靳晓虹
出版发行：中山大学出版社
电　　话：编辑部 020－84110283，84113349，84111997，84110779，84110776
　　　　　发行部 020－84111998，84111981，84111160
地　　址：广州市新港西路135号
邮　　编：510275　　传　　真：020－84036565
网　　址：http：//www.zsup.com.cn　E-mail：zdcbs@mail.sysu.edu.cn
印 刷 者：广东虎彩云印刷有限公司
规　　格：787mm×1092mm　1/16　17.5印张　310千字
版次印次：2023年5月第1版　2023年5月第1次印刷
定　　价：62.00元

本专著的出版获得国家自然科学青年基金项目（项目批准号：42001202）、陕西师范大学优秀学术著作出版项目的资助

目　录

前　言

在近30年的城市化、工业化进程中，因自然资源禀赋差异、发展机会不对等，区域间或区域内部发展的空间不均衡性、不稳定性的问题日益凸显。一方面，不同于城市地区或沿海平原地区，西部乡村地区虽然在经济建设上取得了一定的成效，居民生活、生产条件明显得到改善，但在地形地貌、生态环境等自然条件的限制下，农户过度依赖土地资源，农业产业化、规模化、机械化程度低，第二、第三产业发展滞后，地方经济造血能力弱，经济建设长期依赖国家财政的支持。另一方面，城市化对传统乡村的冲击使得人力资本等要素持续流失，乡村地区逐渐丧失了发展的机会，已逐渐走向衰落，亟待转型与振兴。

黄土高原是我国生态环境脆弱、经济欠发达地区。在社会经济发展及城镇化进程中，黄土高原传统农耕地区遭受了来自自然生态与人类活动的双重扰动，乡村区域生态恢复与乡村衰败并存，乡村居民赖以依存的人居环境系统亟待重构。现阶段，乡村振兴的关键任务是发展乡村经济与改善人居环境，但不同于乡村人居环境传统研究所关注的质量评估、适宜性分析，黄土高原传统乡村人居环境建设的关键点在于剖析系统脆弱根源，探索“医治”途径，巩固生态修复成效。基于这一背景，本书以人地关系、人居环境科学理论为指导，以人地系统脆弱性视角为切入点，以黄土高原半干旱地区的榆林市佳县为案例区，对黄土高原乡村人居环境系统脆弱性演变与乡村转型进行系统研究，以期为黄土高原半干旱区乡村人居环境系统重构提供理论参考和决策依据。

本书将遵循“评估框架构建—情景阶段识别—时空过程剖析—功能因子诊断—演变机制解析”的叙述主线，分为六部分内容。

第一部分包括第一章和第二章，为研究总论和相关文献的综述。

第二部分为第三章，构建乡村人居环境系统脆弱性与乡村转型分析框架，提出了多尺度整合的乡村人居环境系统脆弱性表征因子体系，探索性设定了乡村人居环境系统脆弱性情景界定与阈值规则，以服务于尺度嵌套的乡村人居环境系统脆弱性评估。

第三部分为第四章至第六章，基于具体案例区陕西省榆林市佳县，开展多尺度的乡村人居环境系统脆弱性演变过程实证研究。第四章以县域为尺度，构建了乡村人居环境系统脆弱性测度框架，测度了案例区37年间（1980—2016年）① 的乡村人居环境综合系统、子系统、因子的脆弱性值，并对其时序演变轨迹进行了刻画。基于情景界定规则对乡村人居环境系统脆弱性状态进行阶段划分，利用52份关键人物访谈文本、2份行业部门访谈材料，运用“ground-truthing”质性方法对情景类型进行了实地验证，剖析不同阶段脆弱性情景特征。第五章将尺度下降至村域尺度，构建了村域尺度乡村人居环境系统脆弱性测度框架，基于县域尺度阶段划分的结果，利用65个样本村、451份入户调查问卷，运用逼近理想解排序法对村域尺度乡村人居环境系统脆弱性值进行测度，并基于ArcGIS平台刻画了人居环境综合系统、子系统脆弱性的时空格局。运用贡献度模型、障碍度模型对乡村人居环境系统脆弱性的功能子系统/因子进行了诊断。第六章将研究尺度上推至地貌片区，分析了案例区北部风沙区、西南黄土丘陵沟壑区、东南黄河沿岸土石山区三类地貌片区乡村人居环境系统脆弱性及功能子系统/因子的演变过程，同时梳理了三类地貌片区乡村人居环境系统优劣势特征的转变。

第四部分为第七章至第九章，探讨了案例区1980—2017年②以来环境脆弱演变下乡村转型历程及驱动机制。采用定性与定量相结合的方法，基于451份入户调查问卷、113份关键人物访谈文本，从“生计—土地—空间结构”转型的视角切入分析不同地貌片区乡村转型的历程。

第五部分为第十章，探索了乡村人居环境系统脆弱性与乡村转型的变化过程。主要采用梳理归纳法，对乡村人居环境系统脆弱性演变路径、乡

① 县域的宏观数据为1980—2016的数据。

② 村域、地貌片区实地调研的微观数据为1980—2017年的数据。

村转型轴线进行了梳理，识别并提炼了各阶段人居环境系统脆弱性演变、乡村转型发展的主导因素，并对主要驱动力展开分析，构建了乡村人居环境系统脆弱性演变与乡村转型机制。

第六部分为结论与展望，对本书进行总结，提出减轻乡村人居环境系统脆弱性、促进乡村绿色转型的政策建议，提出创新点以及未来展望。

第一章

第一节　问题的缘起

截至2016年，我国乡村人口约为5.88亿人，占总人口的42.5%。乡村人口仍是我国人口的主体，乡村地域也占据我国国土面积的绝大部分。乡村振兴、社会经济与资源环境协调发展等关系我国民生改善、社会经济可持续性发展大局。笔者认为，现阶段乡村振兴的关键任务是乡村经济发展与人居环境优化，人居环境建设又是乡村振兴的切入点，为乡村经济的发展提供支撑，如以设施完善的居住环境、均等化的公共服务体系留住乡村人口并吸引人力资本流入，以高恢复力的自然生态系统支撑农业发展。基于对乡村转型与乡村振兴的关注，本书的研究背景归纳为以下三个方面。

第一，事关广大农民根本福祉的乡村人居环境系统问题突出，人居建设面临严峻挑战。随着城市化与工业化的快速推进，乡村人居环境问题层出不穷，既有乡村公共服务落后、居民收入水平低等痼疾待治，又面临环境污染、人力资本流失等新问题。优化乡村人居环境、减轻乡村人居环境系统脆弱性成为乡村人地关系和谐与乡村振兴的首要任务。

第二，对生态脆弱区域乡村振兴的思考。黄土高原是我国生态环境脆弱、经济欠发达地区。在生态脆弱区域探索出一条生态恢复与乡村振兴之路需要更多的思考与关注。

第三，乡村人居环境建设逐渐成为学界及地方政府的关注重点，挑战与机遇并存。在社会转型和全面建设小康社会的关键阶段，在乡村振兴国家战略实施初期，乡村人居环境建设拥有新的机遇。

一、西部地区乡村人居环境问题突出

在近30年来的城镇化建设、工业化进程中，各地区因自然基础的差异、发展机会的不对等，城乡发展的空间不均衡性、不稳定性的问题凸显。

在此过程中，乡村人居环境赖以依存的社会、经济、自然环境发生了较大改变，主要体现在以下三个方面。

第一，社会保障、基础设施建设等有了较大的改善，但教育、医疗等公共服务供给仍远落后于城镇，公共服务均等化亟待推进。

第二，生态修复与环境破坏行为并存。生态修复得益于国家政府长期实施的植树造林项目、水土保持工程、荒漠化防治等生态保护与修复工程，全国尺度上的森林覆盖率已由1989年的13.92%（据1989—1993年森林资源清查资料）上升为2009年的21.63%（据2009—2013年森林资源清查资料）。环境破坏归因于长期以来企业及农户的环保意识缺乏、地方政府在国土开发与保护中的生态站位较低。如农户过度使用农药、化肥及塑料薄膜，焚烧秸秆与倾倒生活垃圾入河等行为使环境遭到破坏；地方政府管治能力弱造成乡村饮用水水源地的污染；发展旅游地产致使草场与森林被严重破坏（曾菊新 等，2016）。

第三，乡村人口与社会系统高度脆弱。主要表现为城乡文化冲突日趋严峻，乡村传统文化衰微，农村“空心化”、留守老人与留守儿童问题成为当前阶段引起重大关注的社会问题（刘彦随 等，2009；龙花楼 等，2012；朱媛媛，2014）。

二、黄土高原地区生态恢复与乡村振兴的实现

黄土高原是我国生态环境脆弱、经济欠发达地区。该类型区域以生态问题突出、农民生活环境宜居性差、基础设施条件发展滞后为特征。生态环境脆弱表现为气候干旱、水资源短缺、水土流失严重、植被覆盖度低，容易受风蚀、水蚀和人类活动影响。其中，黄土高原区域总面积达64.62万平方千米，水土流失面积达39.08万平方千米，是黄河泥沙的主要来源区域，每年平均输入黄河的泥沙达14亿吨（高海东 等，2015）。2011年，黄土高原总人口为11517.52万人，其中农业人口为7547.37万人，占总人口的65.53%，人口密度为每平方千米178.23人，农民人均纯收入为3200元。长期以来，黄土高原乡村区域遭受了来自自然灾害与人类活动的双重扰动，生态环境脆弱与乡村衰败并存，乡村居民赖以依存的人居环境系统亟待重构。因此，一方面，有别于平原地带乡村转型发展与乡村振兴的路径，黄土高原地区必须寻找一条生态恢复与乡村振兴共赢之路；另一方面，有别于传统人居环境研究关注的质量评估、因地制宜优化策略，该地区人居环境建设的关键点在于剖析系统脆弱根源与影响因素，探索

“医治”途径，巩固生态修复成效，助力乡村振兴。

三、促进学科交叉，基于系统综合的人居环境研究亟待加强

19 世纪末至 20 世纪 40 年代，欧洲工业革命后，“城市病”问题逐渐显现，诞生了以自然生态观为核心的人居环境理论，代表理论是霍华德（Howard）的“田园城市”理论及盖迪斯（Geddes）倡导的人居环境区域观念等。20 世纪 50 年代，希腊城市规划学家道萨迪亚斯（Doxiadis）提出人类聚居学的研究构想，标志着以城市规划为核心的人居环境科学在西方形成（Doxiadis，1968）。之后，欧美国家基本实现了人口城市化。在城市化过程中，乡村衰败、经济落后等问题凸显，一批学者开始将研究视角转向乡村，基于“人本主义”视角的乡村社会地理学开始在乡村人居环境研究中占据重要地位。

1993 年，吴良镛受到道萨迪亚斯的人类聚居学构想的启发，同周干峙等学者，结合中国国情，在道萨迪亚斯学说的基础上创立了人居环境科学，科学地规范了人居环境研究的框架，开创了中国人居环境学科的新局面（吴良镛，2001）。之后，中国城乡规划学、农村经济学、农村社会学和农村地理学等多学科开始寻找介入农村人居环境研究的切入点，力图在乡村人居环境科学的学科网络里建立自己的“主页”。但是，一方面，不同学科、地方政府对人居环境的理解存在分歧。城市规划学、建筑学在人居环境领域做了较多研究，但主要将人居环境建设视为一项工程，关注人居环境硬件及其具体形态，如建筑体本身、居民点规划布局。地方政府将乡村人居环境接近理解为农村卫生环境、生态环境，忽略了乡村人居环境的系统属性，如农村宣传标语中通常将优化乡村人居环境与开展农村环境综合整治并列等。因此，为了避免在学科对话中出现歧义，亟须明确、突出乡村人居环境的系统属性。另一方面，乡村人居环境研究视角狭窄且传统，大多基于城市研究理论框架，忽视了中国乡村地域空间特性。国内从系统综合的视角对不同尺度人居环境状态进行了研究，但多是基于“指标－评估”的模式对其空间分异、影响因素展开分析，鲜有质性研究。定量案例研究的数据来源大多为社会经济统计数据，而具有地面真实特征、关注“人的体验”的微观数据应用较少，鲜有整合社会经济统计数据、微

观调研数据、空间地理信息数据的研究。

在此背景下，人们更应该关注乡村地域人居环境的健康发展，探讨典型区域的人居环境演变历程及机制，重点关注人居环境对乡村发展的支撑作用，提出具备可操作性的建设路径，为典型特征地区的人居环境可持续发展与乡村振兴提供经验借鉴以及决策支持。3S 等地理信息空间技术的应用为乡村人居环境优化研究提供了广阔的空间，应用空间信息等高新技术，整合多尺度、多来源数据，促进多学科的交叉综合，形成跨学科的集成研究将成为未来乡村人居环境研究的重要发展方向。

四、国际社会及地方政府对乡村人居环境系统的关注

国际人居环境建设得到了国际组织的持续关注。1978 年，联合国成立了人居中心，并于 1976 年、1996 年和 2004 年分别召开了有关人居环境的国际会议，在《伊斯坦布尔宣言》中明确提出了可持续的人居环境发展观，强调城市、城镇、乡村不同层次的可持续发展，将享有住房看作一种人人拥有的权利，以政治行为的形式在各国实施。2004 年召开的人与环境国际会议确定的“乡村 - 城市关联观”，再次强调了城乡关联发展的重要性，提出了除改善城市人居环境以外，还应努力为农村地区增加基础设施、公共服务和就业机会等（United Nations Centre for Human Settlements, 2004）。与此同时，联合国人居中心联合世界银行等国际组织以项目援助形式在发展中国家进行人居环境建设试验。2008 年 3 月，全球人居环境论坛（Global Forum On Human Settlements，GFHS）正式在美国纽约州注册成立，以建设可持续的人居环境、促进联合国人居议程为宗旨，研发和推广城市与人居环境相关的标准体系，制定了国际人居环境范例新城（International Green Model City，IGMC）低碳城镇标准，颁发了“可持续城市和人居环境奖”，论坛先后发表了《营造绿色文明、建设宜居城市深圳宣言》《21 世纪的水与人居环境无锡宣言》《建设低碳城市、应对气候变化纽约宣言》。2016 年，在厄瓜多尔首都基多召开的联合国第三次住房和城市可持续发展大会通过了《新城市议程》，中国国家报告提出了改善人居环境的三要素，即坚持可持续发展道路、以新型城镇化道路推动城乡一体化发展、加强国际合作。

此外，我国政府始终关注乡村人居环境建设情况，并相继提出了多项意见以及人居环境建设行动方案。2013 年 10 月，习近平总书记就改善农村人居环境作出重要指示，国务院总理李克强就推进这项工作作出批示，强调改善农村人居环境承载了亿万农民的新期待，要全面改善农村生产生活条件。2014 年 5 月 29 日，国务院办公厅印发《国务院办公厅关于改善农村人居环境的指导意见》，提出“到 2020 年，全国农村居民住房、饮水和出行等基本生活条件明显改善，人居环境基本实现干净、整洁、便捷，建成一批各具特色的美丽宜居村庄”。同年 7 月，中国社会科学网就“农村人居环境的研究进展”等相关问题进行专题采访，提出创新发展中国特色农村人居环境是“硬道理”。2018 年 1 月 2 日，中共中央、国务院发布《中共中央　国务院关于实施乡村振兴战略的意见》。2018 年 2 月，中共中央办公厅、国务院办公厅印发《农村人居环境整治三年行动方案》（简称《行动方案》），指出“改善农村人居环境，建设美丽宜居乡村，是实施乡村振兴战略的一项重要任务，事关全面建成小康社会，事关广大农民根本福祉，事关农村社会文明和谐”。同时，《行动方案》也指出了虽然农村人居环境建设取得了阶段性成效，但农村人居环境状况很不平衡，脏乱差问题在一些地区还比较突出，与全面建成小康社会要求和农民群众期盼还有较大差距，仍然是经济社会发展的突出短板。2018 年 9 月，中共中央、国务院印发《乡村振兴战略规划（2018—2022 年）》，按照产业兴旺、生态宜居、乡风文明、治理有效、生活富裕的总要求，对实施乡村振兴战略做出阶段性谋划。在中央及社会各界的关注下，各级地方政府已将改善农村人居环境作为社会主义新农村建设的重要内容，农村人居环境建设发展获得新机遇。

综上，在挑战与机遇并存、生态恢复与乡村振兴刻不容缓的背景之下，如何助力乡村振兴，实现人地和谐与民生改善？如何因地制宜地重构乡村人居环境，降低乡村人居环境系统脆弱性？如何在生态脆弱区实现生态恢复与经济发展共赢？这些问题需要乡村地理学研究学者更多的关注与思考。

第二节　预期目标、关键问题与意义

一、主要目标

首先，本书将乡村人居环境与人地系统脆弱性框架有机结合，探索黄土高原半干旱地区乡村人居环境系统脆弱性的构成与时空特征，识别乡村人居环境系统的劣势与优势。其次，从乡村“生计—土地—空间结构”透析乡村人居环境变化下的乡村转型。最后，构建乡村人居环境系统演变与乡村转型机制，以期为减轻乡村人居环境系统脆弱性与乡村转型提供新视角和方法。

研究主要目标如下：

（1）构建多尺度整合的乡村人居环境系统脆弱性评估基础体系；

（2）构建脆弱性视角的乡村人居环境演变与乡村转型分析框架；

（3）识别案例区不同尺度乡村人居环境演变阶段与时空差异特征；

（4）分析黄土高原三大典型地貌区人居环境的优势与劣势；

（5）揭示黄土高原三大典型地貌区乡村转型历程；

（6）构建乡村人居环境系统演变与乡村转型机制。

二、关键科学问题

1. 乡村人居环境系统脆弱性与乡村转型整合研究的理论框架建设

黄土高原农村地区的居民的生活、居住及生产活动既受地理环境制约、各类气象与地质灾害威胁，又面临城市化冲击下劳动力大量流失、农村居民及社区的适应能力差等问题。本书采用人地系统领域的脆弱性理论作为乡村人居环境系统研究的切入点，并从乡村人居环境系统脆弱性的演变透视乡村转型的历程，构成研究的基本分析框架。这是一个有别于传统的乡村人居环境“综合质量评价”和“可持续发展能力评价”的概念框架，其中乡村人居环境系统脆弱性的概念界定、内涵、系统构成，以及乡村人居环境状态与乡村转型的逻辑关系等均有待深入探讨。

2. 基于多尺度整合的乡村人居环境系统脆弱性评估体系建立

乡村人居环境系统是一个以人为本，涉及乡村居民生活、居住和基本生产活动的社会－经济－自然复合系统，其系统构成具有多样化和多层次性，且具有显著的尺度特征。乡村人居环境系统脆弱性大小如何定量化表达？如何整合不同属性的数据，辨识空间分异特征？如何构建适应宏观与微观尺度的乡村人居环境系统脆弱性评估基础表征因子体系？亟须探寻微观社会经济数据空间化、适应于尺度嵌套研究的新方法，以便为这一开放的复杂巨系统提供一般性的求解模式。

三、理论意义与实践价值

本书将以乡村振兴、民生改善为导向，从人地系统脆弱性视角出发，以陕西省榆林市佳县为例，对黄土高原半干旱地区乡村人居环境系统的演变过程以及乡村转型历程进行深入探讨，并试图解析乡村人居环境系统脆弱性演变与乡村转型的机制，以期为黄土高原半干旱地区乡村人居环境系统重构、乡村转型提供理论参考和决策依据，助力乡村振兴战略、丰富乡村地域人居环境研究视角、拓展人地系统脆弱性内涵。

1. 理论意义

乡村人居环境的实质是人地关系在乡村特定地域的具体表现形式。目前，乡村人居环境研究视角较为传统，多是基于单个或特定时间截面对乡村人居环境的质量、可持续发展能力进行衡量，缺少基于长时序资料多尺度对乡村人居环境系统脆弱根源与演变过程的研究。本书综合考量了自然条件限制与城市化冲击的多重胁迫，基于人地系统脆弱性视角，多尺度解析 1980 年以来乡村人居环境系统脆弱性演变过程，探寻乡村人居环境系统脆弱性的贡献因子与抵抗因子，探索人居环境演变下黄土高原典型地貌区乡村转型的历程，构建乡村人居环境系统脆弱性演变与乡村转型机制，以期为减轻乡村人居环境系统脆弱性，实现乡村健康转型和乡村振兴提供理论支撑。

脆弱性一词原指受到伤害的可能性，该术语早期被用于自然灾害研究，目前其使用范围已扩展至气候变化、社会转型、健康与福利、可持续发展等领域，脆弱性理论凭借其独特理论与方法成为分析人地相互作用程度、机制与过程、区域可持续发展的一个基础性科学知识体系（葛怡 等，

2005；李鹤、张平宇，2011；黄晓军 等，2014）。基于多种扰动因素的人地系统脆弱性的研究成果较少（陈佳 等，2016）。国内现有的成果主要集中于探讨在旅游开发、移民安置等扰动下，石油城市经济系统（王士君 等，2010）、旅游社会生态系统（陈佳 等，2015）、边缘区社会生态系统（何艳冰 等，2016）、人－湖泊经济系统（余中元 等，2015）等人地耦合系统脆弱性状态和机制作用。本书将脆弱性理论运用于人居环境系统这一具体的人地系统类型，是对脆弱性理论运用的一次创新尝试。

2. 实践意义

黄土高原地区水资源匮乏、干旱灾害频发，是世界上水土流失严重、生态环境极为脆弱的地区之一，也是我国水土流失治理等生态修复工程的主战场。此外，黄土高原又是我国经济贫困地区之一，农村居民生存环境适宜性差，自我发展能力不足。在社会经济发展及城镇化进程中，黄土高原传统农业地区经济开发与生态环境保护矛盾突出，人地不和谐因素增多，环境污染和生态破坏事件时有发生，严重威胁着国家生态安全。本书关注黄土高原半干旱区，以榆林市佳县为案例区，对村域尺度乡村人居环境系统脆弱性的贡献因子与抵抗因子变化进行诊断，以期能对案例区村域尺度的乡村人居环境建设提供政策建议，或以案例区村域特征为参照，对案例区以外的村域尺度乡村人居环境建设提供指导。解析乡村地域空间人居环境系统脆弱性演变过程与机制，识别土石山区、风沙区、丘陵沟壑区三大黄土高原典型地貌类型区乡村人居环境优劣势演变、乡村转型历程及现状，对于促进该类地区民生改善、引导人地和谐与巩固生态修复成效、助力乡村振兴具有现实指导意义。

综上所述，本书首先从人地系统脆弱性这一全新视角切入乡村人居环境系统研究，其次以乡村“生计—土地—空间结构”转型的视角透视乡村人居环境状态演变下的乡村转型过程，最后展开机制探索。这对于创新乡村地域人居环境研究视角、拓展脆弱性研究领域等具有一定的理论与实践意义。

第三节　主体内容

人居环境科学是以包括村镇、城市等在内的所有人类聚居形式为研究对象的科学，包括人类系统（侧重人的心理与行为）、自然系统（气候、土地、植物等）、居住系统（住宅及设施）、社会系统（社会关系、经济发展、健康和福利等）和支撑系统（村庄基础设施）五大系统，是中微观尺度上人地关系的表征（吴良镛，2001）。乡村人居环境是乡村居民聚居中所构成的社会－经济－自然复合系统（余斌，2007）。乡村人居环境系统脆弱性可理解为暴露于在内外部自然和人为要素扰动下，乡村地域内居民居住、生活及基本生产活动等相关环境，由于自身的敏感性特征以及适应能力的缺乏，而使系统（子系统或系统组分）容易受到负面影响或损害的状态。本书以人地关系理论为指导，紧密结合国内外人居环境科学及脆弱性前沿研究，从人地脆弱性视角出发，研究1980—2017年案例区在自然与人为多要素扰动下乡村人居环境演变、乡村转型过程，并探究乡村人居环境系统脆弱性演变与乡村转型机制。

一、乡村人居环境与人地系统脆弱性的理论探讨

本书基于国内外关于人居环境、脆弱性、乡村转型的研究，界定乡村人居环境、人地系统脆弱性、乡村转型概念及内涵，理清乡村人居环境与脆弱性、乡村人居环境与乡村转型的逻辑关系。

本书对人居环境系统及其子系统的特征、结构、功能、影响因素，以及乡村转型的支撑作用等进行梳理，引入人居环境科学理论、人地关系理论等基础理论，结合黄土高原半干旱区的典型特征，展开三个方面的探讨：①构建宏微观尺度整合的乡村人居环境系统脆弱性评估基础体系；②提出乡村人居环境系统脆弱性情景界定规则；③形成脆弱性视角的乡村人居环境演变与乡村转型分析框架。

二、多尺度嵌套的乡村人居环境系统脆弱性时空过程

本书基于乡村人居环境系统脆弱性评估基础体系，分别形成适应于县域尺度与村域尺度的乡村人居环境系统脆弱性测度指标框架。从县域尺度出发，剖析1980—2017年案例区乡村人居环境系统脆弱性水平的演变轨迹，基于情景界定规则对案例区乡村人居环境系统脆弱性演变过程进行阶段划分，为了防止基于数值分析的阶段划分结果与现实情况大相径庭，并弥补传统数据分析未考虑“人的体验”的局限，采用Smith等（2011）提出的“ground-truthing”质性方法提炼情景阶段性脆弱特征及影响因素；基于县域尺度阶段划分的结果，采用逼近理想解排序法，将尺度下降至村域；基于ArcGIS平台，探索乡村人居环境系统脆弱性时空过程，采用障碍度模型与贡献度模型诊断乡村人居环境及其子系统脆弱性的功能子系统/因子，包括贡献因子与抵抗因子；基于村域尺度脆弱性功能因子诊断的结果，将尺度上推至地貌片区，解析案例区全区、三类地貌片区功能子系统分布演变过程，探析区域乡村人居环境系统优势与劣势特征及其转变。

三、人居环境演变下的乡村转型历程分析

1980—2017年，我国乡村人居环境状态不断变化，基于对乡村转型内涵的认识，笔者将采用定量与定性相结合的方法，从“生计—土地—空间结构”的视角解析案例区，以及北部风沙区、西南黄土丘陵沟壑区、东南黄河沿岸土石山区三类地貌片区的乡村转型过程。主要内容有三方面：以乡村生计活动、农户生计结构、生计多样性的转变表征乡村生计转型；以农户林地—耕地利用类型的转换、耕地—弃耕地的转换表征乡村土地利用的转型；从乡村社会交往、交通路网、公共服务供给等要素空间分布的变化，探析乡村“面—线—点”空间结构转型发展过程。

四、乡村人居环境系统演变与乡村转型机制探讨

采用梳理归纳法剖析乡村人居环境系统演变与乡村转型的机制，并形成机制解析图。内容包括对自然、居住、人类、支撑、社会五大子系统脆

弱性演变路径的梳理；对乡村“生计—土地—空间结构”转型历程的梳理；识别并提炼驱动乡村人居环境系统脆弱性与乡村转型阶段演变的主导驱动因素，归纳促使乡村人居环境持续演变与乡村转型的内外部驱动力；形成乡村人居环境系统脆弱性演变与乡村转型的机制。

第四节　分析方法与数据来源

一、分析方法

1. 基于 RS-GIS 技术的空间分析方法

通过对社会经济数据、微观农户数据进行空间化处理，通过叠置图层等空间分析手段测度案例区乡村人居环境系统脆弱性指数并进行空间显示。

2. 问卷调查与关键人物访谈

对案例区佳县展开实地调研，包括入户问卷调查与关键人物深度访谈，以获得量化数据与质性文本。其内容均为围绕自然生态、生计来源、住房条件、消费娱乐、社会经济、人口发展、基础设施与公共服务（出行、上学、就医、政府管理等）七大领域的发展及变化展开。访谈分为针对农户与村干部的提纲式访谈，以及针对行业部门专技人员的开放式访谈。提纲式访谈的目标对象为乡村干部、乡村能人、德高望重的老者。每人每次访谈时间控制在 30 分钟之内。提纲式访谈结束后，针对访谈过程中普遍提及的气候与市场变化下枣果生计不可持续问题，研究者对林业局专技人员进行开放式访谈。开放式访谈关键内容为退耕还林工程设计、生态林与经济林（枣林）对水土保持的功效、枣果生计无法持续的原因、气候变化扰动下的适应策略等。

3. 多元定量分析与描述性定性分析法

运用综合指数法、TOPSIS 法、数据标准化等多元统计分析法，实施对县域尺度、村域尺度乡村人居环境系统脆弱性值的定量测度。运用贡献度模型、障碍度模型诊断影响乡村人居环境系统脆弱性的功能因子。采用描述性统计分析对乡村转型的各关键因子变化情况进行统计分析。

4. 质性研究方法

为了防止基于数值分析的阶段划分结果与现实情况大相径庭，并弥补传统数据分析未考虑“人的体验”的局限，采用“ground-truthing”质性方法，验证阶段划分结果，提炼情景阶段性脆弱特征及影响因素，包括三个步骤。

（1）进行提纲式访谈设计，提出引导性问题。

（2）将录音内容分析编码语句并将其归类至对应的情景阶段与五大子系统。

（3）分阶段提取脆弱特质。

5. 归纳－演绎综合分析

对典型地貌类型区的乡村人居环境系统脆弱性演变、乡村转型特征与过程进行归纳总结。在此基础上，系统梳理乡村人居环境系统脆弱性与乡村转型阶段演变的主导驱动因素，归纳关键驱动力，最后演绎形成乡村人居环境系统脆弱性演变与乡村转型机制。

二、数据来源

1. 地理空间数据

地形数据源自中国科学院计算机网络信息中心地理空间数据云平台[①] GDEMV2 30M 分辨率数字高程数据。行政区、道路网络、水系等信息来源于全国地理信息资源目录服务系统[②] 1∶100 万全国基础地理数据库（2017）。调研村庄经纬度信息由手持 GPS 采集。

2. 社会经济统计数据与历史资料

统计数据与历史资料有：佳县历年统计年鉴汇编（1949—2012）、2013—2016 年的《佳县统计年鉴》、1996—2017 年的《榆林统计年鉴》、佳县气象局 1980—2016 年的逐月降水量数据。部分行业数据来源于《佳县志（2005）》，以及从交通、国土、教育、卫生等部门获取的专项资料。

3. 关键人物访谈资料

2017 年 10 月 22 日至 29 日，研究团队前往案例区佳县进行第一次田

① 网址为 http：//www. gscloud. cn。

② 网址为 http：//www. webmap. cn。

野访谈，采用分层随机抽样方法，针对3类地貌区，每类抽取3个镇，每个镇抽取3个村庄，每个村庄选择2位家庭户主进行访谈，每人每次访谈时间均在30分钟以内。本次调研共收集到关键人物（农户、村委会成员等）有效访谈录音52份。

2018年7月16日至8月2日，研究团队再次前往案例区进行实地调研，并同样采用分层随机抽样开展访谈工作，针对案例区13个镇，每个镇选择5个行政村，每个村选择1～2名关键人员进行访谈，共获取访谈录音61份，获得开放式访谈材料2份。提纲式访谈均围绕自然生态、生计来源、住房条件、消费娱乐、邻里关系、婚姻家庭、基础设施与公共服务（出行、上学、就医、政府管理等）七大感知领域进行，每人每次访谈时间在30分钟之内。具体提问流程如下。

（1）1980年以来，村庄或居住地上述各领域有何变化？（就各领域分别提问）

（2）上述变化发生的原因有哪些？农户或地方政府是否有推动变化？

（3）农户是否适应村庄的上述变化？如何应对不良变化？

（4）农户对村庄或居住地环境最不满意及最满意的地方分别是什么？

（5）村庄未来会有什么变化？限制村庄未来发展的瓶颈问题是什么？

（6）对村庄发展有什么建议？或您希望国家或地方政府为村庄提供何种帮助？

提纲式访谈结束后，针对访谈过程中普遍提及的气候与市场变化下枣果生计不可持续的问题，研究团队对林业局专技人员进行开放式访谈。开放式访谈关键内容为退耕还林工程设计、生态林与经济林（枣林）对水土保持的功效、枣果生计无法持续的原因、气候变化扰动下的适应策略等。

4. 入户调查数据

2018年7月16日至8月2日，研究团队前往案例区（榆林佳县）开展微观调研以及专项资料收集工作。在此次微观调研中，研究团队采用分层随机抽样，覆盖全县13个镇，每个镇选择5个行政村，每个村抽样7户居民，共发放问卷455份，回收455份，其中有效问卷有451份，有效率达99.1%。有效问卷中，北部风沙区（Ⅰ）有97份，西南黄土丘陵沟壑区（Ⅱ）有234份，东南黄河沿岸土石山区（Ⅲ）有120份。此外，针对已抽样村自然生态、村庄基础设施与服务等历史演变情况，进行关键人物（村干部、乡村能人）座谈，共收获专题有效问卷65份。

调查内容包括三大部分：①家庭基本情况、不同阶段人口结构与生计来源；②乡村人居环境系统状态，包括自然系统（土地利用、自然灾害、生态状况等）、居住系统（居住区环境、住房更新、住房结构与设施等）、支撑系统（基础设施与公共服务等）、人类系统（村庄人口状况、个体行为与心理感知等）、社会系统（社会交往、村庄发展与贫富差距、政府服务、治安环境等）；③应对策略，主要包括气候变化下枣果生计不可持续、村庄萧条背景下的策略选择，以及对自然灾害的认知与应对策略。

第五节　案例区选择与概况

一、案例区选择依据

黄土高原处于东经100°52′～114°33′，北纬33°41′～41°16′范围内，总面积为64.62万平方千米，包括河南、山西、陕西、甘肃、宁夏、青海、内蒙古7个省（自治区）。年平均气温为9～12 ℃，年平均降雨量从西北到东南变化于200～700毫米之间，降水一般集中在6—9月，占全年的60%以上，且以暴雨为主。水土流失面积达39.08万平方千米，其中水力侵蚀约占85.49%（高海东 等，2015）。降水少、生态脆弱、经济贫困是黄土高原的典型特征。

佳县是黄河中游水土流失严重的县份之一，属于陕西省水土流失重点治理区（袁瀛 等，2017）。同时，佳县既属于国家层面的重点生态功能区之一黄土高原丘陵沟壑水土保持生态功能区所含县份之一，又曾为14个集中连片特困地区中吕梁片区的县份之一，是我国生态修复、攻坚扶贫的重点实践区。近40年来，在三北防护林工程、退耕还林工程、天然林资源保护工程等国家级生态修复工程的持续推进下，佳县生态环境开始改善，植被恢复，森林覆盖率显著增长。1974年，佳县林地面积为14.5万亩，森林覆盖率仅为4.7%；1982年，林地面积达到51万亩，森林覆盖率达16.76%；2009年，森林覆盖率已达到29.3%。但是，佳县长期遭受地形生态制约、自然灾害、城市化冲击的胁迫，导致社会分化、人口及劳动力大量流失、乡村建设与经济发展落后。2016年，佳县乡村人口占总人口的比重为81.08%，农村居民人均可支配收入为8893元，而全国居民人均可支配收入为23821元。此外，佳县耕地面积较少，以种植粮食作物为主，经济作物占比极低。红枣产业为全县商品经济的重要支柱产业，也是农户务农生计的主要来源。2016年，佳县枣林面积达54.24万亩，约占国土面积的17.81%，人均枣林面积为2亩。1980—2016年，枣林面积的变化如图1－1所示。在国家政策与气候变化的作用下，佳县红枣产业经历了繁荣至衰败的过程，农户也经历了由传统农牧业过渡至依赖枣果生计，又丧失对枣果生计信心的过程。

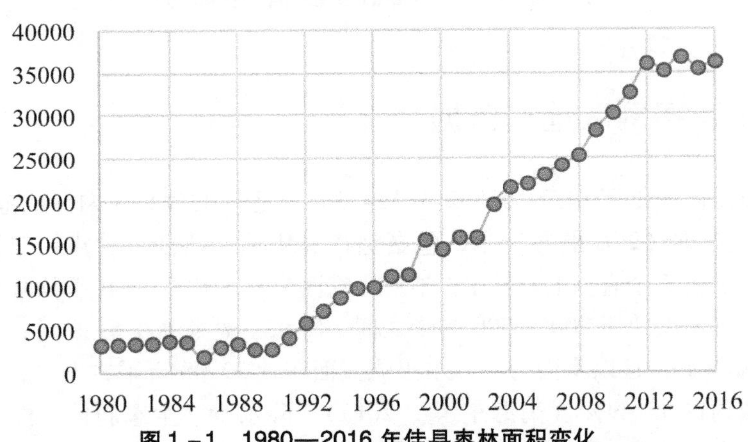

图1－1　1980—2016年佳县枣林面积变化

依据地形地貌等自然条件和侵蚀特点，黄土高原可分为土石山区、河谷平原区、风沙区、丘陵沟壑区、高原沟壑区以及土石丘陵林区六个类型区（高海东 等，2015）。案例区佳县地处黄土高原东部、陕西省东北部黄河中游西岸、毛乌素沙漠南缘，属黄土高原半干旱区。境内形成了三个地貌差异明显的区域，即北部风沙区、西南黄土丘陵沟壑区、东南黄河沿岸土石山区。因此，本书以佳县为案例区探讨境内不同片区的乡村人居环境系统演变以及乡村转型过程，实际上讨论了黄土高原土石山区、风沙区、丘陵沟壑区三类典型地貌类型区的乡村人居环境与乡村转型的发展历程。

综上，佳县既存在村庄“空心化”、留守人口、生态恢复等黄土高原地区的共性变化，又具有农业型乡村的突出个性问题，如农产品滞销、气候变化扰动，还拥有土石山区、风沙区、丘陵沟壑区三类黄土高原典型地貌类型。在此背景下，佳县作为案例区，对于探讨1980年以来黄土高原半干旱区乡村人居环境系统脆弱性演变及乡村转型具有一定的典型性和代表性。

二、案例区概况

佳县属陕西省榆林市，东与山西临县隔黄河相望，西同米脂县接壤，南同吴堡县山水相连，北同神木市毗邻，西南依绥德县，西北靠榆阳区。佳县土地总面积为2029.3平方千米。全县辖12个镇1个街道办事处，8个社区，330个行政村，辖区人口为26.94万人。该县的气候属大陆性干旱半干旱气候，年平均气温为10.2 ℃，年平均降水量为386.6毫米，降水主要集中在7—9月。旱、霜、雹等自然灾害频发，旱灾尤为突出，素有“十年九旱”之称。粮食作物以豆类、薯类、玉米、小米、高粱等为主，畜牧业以猪、羊、家禽等的养殖为主，经济林主要为枣树。

佳县地势西北高、东南低，主体山脉有两条：一条由西北自榆阳区入境，沿佳芦河岸向东南延伸120千米于县城落脉；另一条始于榆阳区、米脂县，分布于该县西北、西南境内。两条山脉中，沟、涧、坡、梁、峁纵横交错，地形复杂，具有北部风沙区、西南黄土丘陵沟壑区和东南黄河沿岸土石山区三个地貌差异明显的区域。

第二章 理论基础与文献综述

第一节　相关概念辨析

一、乡村人居环境

20 世纪 50 年代，希腊城市规划学家道萨迪亚斯（Doxiadis）创立了人类聚居学，较早地提出了人类聚居（human settlement）的概念。他在一系列著作中多次阐述了人类聚居的含义。他所阐述的人类聚居是一个内容十分广泛的概念，“人类聚居是指人类为了生活而创造或使用的任何类型的场所空间。它们可以是天然形成的（如洞穴），也可以是人工建造的（如房屋）；可以是临时的（如帐篷），也可以是永久的（如花岗石的庙宇）；可以是简单的构筑物（如乡下孤立的农房），也可以是复杂的综合体（如现代的大都市）”。“人类聚居实际上指的是我们的生活系统。它包括各种类型的聚落，从简单的遮蔽物到巨大的城市，从一个村庄或城镇的建成区到人们可以获得木材的森林，从聚落本身到其跨越陆地和水域的联系系统。”（Doxiadis，1975a）而在《为人类聚居而行动》一书中，道萨迪亚斯对人类聚居提出了广义的定义，即“人类聚居是人类为自身所做出的地域安排，是人类活动的结果，主要目的是满足人类生存的需求”（Doxiadis，1975b）。2001 年，吴良镛出版著作《人居环境科学导论》，在该书中，他将人居环境释义为：人居环境是人类聚居生活的地方，是与人类生存活动密切相关的地表空间，它是人类在大自然中赖以生存的基地，是人类利用自然、改造自然的主要场所。

人居环境理论自提出以来，城市“中心主义”偏好明显，但近年来，中国城乡规划学、农村经济学、农村社会学和农村地理学等多学科开始寻找介入乡村人居环境研究的切入点，对乡村人居环境的定义也因其学科视角的不同而异。建筑规划学认为，乡村人居环境是农户住宅建筑与居住环境有机结合的地表空间总称；生态环境学认为，乡村人居环境是以人为主体的复合生态系统；风水伦理学认为，理想的乡村人居环境就是尊重自然规律、注重人造景观与自然环境的协调；形态学将乡村人居环境理解为人文与自然协调、生产与生活结合、物质享受与精神满足相统一（周直、朱未易，

2002)。李伯华等(2008)认为,乡村人居环境应该是社会的、地理的、生态的综合体现。首先,乡村人居环境的活动主体是乡村居民;其次,农户生产生活活动总是在一定的地表空间进行;最后,自然生态环境提供了人类发展所需的自然条件和自然资源,为乡村人居环境构建了一个可生存的、可持续的物质平台。李伯华等(2009)对乡村人居环境的内涵进行了界定,将其分为自然生态环境、地域空间环境和人文环境,三者共同构成乡村人居环境的内容:自然生态环境是农户生产生活的物质基础,地域空间环境是农户生产生活的空间载体,人文环境是农户生产生活的社会基础。李伯华等(2009)从系统综合视角对乡村人居环境提出了比较有代表性的定义,即乡村人居环境是乡村区域内农户生产生活所需物质和非物质的有机结合体,是一个动态的复杂巨系统。基于以上的内涵解析,乡村人居环境即乡村居民在聚居中所涉及的与生活、居住和基本生产活动相关的生存环境,是乡村区域内农户生产生活所需的物质和非物质的有机结合体。

二、乡村人居环境系统脆弱性

脆弱性一词原指“受到伤害的可能性”,现已由自然灾害领域拓展至不同学科领域。20 世纪 80 年代,Timmerman(1981)将脆弱性一词引入地学领域,他认为“脆弱性是系统产生不良反应从而发生危险事件的程度,不良反应程度和性质取决于这个系统的恢复力”。据 Birkmannn(2006)统计,在国内外公开发表的相关研究成果中存在 25 种以上对脆弱性概念的不同释义,不同学科与领域对脆弱性的内涵、关注点及构成要素等的理解仍存在分歧。目前,比较有代表性的定义有:Turner 等(2003)认为脆弱性是暴露于风险、扰动或压力下的系统(子系统、系统组分)可能遭受的损害程度;2001 年,政府间气候变化专门委员会(Intergovernmental Panel on Climoite Change,IPCC)在评估报告中将脆弱性定义为系统对气候变化的不利影响(包括变率和极端事件)的敏感和不能应对的程度;2004 年,联合国国际减灾战略(United Nations International Strategy for Disaster Reduction,UNISDR)提出脆弱性是由自然、社会、经济和环境因素及过程共同决定的系统对各种胁迫的易损性,是系统的内在属性;Adger(2006)将脆弱性定义为暴露于环境或社会变化中的系统,因缺乏适应能力而对变化造成的损害敏感的状态。Adger 关于脆弱性的定义获得了社会－生态系统脆弱性研究领域的初步认可，不同领域关于脆弱性的研究也多在该定义的基础上进行衍生。例如社会脆弱性被定义为暴露在外部扰动下的社会系统由于缺乏抵御能力而遭受损害的状态以及程度（黄晓军等，2014）。综合以上对人地系统脆弱性概念、乡村人居环境概念的辨析，笔者将乡村人居环境系统脆弱性理解为暴露于内外部自然和人为要素扰动下，乡村地域内居民居住、生活及基本生产活动等相关环境，由于自身的敏感性特征以及适应能力的缺乏，而使系统（子系统或系统组分）容易受到负面影响或损害的状态。

三、乡村转型

乡村变化被视为全球范围内更大的技术、经济和社会变化的相互关联的结果，这一观点被称为乡村重构（rural restructuring）或乡村转型（Marsden et al.，1990；Hoggart and Paniagua，2001；Woods，2005，2009；龙花楼、邹健，2011）。乡村转型的概念在实质上与乡村重构这一术语的内涵相似。Woods（2005）认为，乡村重构是在快速工业化和城镇化进程中，由于农业经济地位的下降和农村经济的调整、农村服务部门的兴起和地方服务的合理化、城乡人口的流动和社会发展的要素重组等不同因素的交互影响，农村地区社会经济结构的重新塑造，它是地方内外影响因素相互作用与变化以及当地参与者对这些作用与变化做出响应与调整的结果。国内相关研究对乡村转型的定义及内涵做出了较为明确的解释。代表性的释义有：蔡运龙（2001）认为，乡村转型主要体现为农民生活水平与消费水平、农业土地的经营方式、工农关系、城乡关系与城乡差别、乡村经营发展模式等方面的转变；刘彦随（2007）指出，乡村转型是实现农村传统产业、就业方式与消费结构转变，以及由过去城乡隔离的社会结构转向构建和谐社会过程的统一，其实质是推进工农关系与城乡关系的根本转变；陈晓华和张小林（2008）则认为乡村转型集中表现在经济形态、空间格局与社会形态等方面的转变，以及在此基础上实现的乡村空间重构；龙花楼和邹健（2011）将乡村转型定义为对乡村社会经济形态和区域空间格局的重构，主要涉及空间组织结构、乡村产业发展方式、就业方式、消费结构、工农业关系、城乡关系与差异等方面的变化。其中，龙花楼和邹健关于乡村转型的定义已经成为广泛的共识。

综上所述，笔者将乡村转型视为在内外部自然与人文条件的推动下，乡村地域空间重构与社会经济演变的过程，包括村镇空间组织结构、农村产业发展模式、就业方式、消费结构、工农关系、城乡关系等多方面主体的转变。

第二节　基础理论与经典框架

一、人地关系理论

在人类社会发展的过程中，因生存与发展需要，人类不断适应、改造、利用地理环境，同时，地理环境影响人类活动，产生地域特征和地域差异。人地关系指人与自然/人文环境之间的交互作用关系，既表现为人类对“地”的开发利用，也表现为人类系统自身多层次的发展。地理科学理论中对人地关系的理解可概括为：“人”不仅是“在一定地域空间上从事生产活动或社会活动的社会群体的人”，而且是具有丰富内涵、存在于一系列对立统一关系之中、充满创造和学习能力的、具有多重差异的“系统的人”；“地”是地理环境，是人文地理环境系统与自然地理环境系统的有机统一。“地”不是给定的、完整的、独立的体系，而是与人类活动双向生成并包容人类活动及其产物的系统。人地关系是具有多重关系和丰富内涵的主体，这里所指的关系是双向反馈、互为依存，以及实物与场域、近域与远域、现象与结构、随机性与不确定性并存的关系体系。多功能的“地”与多层次的“人”相互作用、彼此渗透，构成了人地关系理论及其丰富的内涵。人地关系是基于人类生存发展需要所形成“人”与“地”等多层面组成的物质－关系系统（王爱民，2010）。以“人”为中心，从人文环境到自然环境，可以分为六个层次。

第一个层次是基础层次，即人口系统，反映人口构成的发展变化关系；第二个层次是文化系统，是人类在改造自然环境和构建人文环境的过程中创造的精神－文化－制度体系；第三个层次是工具装备系统，是人类利用、改造人文环境和自然环境所凭借的工具，其本身也是物质文化的一部分；第四个层次是人工产物系统，是人类利用中介手段和自然环境提供的条件、资源创造的人工系统及其产物；第五个层次为农业生态系统，体现了农业活动中自然再生产过程和经济再生产过程的统一；第六个层次是自然生态系统，提供了人类生存和发展的条件与资源。六大人地关系基本层次分别对应了六种基本的人地关系，即人与人、人与社会、社会与社会的关系，人与文化的关系，人与工具装备系统的关系，人与人工环境的关系，人与农业生态系统的关系，人与自然生态环境的关系（王爱民，2010）。本书以人地关系理论为基础，运用系统“人”与系统“地”关联互动的人地关系思维指导展开乡村人居环境系统脆弱性演变的科学认识与探索性研究。

二、人居环境科学

人居环境科学是在20世纪50年代道萨迪亚斯的人类聚居学理论的启发下发展而来的。1993年，吴良镛同其他学者，在人类聚居学基础上结合中国实际情况开始了人居环境科学的研究。道萨迪亚斯的人类聚居学从系统的观点将人居环境分为了五大系统，即自然系统、人类系统、社会系统、居住系统、支撑系统，并指出，人居环境的核心是“人”，人居环境研究以满足人类居住需要为目的。自然是人居环境的基础，人的生产生活及具体的人居环境建设活动都离不开更为广阔的自然背景。此外，人居环境是自然与人类发生联系和作用的中介，理想的人居环境是人与自然的和谐统一，即“天人合一”。人居环境是一个复杂的系统，人在人居环境中结成社会，进行各种各样的社会活动，努力创造宜人的居住地（建筑），并进一步形成规模更大、更为复杂的支撑网络（Doxiadis，1968）。

2001年，吴良镛出版著作《人居环境科学导论》，翔实地阐述了人居环境科学的定义、内涵、研究内容、层级、原则等，建立并规范了一套科学的研究框架与学科体系，开创了人居环境科学研究的新局面。他指出，人居环境科学着重研究人地之间的相互作用关系，研究对象包括乡村、集镇、城市等聚居环境，并根据中国的实际问题和人居环境研究的实际情况，将人居环境科学研究范围划分为全球、区域、城市、社区（村镇）、建筑五大层次。他强调了每个层次应关注的主要方面，同时也指出在进行具体的研究时，研究层次及重点问题应根据实际情况而有所变动。他将生态观、经济观、科技观、社会观、文化观视为人居环境建设的五项原则。最后，他将人居环境科学释义为涉及人居环境的多学科交叉的学科群组，是经济、社会、地理、历史、环境、建筑等学科相互融合发展的一个开放的学科体系。人居环境科学研究基本框架如图 2－1 所示。人居环境科学理论与分析方法是本书借鉴的核心基础理论，指导本书从乡村人居环境系统脆弱性评估框架构建到时空演变分析的全过程。

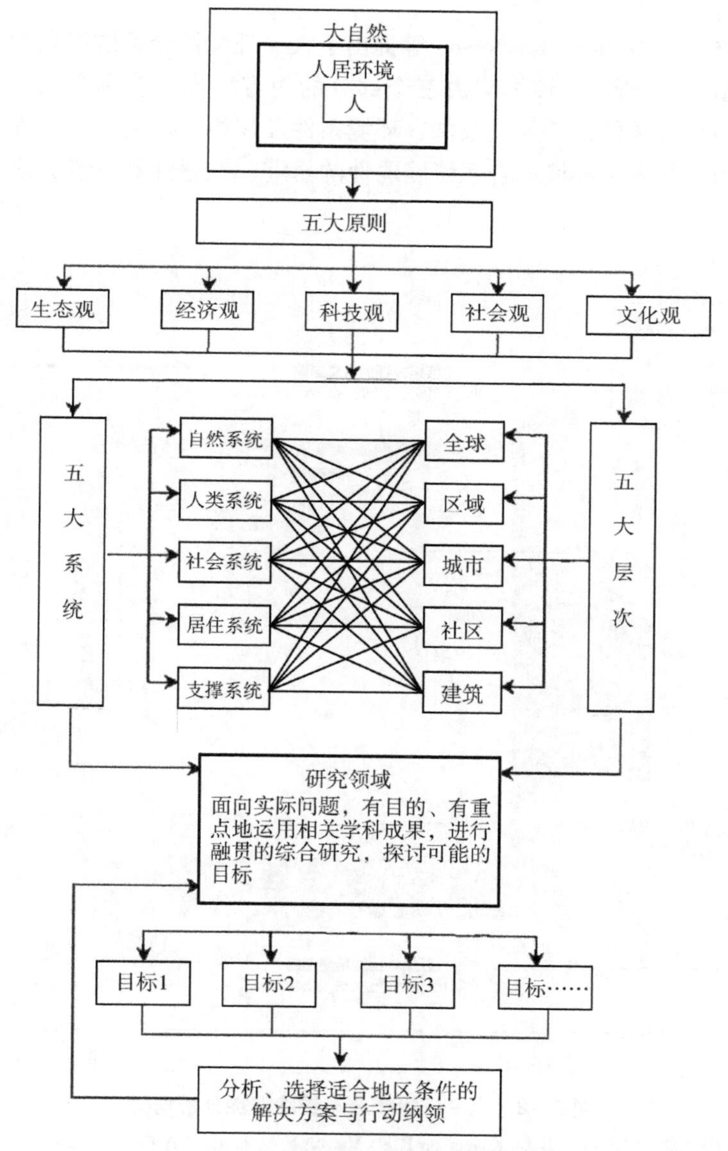

图 2－1　人居环境科学研究基本框架

（资料来源：吴良镛《人居环境科学导论》，中国建筑工业出版社 2001 年版，第 71 页）

三、人地系统的脆弱性分析框架

（一）人－环境耦合系统脆弱性分析框架

2003年，Turner、Kasperson等提出了人－环境耦合系统脆弱性分析框架，如图2－2所示。该框架由三个部分的内容构成：①耦合系统中的人文条件与环境条件；②人文条件、环境条件及其相互作用过程中面临的扰动或压力；③人－环境耦合系统脆弱性的暴露、敏感性和恢复力之间的结

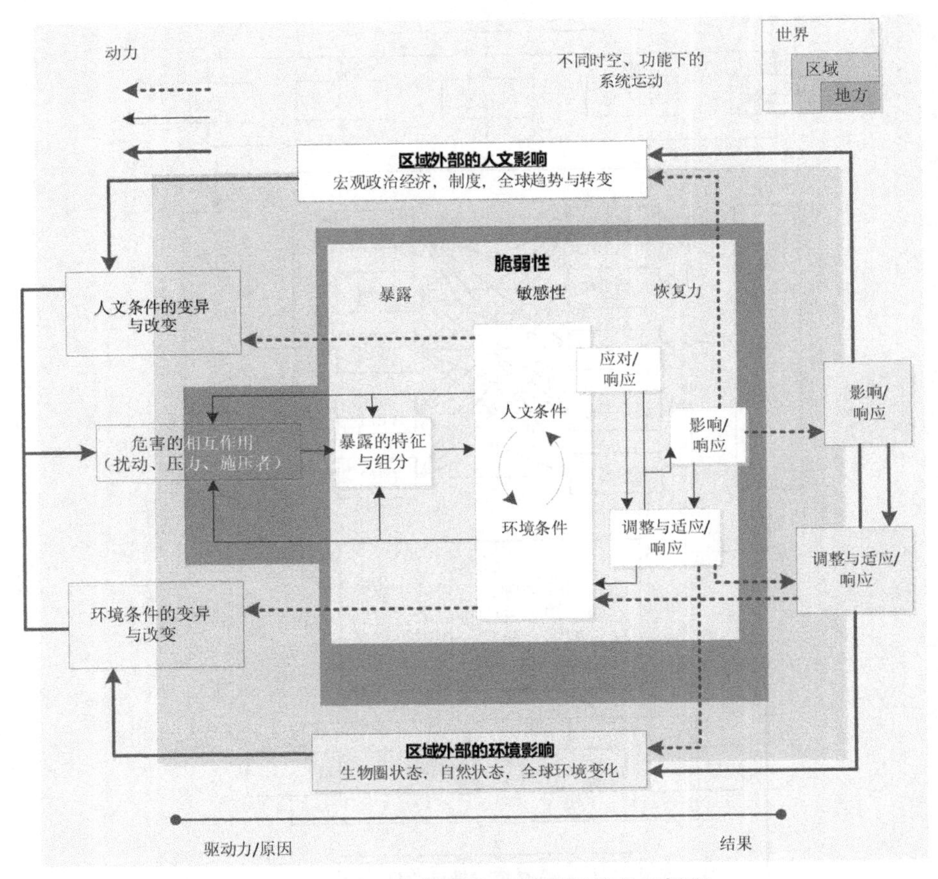

图2－2 人－环境耦合系统脆弱性分析框架

（资料来源：Turner II B L，Kasperson R E，Matson P A，et al. “A Framework for Vulnerability Analysis in Sustainability Science,” *PNAS*，2003，100（14），pp. 8074－8079）

构与相互影响。通过空间尺度将地方、区域、世界维度连接起来，无论处在何种空间维度，人－环境耦合系统均构成分析场所。对耦合系统的威胁来自系统内外部，且由于其具有复杂性和非线性，威胁的具体特质是基于地方耦合系统所特有的。系统的人文环境条件决定了系统对一切暴露的敏感性，其中人文环境条件包括社会资本和生物物理资本，这些条件又影响着时下的应对机制，这些应对机制或是在经历了风险暴露的影响后起的作用，或是基于经验而产生或调整的。

Turner 等人（2003）也进一步通过三个案例区（热带南尤卡塔、墨西哥西北部干旱的雅基山谷和泛北极地区）说明了人－环境耦合系统脆弱性分析框架的有效性，表明了外部驱动力的作用，包括重塑问题系统、对环境危害的脆弱性，以及利益相关者在获得社会和生物物理资本的基础上应对这些变化和危害的不同能力。此后，国内外学者对该框架展开了讨论或进行了人－环境耦合领域的应用研究，形成了系列成果（Manuel-Navarrete et al.，2007；Ni et al.，2014；陈晓红 等，2018），黄晓军等（2014）在社会脆弱性分析框架综述中对人－环境耦合系统分析框架进行了讨论，Srinivasan 等（2013）运用该框架探讨了城市化对水环境脆弱性的影响。

（二）MOVE 框架

联合国大学环境和人类安全研究院提出了 MOVE（Methods for the Improvement of Vulnerability Assessment in Europe）框架。该框架概述了在自然灾害和气候变化背景下评估脆弱性时需要考虑的关键因素和不同维度。该框架的关键因素与社会或系统对危害和压力的暴露有关，与系统或暴露的社会群体的敏感性以及他们的弹性和适应能力有关。而风险源既包括自然环境，又包括人类社会，是自然与社会系统的交互作用。该框架指出，脆弱性是动态的，强调在评估自然和社会－自然危害环境中的脆弱性时考虑关键因素和多主题维度（包括物理、社会、生态、经济、文化和制度）的必要性，同时强调社会变革的必要性。风险指系统脆弱性对经济、社会、环境的潜在影响，而风险管理主要通过组织、规划和实施进行，目的是减轻风险并促进适应。具体方式包括对风险源的干预、降低暴露度、缓解敏感性、提高恢复力与适应能力等（Birkmann et al.，2013）。MOVE 框架如图 2－3 所示。这一框架的提出为脆弱性的系统评估提供了指导和基本概念框架，目前该框架在气候变化适应、风险灾害管理、不同尺度社会脆弱性研究中均有应用。

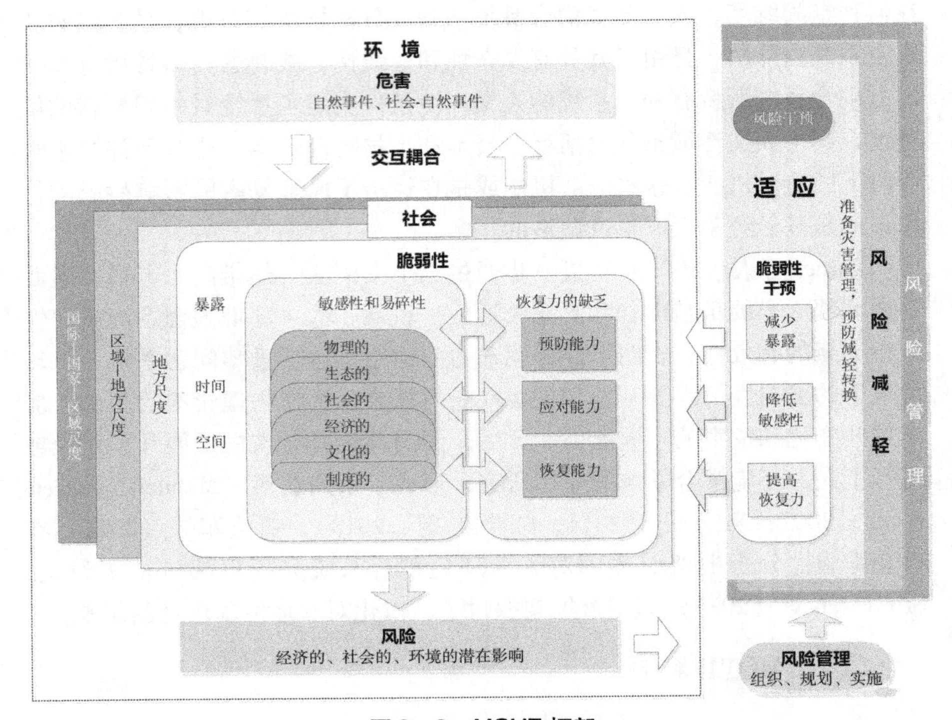

图2－3 MOVE框架

（资料来源：Birkmann J, Cardona O D, Carreño M L, et al. “Framing Vulnerability, Risk and Societal Responses: The MOVE Framework,” *Natural Hazards*, 2013, 67（2）, pp. 193－211）

第三节 人居环境研究进展与述评

一、国外研究进展

1. 早期研究多关注乡村聚落、乡村景观的空间特征

城市化初期，以“人居环境”为研究内容的成果较少，对乡村的研究主要源于对乡村地理特征的认识和总结，研究学科主要为地理学；研究内容主要有传统乡村聚落与理论体系、聚居区位与形态、土地利用、乡村景

观等。其中，Mayhew（1973）系统分析了不同时期德国的乡村聚落形态和土地利用；Ruda 等（1998）、Antrop 等（2004）、Koreleski（2007）均关注了乡村聚落景观的演变及动力，指出乡村景观演变主要受到基础设施建设、城市化与乡村工业化的影响。

2. 城乡发展中的贫困、社会冲突、住房与基础设施建设等人居问题受到关注

从20世纪50年代开始，欧美实现城市化后，乡村贫困、不平等问题吸引了一批学者的关注，基于“人本主义”的乡村社会地理学开始在乡村人居环境研究中占据重要地位，学者们从城乡关联和城乡统筹的多维角度研究了城市化对乡村的影响，主要关注乡村贫困、基础设施建设、乡村人口流动、城乡差距等热点问题。

Hansen（1970）认为，必须加大政府对贫困地区的投资，其中，教育和技术是重点投资领域，同时应对贫困地区剩余劳动力的转移给予帮助。Wiley（1998）强调了发展循环经济、自然生态环境保护和创造农村就业机会的重要性。Beesley 和 Thomas（1963）探讨了英国农村交通问题，指出农村人口减少导致了当地限制和取消部分铁路与公共汽车线路，这种变化进而造成了不良的社会、文化和经济后果，如扩大了城乡生活水平的差距，主张政府基金应对大部分农村服务支出与城乡交通网络建设负责。Bunce（1982）分析了城市化、工业化和商业化对乡村聚落的影响。Cloke（1983）认为，在乡村快速变化的背景下，必须有适应于乡村地域的规划理论。Jalan 等（2002）分析了空间贫困陷阱产生的原因，指出区位、生态环境等地理因素是乡村空间集中连片贫困形成的重要因素。

还有一些学者对城乡发展过程中出现的隔离、社区退化、社会不平等、种族、城市安全等社会问题同样给予了关注（Carvalho，1997；Kamp，2003；Kleinhans，2004；Rohe，2002）。有的学者从个体微观视角，关注乡村地区特殊人群的人居问题与需求：Hartman（2017）研究了澳大利亚农村地区单身无房老年妇女的住房保障路径；Plazinić（2014）关注了塞尔维亚农村妇女的交通需求；Milbourne 等（2012）探讨了英国农村地区老年人的贫困和地域的关系，详细考察了农村地区老年人的贫困状况和经历；Leyshon（2002）与 Ansell（2016）均关注了农村青年的生计问题。

3. 关注城乡人居环境系统质量的空间分异及影响因素，并形成了丰富的研究成果

（1）基于生活质量指数、满意度指数研究城乡生活质量空间分异。Williams（1990）认为，城乡人口迁移受到经济动机和生活质量因素的影响，城乡人口迁移的主要动机是追求更优质的生活质量。Gilbert 等（2016）运用分对数模型，分别构建了基于生活满意度和心理健康的主观幸福感测量指标体系，研究结果显示，苏格兰乡村地区生活满意度显著较高，而基于心理健康的主观幸福感空间分异不明显。Gillingham 和 Reece（1979）以生活质量指数为基础构建了综合生活成本指数。Randall 和 Morton（2003）对 1991—1996 年加拿大萨斯卡通（Saskatoon）市内的生活质量满意度进行了比较测度，研究结果显示，市中心的非优势群体对生活质量高度不满意，而市中心外围的富裕群体对生活质量满意。Esterlin 等（2011）研究了经济增长对个体主观幸福感城乡差异的影响，认为在经济发展的高级阶段，乡村生活满意度接近或超过城市。

（2）开展系统的人居环境质量评价工作。Witten 等（2003）利用公共服务和生活基础设施的可达性数据对城市生活环境质量进行了评价。Das（2008）对印度古瓦哈提城市开展了人居环境质量的评价，提出了涵盖客观生活条件和主观满意度的生活质量框架，指出人居生活的主观变量和客观变量之间的相关关系较小。Geller（2003）从精明增长（smart growth）的角度探讨了适宜的城市人居环境。

（3）关注人居环境影响因素与变化机制。在探讨气候变化、社会经济因素、人类活动对人居环境的影响方面，已形成较多研究成果。Walter 等（2008）认为，森林砍伐、农业发展等土地利用方式会导致土壤侵蚀加速等生态问题出现，对周边区域的人居环境形成潜在环境威胁。Small（2003）指出沿海地区的人居环境很容易受到海平面上升和风暴潮的破坏。Gude 等（2006）围绕美国黄石国家公园和大提顿国家公园周围的私人土地上移民和农村发展异常迅速的问题，探索了农村居民点向农业景观和自然景观扩张的驱动力及速率。此外，联合国人居署执行主任 Clos（2011）指出，除城市化、气候变化等传统挑战以外，人居环境还受到社会空间不平等与决策进程日益民主化带来的挑战。

4. 提出人居环境建设指导以及优化策略

发达国家较早地提出了生态村建设理念，旨在构建一种理想的生活模式，认为生态村是一个以人为尺度的村落，人类活动不损害自然环境并融入自然环境（Gilman，1991）。在发展中国家，生态村建设主要为了改善农村生态环境，维持和重建农村的可持续发展。新城市主义运动提倡各种收入水平和种族群体的充分融合，促进社区参与和邻里交流，以此解决原有的绅士化问题和贫困及犯罪问题，创造更宽容和稳定的社会环境（Talen，2006）。Ash（2006）认为“4R”条件，即修复（repair）、亲情（relatedness）、权利（rights）和魅力再现（re-enchantment），构成了宜居城市生活质量的必备条件。Burç 等（2001）基于居民的需要与期望提出了一种提高城市生活质量的多维方法，并提出了有效地配置城市资源的规划建议。Lana（2012）基于邻里尺度研究了里耶卡市城市社区的生活质量，通过随机抽取受访者进行问卷调查，分析了受访者对他们所在社区生活环境的主要优点和缺点的评价，并以此来指导地方决策者针对性地开展城市生活改进工作。Sandström（2002）从绿色基础设施规划的角度探讨了瑞典城市人居环境发展对策。Newton（2012）指出应从社会技术的角度考虑提高澳大利亚的城市人居环境质量。

二、国内研究进展

1. 建筑与规划学最早介入人居环境研究，关注人居环境建设技术与规划实践

1993 年，吴良镛受到道萨迪亚斯的人类聚居学的启发，同周干峙等学者，结合中国国情，在道萨迪亚斯学说的基础上创立了人居环境科学，开创了人居环境研究的局面。2001 年，吴良镛出版著作《人居环境科学导论》，科学地规范了人居环境研究的框架，指出人居环境的核心是“人”，并用系统观念将人居环境从内容上划分为自然、人类、社会、居住、支撑网络五大系统。之后，建筑与城市规划学者从理论和实践上对人居环境建设、营造宜人的人居环境进行探索。杨贵庆（1997）提出，城市人居环境指城市居民的居住、社区环境，包括人居物资环境与人居社会环境两个方面；探讨了小城镇人居环境建设和可持续发展的有关问题，建立了大城市周边的小城镇人居环境可持续发展评价指标体系。赵万民（2007）解析了推动人居环境演变的自然、社会、经济、技术、环境五大规律，并提出了调控人居环境发展的五律协同机制。李昌浩等（2007）关

注快速城市化地区的人居环境中农村住宅区的设计和生态问题，倡导在新农村住宅建设中运用新的建设理念，以达到人与自然和谐统一。彭震伟等（2007）探讨了具有不同发展特征的农村人居环境体系规划的策略及方法。周庆华等（2009）聚焦于黄土高原与河谷中的聚落，对其人居环境的空间形态、演变历程等进行了详尽的研究，并对典型案例区进行了乡村空间引导规划。

2. 地理学在人居环境研究中占据重要地位，研究视角与研究方法丰富多样

人居环境研究的目的是建设可持续发展的宜人居住环境，地理学的区域性、综合系统性，以及独有的技术方法为地理学家研究人居环境提供了广阔的空间。取得较大突破的领域有：人居环境的概念界定与进展综述、人居环境的空间差异及评价、人居环境系统与其他系统要素的相关性研究、人居环境聚落与景观研究、人居环境演变特征与机制研究、地理信息科学对人居环境研究的技术支撑（李雪铭 等，2014）。

（1）人居环境的概念界定与进展综述。杨贵庆等（1997）、刘颂等（1999）分别提出了城市人居环境狭义上、广义上的理解，并解释了城市人居环境的构成。李健娜等（2006）以实现人与自然和谐、持续发展的人居环境为目标，讨论了乡村人居环境评价指标体系构建原则，构建了包括乡村生态环境、乡村聚居环境等 8 个系统共 34 项指标的评价体系。

（2）人居环境的空间差异及评价。基于“指标 - 评估”模式，从不同尺度评估人居环境发展状态、适宜性及影响因素。①运用人居环境指数模型、温湿指数、模糊数学等方法，探讨全国尺度、区域尺度、城市尺度的人居环境自然格局、自然适宜性、地域特征。封志明等（2008）选取地形、气候、水文、植被等自然因子，构建了中国人居环境自然适宜性评价模型，并运用地理信息系统（geographic information system，GIS）技术定量评价了中国不同地区的人居环境自然适宜性，揭示了中国人居环境的自然格局与地域特征。阿依努尔·买买提（2012）开展了新疆和田地区人居环境适宜性评价，指出和田绿洲是人居环境的最佳适宜度地区，受自然环境限制的北部沙漠地区和南部山脉地区的人居环境适宜度比较低，且所占面积最大。郝慧梅等（2009）综合自然与人口数据进行了人居环境自然适宜性测评，直观展现了陕西省人居环境自然适宜度空间格局，并剖析了各区的人居环境自然适宜性和限制性因子。李益敏等（2010）通过 GIS 的叠置分析、缓冲区分析等空间分析技术对云南省怒江泸水市人居环境适宜性进行了定量综合评价分析。②基于层次分析法、因子分析法、熵值法、主成分分析法等，分尺度对人居环境进行综合质量评价，探索人居环境空间分异特征。在全国尺度上，李雪铭等（2009）从社会经济环境、居住环境、基础设施和公共服务环境、生态环境层面选择了28个二级指标构成城市人居环境质量综合评价指标体系，运用熵值法基于4个时间截面对中国286个地级市的人居环境质量特征和时空差异变化进行了分析。在区域尺度上，有学者关注了城市群及典型区域人居环境的空间差异（李雪铭等，2009；赵林 等，2013；杨晴青，2016；晋培育 等，2011），还有学者对旅游区等典型区域的乡村人居环境进行了研究（杨兴柱、王群，2013）。在城市或县域尺度上，王坤鹏（2010）从自然、人文、经济三个层面构建评价指标体系，提出了城市人居环境宜居度的量化评价思路和框架，运用熵权法等方法对北京、天津、上海、重庆的城市人居环境宜居度进行了定量评价；Chiang 等（2013）基于层次分析法、公共调查法、灰色关联法提出了城市宜居环境评估方法，探讨了天气、空气污染和环境等因素与宜居环境的相关关系，测度了台中市28个区及台湾地区20个市/县在不同月份的宜居指数，并提出了改善策略，还对政府建设资金在宜居城市环境中的分摊率进行了探讨；Lee（2008）以台北市为案例区，运用结构方程模型测度了生活质量的主观满意度，指出宜居性较高的城市能为当地居民创造更高品质的生活。在社区或乡村尺度上，李伯华等（2009）以石首市久合垸乡为例，测度了乡村人居环境的满意度，并提出了优化建设建议。

（3）人居环境系统与其他系统要素的相关性研究。①城市人居环境与经济发展的协调性研究。熊鹰等（2007）采用模糊数学方法提出了城市人居环境与经济协调发展不确定性的评估模型，并以长沙市为例展开了定量评价。李雪铭等（2005）构建了城市人居环境－经济协调发展评价指标体系，定量测度了1990年以来大连城市人居环境与经济协调发展程度。②人居环境与城市化关系、协调水平分析研究。湛东升等（2015）探讨了城市化过程中的人居环境支撑条件。李雪铭等（2004，2009）测度了大连市城市化水平与城市人居环境的关系，还采用模糊协调度模型实证测算了我国11个优秀宜居城市近十年来城市化与城市人居环境的协调程度。③人居环境与人口分布的相关性研究。封志明等（2014）通过研究基于中国分县尺度的人口分布的人居环境适宜度，指出中国分县人口分布与人居环境自然适宜性保持了高度一致性。段学军（2010）通过人口随机分配模型和基于人居环境适宜性评价的优化目标函数，求解获得了人口的优化分布结果，并提出了南京市域空间人口分布优化调控建议。④人居环境与旅游、安全、健康等要素的关系研究。骆高远（2009）认为一个城市的“宜居”和“宜游”的关系极为密切，“宜居”是“宜游”的前提，“宜游”是“宜居”的提升。杨俊等（2012）基于 DPSIRM 因果关系模型研究了大连城市人居安全的空间分异。马婧婧等（2012）以湖北省钟祥市为案例区，分析了乡村长寿现象与人居环境的关系，提出了建设有利于“居民健康长寿”的乡村人居环境的政策建议。

（4）人居环境聚落与景观研究。①城镇人居环境景观研究。通常采用遥感、地理信息系统、实地定点观测的方法对基质、斑块、廊道等景观要素进行专门研究，或对城市景观特色进行探讨。黄宁等（2012）关注半城市化地区，分析了典型社区景观格局特征，并对不同类型社区的人居环境特征进行了研究，指出从农村到城乡过渡型社区，建筑面积比例显著增加，林地和草地面积比例逐渐减少，景观格局逐渐变为景观类型较单一、以现代建筑为优势景观的状态。②乡村聚落与景观研究。其一是关注传统村落、古村落的人居景观。刘沛林（1998）从空间意象的视角对古村落的人居文化景观进行了研究，认为中国聚落景观之美在于和谐之美。陆林等（2004）探讨了徽州古村落的景观特征及形成机制。其二是关注农村居民点格局与景观。姚兴柱等（2017）探讨了洪雅县农村居民点景观的时空格局。关小克等（2018）识别了不同经济梯度区农村居民点形态，并提出了调控建议。其三是关注江南丘陵区、豫西山地、绿洲等典型地貌区聚落的空间特征（师满江 等，2016；谭雪兰 等，2018；段小薇、李小建，2018）。

（5）人居环境演变特征与机制研究。①城镇人居环境演变研究。李航等（2017）以辽宁省为例，研究了 2005—2014 年人居环境的时间过程、空间格局、系统属性以及驱动机制，指出城市社会经济发展水平、供给侧与需求侧要素以及人居环境的主体“人”共同构成城市人居环境时空分异、系统分异的形成机制。杨晴青等（2018）运用层次分析法、地理探测器方法对长江中游城市群人居环境时空演变的过程、核心驱动力、驱动机制进行了系统研究，指出经济发展、政府投入为城市人居环境演变的主导动力，社会群体收支为其内部关键动力，土地供给与建设投资为现阶段的次要动力。②乡村人居环境演变研究。余斌（2007）、周国华等（2011）均对乡村住区系统与聚居系统的演变态势进行了深入研究。李伯华（2014）从农户空间行为变迁视角探讨了乡村人居环境演变过程，关注传统村落人居环境演变及驱动机制。另外，在重点生态功能区、乡村旅游地、欠发达地区以及典型地貌区乡村人居环境演变及影响机制方面的研究形成了少数成果（赵蕊，2017；代启梅，2017）。③城乡过渡区人居环境演变研究。祁新华等（2008）以广州市为案例区，系统地探讨了大城市边缘区人居环境系统演变。

（6）地理信息科学对人居环境研究的技术支撑。人居环境研究的技术不断发展，3S 技术、卫星网络通信技术等的运用有力支撑了人居环境数据获取、空间信息系统处理。如封志明等（2008）基于 GIS 建立了中国人居环境指数模型；郝慧梅等（2009）综合气象数据、NDVI 和 Landsat TM 影像、DEM 等进行了人居环境自然适宜性测评；李益敏等（2010）通过 GIS 的叠置分析、缓冲区分析等空间分析技术，对云南省怒江泸水市人居环境适宜性进行了定量综合评价分析。

三、国内外研究述评

1. 研究成果

国内外学术界特别是建筑学界在人居环境领域做了较多研究，从研究内容来看，研究成果主要包括四个方面。

（1）关注了乡村土地利用、聚落演变、乡村景观问题。

（2）关注了城乡发展中的贫困、社会冲突、住房与基础设施建设问题。

（3）国内从系统综合的视角对不同尺度人居环境状态进行研究，多是基于“指标－评估”的模式对其空间分异、影响因素展开分析，包括人居自然适宜性与综合质量两大内容。

（4）有少部分成果讨论了人居环境与经济发展、城市化、人口分布的相关性。从研究尺度来看，国外对人居环境相关主题的讨论主要以城市、社区、聚落为研究单元，探讨人居环境质量、社区满意度、聚落景观与形态；国内关注了人居环境的不同尺度，研究重心在宏观尺度的人居自然适宜性，区域/城市人居环境质量及空间分异特征方面，社区或乡村尺度上的研究成果较少。从研究方法来看，运用层次分析法、主成分分析法、熵值法、灰色关联法、结构方程模型等定量研究方法形成了较多成果，但鲜有质性研究。此外，3S 技术、卫星网络通信技术等的运用有力支撑了人居环境数据获取、空间信息系统处理，运用地理空间技术进行研究的成果逐渐丰富。

2. 不足之处

从总体上看，国内外学术界在人居环境领域的研究尚存在某些不足，主要有四个方面。

（1）“主流社会”和学术研究中均存在“城市中心主义”偏好。乡村人居环境研究视角狭窄且传统，多是基于城市研究理论框架，忽视了乡村地域空间特性，而且乡村人居环境研究较多地关注传统村落、古村落、旅游区等资源型地域，对传统农耕型乡村的关注不够。

（2）人居环境是一个极其复杂的人地关联系统。目前，多以单一要素和子系统作为研究对象，对典型区域人居环境的综合性研究不够。

（3）以定量研究居多，质性研究较少，且定量研究的数据来源多为社会经济统计数据，而具有地面真实特征、关注“人的体验”的微观数据应用较少，整合社会经济统计数据、微观调研数据、空间地理信息数据的研究比较少。

（4）中国人居环境学术研究起步相对较晚，早期的研究以建筑学研究居多。近年来，地理学开始在人居环境研究中占据重要地位，地理信息空间技术等为地理学介入人居环境研究提供了非常广阔的空间。鉴于此，关注乡村地域人居环境的健康发展、应用空间信息系统等高新技术、整合多尺度与多来源数据、促进多学科的交叉综合、形成跨学科的集成研究，将成为未来乡村人居环境研究的重要发展方向。

第四节　人地系统脆弱性研究进展与述评

一、国外研究进展

脆弱性一词指暴露于风险、扰动或压力之下的系统可能遭受的损害程度，早期主要用于自然灾害研究，目前已扩展至气候变化、社会转型、健康与福利、可持续发展等领域。国外较早开展了关于脆弱性的研究，主要研究成果集中于五个方面。

1. 涌现出众多探讨脆弱性成因及其影响因素和相互作用关系的分析框架

具有代表性的分析框架有风险 - 灾害模型（risk-hazard model，RH）与压力 - 状态 - 响应模型（pressure-state-response model，PSR）、可持续生计框架、人 - 环境耦合系统分析框架等。Polsky 等（2007）、Acosta-Michlik 等（2008）分别提出了 VSD（vulnerability scoping diagram）和 ADV（agents differential vulnerability）脆弱性整合评估框架，通过多元数据组织、明确的脆弱性内涵和指标体系构建方法，为研究者提供了清晰、全面的脆弱性评价思路。Turner、Kasperson 等（2003）提出了人 - 环境耦合系统分析框架，将脆弱性研究与人 - 环境耦合系统相结合，强调了扰动或压力，突出了脆弱性产生的内因机制、地方特性及其跨尺度的转移传递过程。Frazier 等（2014）提出了空间显式脆弱性 - 恢复力模型框架，该模型框架使用社会经济、空间和特定地点的指标来确定次县级的脆弱性，这些指标代表暴露、敏感和适应能力。Bates 等（2014）基于图论理论构建了一个从可持续发展角度描述脆弱性和恢复力的变量结构网络，识别了脆弱性 - 恢复力的两个控制维度为经济和政治，三个偶然性因素为社会、环境和外部维度。

2. 定量与质性研究齐驱，RS-GIS 空间技术成为重要手段

（1）常用 AHP、主成分分析、指数法等经典方法，或元胞自动机模型、灰色层次分析、空间多准则等改进方法，并辅以空间分析技术分别对脆弱性进行测度、排序、空间显示与模拟。Keshavarz 等（2017）基于 274 份农户调查数据，运用主成分分析等方法研究了伊朗法尔斯省农户受干旱影响的生计脆弱性。Sahoo 等（2016）采用灰色层次分析模型，并结合遥感（remote sensing，RS）和 GIS 技术对环境脆弱性进行了评估。Kumar 等（2016）提出了基于空间多准则评估（spatial multi-criteria evaluation，SMCE）的在城市尺度上评估气候变化脆弱性的方法，并将该方法整合到印度班加罗尔市区的城市规划领域中。Kassogué 等人（2017）运用元胞自动机模型描述了系统的脆弱性，并将其应用于洪水现象，对摩洛哥盆地地区进行了模拟。

（2）运用回归模型、双波面板调查、均衡模型等探索脆弱性的影响因素、效应，识别脆弱群体与适应策略。Deressa（2013）和 Muleta（2014）运用 Logit 模型得出了女性主导、家庭规模大、户主文盲等特征能显著增长家庭的贫困脆弱性的结论。Skjeflo（2013）运用一般均衡模型得出了拥有大面积土地的农户能够从气候变化影响中受益，而城市贫民和拥有小规模土地面积的农民很容易受到气候改变的影响。

（3）采用人类学方法、描述与探索分析、参与式评估等质性研究方法探索脆弱性的形成、环境背景及发展过程，确定关键脆弱因子、影响机制与适应策略。代表性的成果有：Lyons 等（2016）提出了 MMC（means，meanings，and contexts）框架，将详细的民族志数据整合至渔业社区脆弱性评估，试图彻底定性地描述渔业社区脆弱性；Sapkota 等（2016）运用嵌入式案例研究与民族志探讨了气候变化下尼泊尔丘陵地区农村社区脆弱性的社会根源；Kajombo 等（2014）运用描述性分析和探索性分析方法，得出气候变化、低生产率、低收入、技术性限制等均加剧了食品安全的脆弱性。

3. 由关注自然扰动因素扩展至关注社会扰动因素

（1）基于气候变化、气象及地质灾害等扰动的脆弱性研究仍然占据主导地位。Colburn 等（2016）为美国东部和海湾沿岸渔业社区提出了测度气候变化脆弱性的新方法。Smith 等（2016）从三个偏远的圣文森特东北部加勒比人社区的角度研究了气候（非）公正下的生计脆弱性，指出驱动气候脆弱性的因子是几个世纪以来经济上的忽视和政治上的边缘化，也与社区的特征强烈相关。Dumenu 和 Obeng（2016）评估了加纳四个生态区农村社区对气候变化的社会脆弱性水平、影响和适应策略，指出苏丹和几内亚稀树草原地区为最易受气候变化影响的地区，并指出高文盲率、职业严重依赖气候、收入多样化程度较低、获取气候变化信息的渠道有限等社会脆弱性因素导致了区域的高脆弱性。

（2）旅游开发、市场价格、经济风险、战争等人类活动扰动风险下的脆弱性研究引起了学者们的兴趣。Petrosillo 等（2006）首次探讨了“基于旅游活动的社会－生态系统”，建立了“游客压力”与“生态系统质量”间关系的脆弱度模型，定量研究了系统的运行机制。Hagenlocher 等（2016）以柬埔寨马德望省为例，评估了爆炸残留物背景下的社会脆弱性，指出该省中部、西北部、东北部和南部均发现了脆弱性热点地区。Thompson 等（2016）利用人种志、访谈和二手资料等研究了缅因州渔业社区绅士化变化对社区脆弱性和恢复力的影响，结果表明，绅士化有利于提高社区弹性，给农村结构调整带来新的经济机遇和收入来源。Murphy 和 Scott（2014）关注了市场力量和经济危机对家庭脆弱性的影响，指出发展和金融未得到有效管制增加了家庭对金融风险的暴露，家庭人口较多或户主年龄较大的家庭面对全球金融危机时脆弱性更高。

4. 聚焦不同尺度，以社会、生态环境等为研究对象的脆弱性案例研究成果丰富

（1）在全球或国家尺度上，基于可持续发展视角研究综合系统脆弱性或社会、生态环境、经济系统的脆弱性。Guillaumont 等（2009）研究了如何为低收入国家设计结构性的经济脆弱性指数，并比较了各个国家的经济脆弱性指数的水平趋势。Kim 等（2015）提出了干旱危害指数（dry jazard index，DHI）和反映社会经济后果的干旱脆弱性指数，并运用水文气象和社会经济数据绘制了韩国 229 个行政区的干旱风险地图。

（2）在区域或城市尺度上，研究对象更为丰富，如关注灾害脆弱性、社会脆弱性、制度脆弱性。López-Martínez 等（2017）基于和当地空间规划交叉点相关的两个制度脆弱性指数与水文模型数据，研究了西班牙地中海地区所有沿海城市对洪水暴露的制度脆弱性。Kumar 等（2016）提出了一种在城市尺度上评估气候变化脆弱性的方法，并将其应用到印度班加罗尔市。Thomas 等（2017）评估了德国曼海姆市停电风险下的时空脆弱性，以增强对停电影响的时空理解。

（3）在社区尺度上，关注受特定扰动因素影响的典型社区脆弱性评估以及恢复力建设。沿海环境或气候变化对沿海社区的影响是脆弱性社区尺度研究热点。Yadav 等（2017）分析了印度沿海奥里萨邦六个最易受气旋影响的街区的社会经济脆弱性。学者们对偏远农村、农业社区或贫困社区的脆弱性及适应策略均给予了较大关注。Shah 等（2013）提出并测试了适应发展中国家农业和自然资源依赖型社区的生计脆弱性指数，并比较了特立尼达和多巴哥两个湿地社区脆弱性的差异。Maru 等（2014）通过文献回顾和不同大陆中三个偏远地区的社区参与，为偏远边缘社区提供了一种脆弱性与弹性相结合的适应路径，并从适应路径视角指出，对脆弱性的短期响应可能会增强特定领域的弹性，但在长期会造成更大的脆弱性。

（4）各种扰动风险下家庭尺度生计脆弱性问题的研究成果丰富。Linnekamp 等（2011）研究了加勒比两个低海拔沿海城市家庭面临洪水风险的综合脆弱性，指出低收入家庭受到洪水的影响更大。

5. 贫困、健康、饮用水、交通等问题的脆弱性逐渐引起研究者关注

Ebi 等（2016）探讨了干旱对健康脆弱性的影响。Rajappa 等（2015）分析了孟加拉国沿海农村家庭在灾害中和灾害后的饮用水脆弱性问题，采用主成分分析法识别了影响饮用水脆弱性相关的预警传播、水资源毁坏、家庭水保存毁坏、水收集时间、家庭组成、水收集频率六个因子。Rupi 等（2015）衡量了山区农村道路网络的脆弱性。Nyberg 等（2013）将空间人口与邻近林场位置的数据相结合，研究了风暴刮倒树木导致的农村地区交通脆弱性，测度了可达性的减低以及老年群体的暴露。

二、国内研究进展

国内关于人地关系脆弱性的研究尚处于起步阶段，地理学界较早地介入了这一领域。目前的研究成果主要为延伸国外理论基础，进行理论梳理、概念辨析及案例应用研究。研究方法以定量方法居多，研究内容则从灾害、生态研究领域扩展至气候变化、旅游开发、社会问题等领域。主要研究成果包括四个方面。

1. 理论梳理、进展综述研究形成了一些具有代表性的成果

陈萍和陈晓玲（2010）总结了人 - 环境耦合系统脆弱性的概念框架，分析了脆弱性定义和暴露度、敏感性、适应能力三个组成要素，归纳了脆弱性研究的核心问题。黄建毅等（2012）对脆弱性理论模型及评估框架进行了对比研究和评述，并对整合的脆弱性理论模型与评估框架提出了四个方面特征的要求，即多时空尺度、多重扰动、耦合系统和人文特征。刘燕华和李秀彬（2001）系统性地梳理了脆弱性、恢复力的内涵及研究主题，以及全球气候变化和人类活动对生态环境的可能影响。黄晓军等（2014）从概念内涵、分析框架与评价方法三个方面梳理了社会脆弱性的概念、框架及方法。方修琦等（2007）综述了全球环境变化人文因素计划（International Human Disnensions Programme on Global Environmental Change, IHDP）的三个核心概念，即弹性、脆弱性和适应。王岩等（2013）梳理了城市脆弱性的概念、研究分类、分析框架、动力机制等，指出城市脆弱性研究应构建综合评价模型，并注重典型区域的城市脆弱性评价，为城市可持续发展提供科学依据。

2. 基于脆弱性评估框架构建，开展不同尺度脆弱性测度、影响机制研究，以定量案例研究居多

（1）在全国或区域尺度上开展研究。方创琳等（2015）运用系统分析和综合指数法，从资源、生态环境、经济和社会四个方面确定了10项分指数，选取36个指标构建了中国城市脆弱性综合测度指标体系，对中国地级以上城市脆弱性及其空间分异做了总体评价。聂承静等（2012）利用人口总量、儿童人口比例等五个指标建立了地震灾害宏观人口脆弱性综合评价模型，评估了全国各县（市区）的人口脆弱性。鲁大铭等（2017）以西北地区316个县（市）为研究单元，结合社会经济数据与遥感影像数据等构建了西北地区人地系统脆弱性评价模型并剖析了其时空演变过程。李博等（2012）利用脆弱性这一新的研究范式对环渤海地区人海资源环境系统进行了分析，提出了人海资源环境系统脆弱性是关于敏感性和适应性的函数，并采用函数模型法进行了脆弱性测度研究。贺祥（2014）运用熵权灰色关联分析法，构建了岩溶山区人地耦合系统脆弱性评价指标，并以贵州省9个地州市为基本评价单元，对其人地耦合系统脆弱性进行了定量分析与评价。李文龙等（2018）运用VSD脆弱性评估框架对北方农牧交错带112个县域的干旱脆弱性时空演变进行了分析。李平星和樊杰（2014）以广西西江经济带为例，基于VSD模型构建了包含自然和人为因素在内的25个指标的评价体系，并进行了脆弱性评价与分解。李鹤和张平宇（2009）以东北三省14个地级矿业城市为例，建立了涵盖城市社会就业敏感性与应对下岗失业问题的能力两方面的矿业城市社会就业脆弱性评价体系，并对东北地区矿业城市社会就业脆弱性进行了评价。

（2）在城市或区县尺度上开展研究。王士君等（2010）以大庆市为案例区探讨了石油城市经济系统脆弱性问题的发生过程、机制和特征。陈佳、杨新军等（2016）对VSD框架和SERV模型进行整合，运用RS与GIS空间技术解析了榆林市社会－生态系统脆弱性的时空演变特征。权瑞松（2014）基于情景分析视角，分析、评价了上海中心城区建筑暴雨内涝灾害脆弱性，指出仓库与旧式住宅是暴雨内涝灾害中脆弱性程度最大的建筑类型，杨浦、普陀、徐汇区的建筑脆弱性程度最大。

（3）在社区（村域）或家庭尺度上开展研究。赵雪雁等（2016）基于366户农户的调查数据，以石羊河中下游地区为例，评估了不同类型农户对生态退化的脆弱性，探明了影响农户生计对生态退化脆弱性的关键因素。Fang 等（2016）利用时间序列数据建立了基于农户的涵盖生存条件、发展条件、水资源的可得性和旱涝威胁四个方面的农户脆弱性评价模型，指出从 1986 年到 2012 年西藏日喀则市农村家庭脆弱性降低，但随着时间的推移波动较大。石育中（2017）对 Turner 的脆弱性分析框架进行了改进，并应用到黄土高原乡村农户的干旱脆弱性与适应领域，以陕甘黄土高原西部和南部的榆中县中连川乡和长武县洪家镇作为案例区，应用综合指数法测度了农户干旱脆弱性，并对农户适应能力和适应机制进行了解析。杨文等（2012）采用效用函数、普通最小二乘（ordinary least squares，OLS）回归等方法测度了家庭脆弱性。此外，杨新军等（2015）将社会与生态环境信息结合，以榆中县中连川乡为例运用情景分析法探究了利益主体在未来变化情景下的脆弱度，是鲜有的高水平定性研究成果。

3. 学界对人文扰动因素的兴趣开始增大

学界除关注传统的气候变化和灾害扰动之外，研究视角逐渐拓展至旅游发展、产业转型、移民安置等多样化的人类活动扰动或自然与人文因子的共同作用。陈佳等（2015）通过农户参与式问卷调查与实地调研，研究了旅游发展背景下秦岭山区以农户为基础的局地社会生态系统脆弱度，并探讨了不同类型农户和景区脆弱性的影响机制。王士君等（2010）、王岩等（2014）均关注了产业转型对资源型城市脆弱性的影响。Rogers 等（2015）以山西为例，研究了移民安置对家庭或社区脆弱性的影响，指出移民安置有可能放大，而不是减轻家庭对气候变化的脆弱性。

4. 研究对象聚焦社会生态系统、城市社会经济系统、人地耦合系统等人地系统领域

研究关注矿业城市、湖泊流域、城市边缘区、大遗址区等典型地域空间以及典型地貌区，在旅游社会生态系统、人海经济系统等人地耦合系统的脆弱性状态评估、机制探讨、调控策略等方面取得了一定的成果。苏飞等（2013）运用集对分析法从经济敏感性和应对能力两方面对我国 15 个典型旅游城市的经济系统脆弱性进行了测度。余中元（2015）以滇池为例，关注了湖泊流域社会生态系统的脆弱性。何艳冰等（2016）、黄晓军等（2018）均关注了西安快速城市化边缘区的社会脆弱性。张立新等（2015）评估了大遗址区人地系统脆弱性，并探讨了其影响机制。李博等（2015）从不同尺度关注了人海资源环境系统脆弱性。贺祥（2014）关注了贵州省岩溶山区人地耦合系统脆弱性。

三、国内外研究述评

1. 研究成果

脆弱性这一术语的概念及内涵已在大量的案例研究中得到了丰富和发展，并逐渐成为全球环境变化、可持续性科学及人地系统的一种新的研究视角和重要的分析工具。人地相互作用的不同尺度、不同地域类型、不同领域的人地系统脆弱性研究已吸引了来自生态学、地理学、经济学、社会学等学科学者的关注，并形成了较多成果，具体表现在四个方面。

（1）涌现出众多探讨脆弱性成因及其影响因素和相互作用关系的分析框架。

（2）关注点由自然扰动因素扩展至社会扰动因素，从可持续发展视角形成了不同尺度的脆弱性测度、适应策略研究。气候变化、气象及地质灾害等扰动的脆弱性研究仍然占据主导地位，但旅游开发、市场价格、经济风险、战争等人类活动扰动风险下的脆弱性逐渐引起了学者们的兴趣。

（3）研究方法逐渐丰富，RS-GIS 空间技术成为重要手段。

（4）以不同尺度的社会－生态系统脆弱性、社会脆弱性、人－环境耦合脆弱性、城市脆弱性、生计脆弱性为重点研究对象，形成了丰富的研究成果。

2. 不足之处

国内外关于人地系统脆弱性的研究也存在一定的不足，主要包括四个方面。

（1）国内关于人地系统脆弱性的研究起步较晚，尚未形成系统化的知识体系。现有的研究成果多基于可持续生计框架，关注开展生计、社会－生态系统脆弱性研究，而对于特定类型的人地系统或具体问题尤其是民生问题的脆弱性关注度不够。

（2）国内外对于脆弱性和恢复力的研究多是针对单一尺度或多尺度独立的脆弱性评价，对于尺度整合与嵌套的研究相对较少。

（3）在研究方法方面，国外研究在定量与质性研究方面均形成了较多成果，而国内基于脆弱性评估框架开展的不同尺度脆弱性测度、影响机制研究，以定量案例研究居多，质性研究较少。鉴于此，关注人文扰动因素或多种扰动因素、丰富脆弱性内涵、构建尺度嵌套的脆弱性分析框架成为今后脆弱性研究的重要方向。

（4）服务于国家重大战略需求是脆弱性理论发展的重要实践，也是应有之义，亟须加强对乡村转型与乡村振兴、城市化健康发展中人地系统脆弱性变化及适应的关注，以期体现人地系统脆弱性评估对政府决策、农户适应的指导意义。

第五节　乡村转型研究进展与述评

在经济全球化快速发展的背景下，乡村转型发展的区域差异、全球化背景下农业与农村特征的变化，以及乡村可持续性发展已成为当前国际地理学的重要发展方向和重点研究领域之一。20 世纪 60 年代中期，乡村发展问题引起了德、英、美、日等国学者的重视，并形成了许多经典理论，包括乡村发展阶段理论、区位论、二元结构理论。现在，乡村转型问题得到乡村地理学、乡村社会学、乡村经济学等学科领域越来越多学者的关注。

一、国外研究进展

乡村重构（rural restructuring）是乡村社会经济发展到一定阶段的必然产物（Nelson，2001）。第二次世界大战后，在快速城市化过程中，发达国家和发展中国家的乡村经济、社会、环境及空间差异等方面发生了剧烈变化。西方乡村经历了由生产性乡村到消费性乡村，再到多功能乡村，最后转向全球化乡村的过程。20 世纪 80 年代始，西方发达国家乡村普遍面临着“后城市化”时代的乡村转型，出现城市富裕阶层回归乡村生活的现象，学界称之为“乡村绅士化”（rural gentrification）或“乡村复兴运动”（Nelson and Oberg，2010；Phillips et al.，2008；Freeman and Cheyne，2008）。而在发展中国家城市化过程中出现了乡村衰败、人口流失以及“空心化”问题（Westlund，2014）。Woods（2013）将 21 世纪以来的乡村概念化为全球乡村（global countryside），主张乡村重构。全球化过程中乡村空间异质性凸显，自然资源、地理位置、地方和非地方间的政治协商等因素造成全球乡村分化，绝大部分传统农业型乡村因乡村人口流失、资本撤退而逐渐走向衰败（Long and Woods，2011；Woods，2013）。基于此背景，乡村重构成为乡村地理学、乡村社会学研究的热门主题。主要研究成果体现在两个方面。

1. 乡村重构的研究内容多样化

研究内容从经济发展、人口变化、土地利用和农户收入等不同侧面反映了乡村重构，且突出探索关键要素之间的关联变化。例如 Veeck 和 Pannell（2005）分析了中国江苏省乡村经济转型与农民收入之间的关系演变；Hedlund（2015）分析了瑞典乡村经济转型中的就业转变、人口迁出变化；Kiss（2000）通过分析匈牙利乡村经济和生活条件的变化来映射乡村重构以及居民应对转型的策略；Torres 和 Carte（2014）分析了墨西哥韦拉克鲁斯州乡村转型中新自由主义调整与土地转型以及移民之间的关联；Abrams（2011）从人口与土地变化两方面研究了美国乡村社区重构；Nepal（2007）关注了政策变化与东欧国家乡村转型之间的关系，以及旅游活动主导的地区如尼泊尔安纳普纳的乡村居民点重构。

2. 在乡村重构过程、影响因素、形成机制等方面形成了较为完整的理论体系

（1）在乡村重构概念辨析与过程认知方面，突出乡村转型的多要素及过程。Woods（2005）对乡村重构的认识偏重于社会经济结构的重构。Hoggart 和 Paniagua（2001a，2001b）从历史变迁分析和乡村变化特征两个视角，从过程、途径、结果三个层面对乡村重构的概念和内涵进行了剖析。

（2）以内—外、乡—城、地方—超地方等二元框架为基础对乡村重构的影响因素和形成机制展开研究。例如 Kiss（2000）构建的乡村重构模型指出乡村转型是地方因素和超地方因素共同作用的结果，强调了地方性因素对乡村重构的影响；Terluin（2003）认为乡村转型是乡村系统内部因素和外援驱动力共同作用的结果；Mcgee（2008）提出了城乡两大系统促进乡村转型的逻辑，城乡之间先有了广泛的物质交流和文化交流，接着城乡功能分工渐趋广泛与深刻，最终促使乡村系统变动与转型；Murdoch（2000）在辨析了外生发展和内生发展之后，提出了“垂直网络”（即连接农村空间与农业食品部门的网络）和“水平网络”（即把农村空间连接到更普遍和非农业经济变化过程的网络）两种网络在乡村发展中的重要作用，农村政策应从网络的角度进行重新塑造。此外，学者基于案例提出了更多个性化的影响乡村重构的因素，如 Van Auken 等（2011）发现生活的舒适性、景观基础设施的建设、消费的驱动力以及从传统心态走向“美国”心态的现象是推动乡村重构的驱动力。

二、国内研究进展

乡村研究一直是国内地理学、社会学、经济学关注的学术热点，其中乡村转型研究最具综合性和代表性，受到国内广大地理学者的关注，成果较多。

1. 研究进展综述与展望

（1）总结国外乡村转型历程与背景。典型研究如李玉恒等（2018）系统回顾了国外发达国家、发展中国家不同时期的乡村发展战略，并根据世界银行数据，从乡村人口、就业、粮食产量、公共服务角度，系统分析了半个多世纪以来世界乡村转型发展的历程。

（2）从文献计量角度总结中国乡村研究进展。如杨忍等（2018）基于文献计量方法回顾了 1978—2018 年中国乡村地理研究热点，发现在 2008 年后研究热点转向多元化，研究涉及乡村转型与重构、空间重构、乡村性、乡村社区、乡村治理等方面，研究主题逐渐与国际接轨。

（3）系统总结中国乡村转型研究框架。如杨忍等（2015）系统梳理了乡村发展转型内涵、过程格局、驱动机制、类型模式、乡村空间重构、农村发展理论及农村“空心化”等系列研究进展，并在此基础上，对中国乡村发展转型与重构的研究核心内容和逻辑主线进行了提炼和总结。

2. 基于对乡村转型的不同理解，研究视角逐渐从单一视角向多要素综合性视角转变

（1）关注乡村转型中某一领域变化的研究。如关注城市化中的乡村文化、经济、人口转型，农村土地利用整治与土地转型，农村居民点整治、聚落空间转型研究等（赵彤 等，2014；张南，2016；龙花楼，2012；刘春芳 等，2014；李红波 等，2015）。

（2）研究视角转向多要素综合视角。如基于农业产业与就业结构变动视角、“人口—土地—产业”视角来反映宏观尺度乡村转型中的经济、社会、空间等要素的变化（刘彦随，2007；李婷婷、龙花楼，2015）。

（3）基于社会－生态系统体制转换视角（石翠萍 等，2015）、基于主体功能区划分视角（贺艳华 等，2018）等进行乡村转型分析的特色研究。

3. 围绕乡村转型的不同视角，学者构建了多样的、动态的乡村转型评价指标体系

（1）建立评价指标体系，通过某一时期或不同时期乡村发展水平指标变化来反映乡村转型。例如王艳飞等（2016）从乡村生产生活转型方面建立了乡村转型发展指标体系，评价了2000—2010年全国乡村转型水平与格局差异。

（2）建立动态评价体系，在反映乡村发展水平变化的同时发现乡村转型的时间节点和转型速度等。代表性的成果有：屠爽爽等（2019）引入了乡村发展指数、乡村重构强度指数和乡村重构贡献率的概念，来衡量和判断乡村转型的发展程度、转型时间节点、转型速度；龙花楼与邹健（2011）在界定乡村转型发展的概念内涵基础上，提出了从乡村发展度、乡村转型度和城乡协调度三个维度出发构建测度乡村转型发展的评价指标体系。

4. 乡村转型研究呈现空间尺度多样化、区域特色化特点

（1）全国、省域、市域及更小尺度上的乡村转型研究，偏重于刻画乡村转型的格局差异、类型划分。例如王艳飞等（2016）对中国乡村转型发展格局及其驱动因素进行了分析。还有对东部沿海地区、省域尺度、市县尺度乡村转型的研究，以及包含多类型的跨区域样带乡村转型水平的空间差异、类型研究。

（2）针对不同发展优势、区域类型的乡村转型研究，偏重于乡村转型的驱动力探索以及优化策略。典型研究有：龙花楼等（2011）选取中西部能源矿产资源富集区、中部传统农区和东部经济高速发展区，比较了乡村转型的动力机制与优化策略；张京祥等（2015）对不同禀赋、不同背景以及不同发展路径的南京市的两个村庄的空间、经济、文化转型发展方面进行了比较；屠爽爽（2019）对比了大都市郊区和平原农区典型村域转型驱动因素的差异。

（3）从体制转换视角研究特殊区域乡村转型发展，偏重于转型中的生计方式转变。例如杨新军研究团队（蒋维 等，2011；石翠萍 等，2015；王子侨 等，2016）对黄土高原乡村的社会－生态系统体制转换、影响因素及其稳健性进行了系列研究；丁悦等（2014）讨论了青海牧区乡村转型中公共私营合作制的运用。

5. 乡村转型影响因素与动力机制探索以“内生－外源”分析框架为主，新理论探索逐步加深

国内学者对乡村转型动力及模式进行了诸多探索，如张富刚和刘彦随（2008）梳理了中国区域乡村转型的动力机制与发展模式，房艳刚和刘继生（2009）对经济发展转型理论和模式进行了回顾。而针对乡村转型的动力机制研究的代表性框架有三个方面。

（1）从内生－外源角度分析不同尺度乡村转型的动力。代表性的成果有：王艳飞等（2016）将乡村转型发展驱动因素分为经济社会类因素（主要驱动力）、区位性因素（发展机会）和自然条件因素（地理基础）三类；龙花楼（2011）认为，乡村转型发展内在因素即乡村本身所处的自然条件、资源禀赋、区位条件及其产业基础等，外援驱动力即在我国工业化、城镇化快速推进的大背景下国际市场、国内市场、政策环境的变化；屠爽爽（2019）认为，外源性因子通过乡村地域系统外部的环境、政策、市场、技术手段等对乡村重构过程起到诱发、催化、推动或阻碍作用，而自然资源、区位条件、经济基础、社会行为主体、文化特质等影响乡村重构的因子，直接决定着乡村产业发展路径的选择、发展水平的高低和重构速度的快慢。

（2）从乡村地域系统的发展和演变的角度，搭建乡村转型的动力机制理论框架。典型代表如龙花楼、屠爽爽（2018）从乡村重构的行为主体、地域系统结构方面搭建了由诱发机制、支撑机制、约束/促进机制、引导机制、引擎机制构成的乡村重构的作用机制框架，并提出了重塑政府干预机制。

（3）探索新理论在乡村转型动力机制中的应用。如杨忍等（2018）从权力、行为主体的角度，利用行动者网络理论讨论了乡村微观生产生活空间重构的过程与机制。

三、国内外研究述评

乡村转型并非单一要素的变化，而是政策、土地利用、人口流动、就业、收入等诸多关键要素的结构性变化。现阶段，乡村转型是城镇化背景下乡村要素、结构、功能、空间的变迁以及城乡关系的重塑，是一个世界性的话题。

综合国内外乡村转型研究进展，可以发现，国内乡村转型研究在研究视角、研究内容、机制探讨等方面逐渐与国际接轨，并且都注重乡村转型中多要素协同变化，以及乡村系统内外动力的共同驱动。相比之下，中国幅员辽阔、自然条件多样、城镇化进程不一、城乡关系复杂，在此背景下，中国学者对乡村转型的研究有两个特点：一方面，更加注重快速城镇化中不同空间尺度的乡村转型格局差异的刻画、类型的比较；另一方面，直面区域问题，服务于乡村振兴战略，对典型区域（如传统农村、城郊乡村、黄土高原乡村、牧区、旅游区等）的乡村转型给予关注，探索乡村土地利用、经济活动、农户生计方式的转变以及优化策略。

第三章 乡村人居环境系统脆弱性与乡村转型理论框架

第一节　多尺度整合的乡村人居环境系统脆弱性表征因子体系

一、乡村人居环境系统脆弱性基本维度

乡村人居环境是乡村居民聚居中所构成的社会、经济、自然复合系统。吴良镛借鉴道萨迪亚斯的人类聚居学理论，用系统观念将人居环境从内容上划分为五大系统，即人居环境由自然系统、人类系统、社会系统、居住系统、支撑系统构成。自然系统指气候、水、土地、动植物、地理、资源与环境、土地利用等；人类系统主要指作为个体的聚居者，侧重于对物质的需求和人的生理、心理、行为等有关的机制及原理、理论的分析；社会系统主要指公共管理和法律、社会关系、人口趋势、文化特征、社会分化、经济发展、健康和福利等；居住系统指住宅、社区设施、城市中心等；支撑系统指为人类活动提供支持的、服务于聚落，并将聚落联为整体的所有人工和自然的联系系统，包括人类住区的基础设施，如公共服务设施、交通系统、通信系统、计算机信息系统和物质环境规划等（如图3－1所示）。

本书从系统脆弱性的视角切入，将基于以上五大系统构成脆弱性分析的基本维度，针对乡村地域空间选择关键要素构成乡村人居环境子系统的系统组分，具体内容见表3－1。

表3－1　乡村人居环境系统脆弱性构成

子系统	系统组分
自然系统	地形地貌、气象与地质灾害、河流水质、植被覆盖、土地利用、生态修复与建设等
居住系统	住房条件、社区设施与服务、住房搬迁与更新等
支撑系统	教育、医疗、社会保障等公共服务环境，出行环境
人类系统	人口与劳动力结构、心理与生理健康、需求层次
社会系统	文化习俗、经济发展、社会交往环境

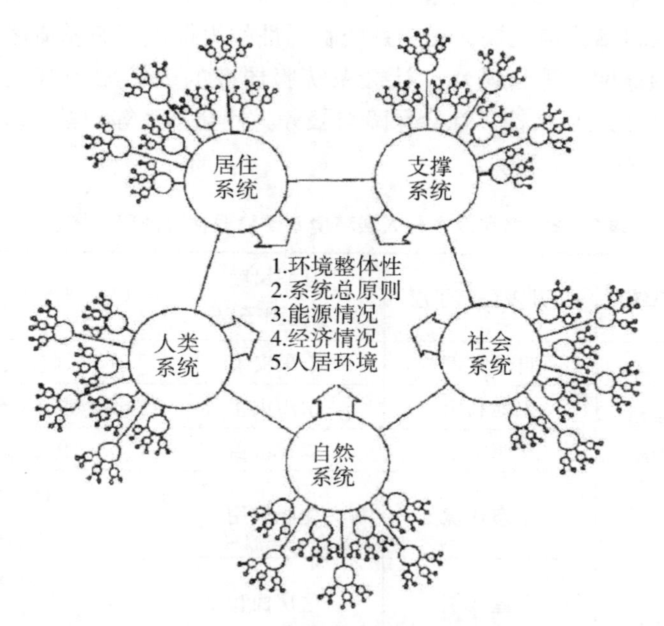

图3-1　人居环境系统模型

（资料来源：吴良镛《人居环境科学导论》，中国建筑工业出版社2001年版，第40页）

二、基础表征因子层确定

在基础表征因子的选择中，不同于传统研究由研究者独立选定因子，本书采用农户参与式评估（Menconi，2017）与专家核定相结合的方法确定基础表征因子。首先，将第一次田野访谈中获得的52份访谈录音中对问题（4）“农户对村庄或居住地环境最不满意及最满意的地方分别是什么?”的回答进行文本编码，按照其所属的系统组分归类至自然、人类、居住、支撑、社会子系统。其次，提炼各子系统回答频次排名前四位的要素，对于排序相同的要素则通过咨询专家选取。最后，核定并命名表征因子，形成宏微观尺度整合的基础表征因子层。

其中，自然系统脆弱性的表征因子有自然灾害、土地利用、化肥施用、生态环境；居住系统脆弱性的表征因子有房屋建筑、家电设施、饮水问题、通信条件；人类系统脆弱性的表征因子有家庭规模、人口负担、人口增长、人口结构与发展；支撑系统脆弱性的表征因子有基础教育、医疗卫生、交通路网、零售网点；社会系统脆弱性的表征因子有农村经济增长、产业（收入）结构、社会保障与服务、社会不平等问题。基础表征因子层见表3－2。

表3－2　多尺度乡村人居环境系统脆弱性表征因子体系

目标层	子系统层	基础表征因子层	县域尺度表征因子层	村域尺度表征因子层
乡村人居环境系统脆弱性	自然系统脆弱性	自然灾害	干旱灾害	风沙灾害
		土地利用	雨涝灾害	土地耕作、造林绿化
		化肥施用	森林覆盖	化肥施用
		生态环境	化肥施用	造林绿化、河渠水体质量
	居住系统脆弱性	房屋建筑	住房面积	房屋结构、住房宽敞度
		家电设施	家电设备	耐用消费品
		饮水问题	饮水安全	生活用/取水条件
		通信条件	通信条件	通信条件
	人类系统脆弱性	家庭规模	性别平衡	家庭规模
		人口负担	人口增长	人口负担
		人口增长	家庭规模	人口萧条
		人口结构与发展	人口负担	受教育程度、人口活力
	支撑系统脆弱性	基础教育	小学教育	小学教育
		医疗卫生	卫生技术人员	乡村医生、垃圾处置
		交通路网	道路建设	道路建设
		零售网点	零售网点	零售商店
	社会系统脆弱性	农村经济增长	农业机械化	收入水平
		产业(收入)结构	社会保障	生计多样性
		社会保障与服务	城乡差距	社会治安、政府管理
		社会不平等问题	非农产业	贫富差距

三、县域、村域尺度表征因子层设定

县域（县级行政单元）尺度与村域（行政村）尺度表征因子层的设计在契合基础表征因子层的基础上，需兼顾反映时空差异，适用于研究尺度与研究目标。县域尺度表征因子层的设计应着重于体现时序差异，从宏观综合的视角反映人居环境系统脆弱性状态的表征因子。同时，需要把握宏观数据源的特征，如自然遥感数据具有慢变化属性，社会经济统计数据具有时间连续性、空间低精度特征。最终形成适应于长时间序列分析，具有动态性、可比性的具体量化指标。

在目前已有的研究成果中，县域尺度乡村人居环境系统指标体系建立主要关注县域经济发展水平、基础设施建设与公共服务水平、以森林覆盖为代表的自然生态环境状况、乡村住房更新程度。代表性的研究有：唐宁和王成（2018）对重庆县域乡村人居环境展开综合质量评价时，关注了县域的基础设施、公共服务建设情况、环境卫生条件、居住条件、乡村经济条件等六个方面；杨兴柱和王群（2013）测度皖南旅游区的乡村人居环境质量时关注了基础设施、公共服务设施、能源消费结构、居住条件、卫生条件五个维度；曾菊新等（2016）以湖北省利川市为例，在对重点生态功能县域乡村人居环境演变的研究中考量了农户生活水平、村民出行环境、乡镇公共服务水平、农业生产条件、生态安全程度、生态产品供给能力六个领域的内容；朱彬等（2015）选择了基础设施、公共服务设施、能源消费结构、居住条件、环境卫生五个因子作为一级指标，信息通信设施等 15 个因子作为二级指标，研究了江苏省市域间乡村人居环境质量的空间分异。

综上，笔者参照已有的研究成果，基于专家咨询，县域尺度表征因子层的设定如下：①自然系统脆弱性表征因子层为干旱灾害、雨涝灾害、森林覆盖、化肥施用，其中选择了干旱灾害、雨涝灾害因子对应自然灾害基础因子，选择森林覆盖率反映土地利用与生态环境的变化；②居住系统脆弱性表征因子层为住房面积、家电设备、饮水安全、通信条件，其中以住房面积反映住宅总体情况；③人类系统脆弱性表征因子层为性别平衡、人口增长、家庭规模、人口负担，其中，以性别平衡反映人口结构与发展，家庭规模对人类系统脆弱性为负向影响，即户均人口越多，人类系统敏感性越低，风险胁迫应对能力越强（Hung 等，2016）；④支撑系统脆弱性表征因子层为小学教育、卫生技术人员、道路建设、零售网点，其中，零售网点为支撑系统脆弱性的负向因子，零售网点密度体现乡村居民物资购买的便捷度，在因市场不景气、交通中断等因素导致邻近杂货店关闭的潜在风险扰动下，零售网点越密集，越有助于提高食品安全稳健性，反之，乡村居民食品脆弱性越高（Yeager，2014）；⑤社会系统脆弱性表征因子层为农业机械化、社会保障、城乡差距、非农产业，其中，以农业机械化反映乡村经济增长情况，以非农产业反映产业（收入）结构，通过衡量城乡差距反映社会不平等问题。县域尺度乡村人居环境系统脆弱性表征因子层见表3－2。

村域尺度表征因子层的设计在与基础表征因子层保持统一的同时应体现微观尺度特征，侧重于选择空间分异辨识度较高而且可分阶段对比的尺度因子。具体表征因子层的构建应考量微观数据源的特征，如注重农户的行为、心理及体验，反映不同农户的生产、生活及居住环境的差异。在已有研究中，乡（镇）、村尺度的人居环境研究主要关注乡村生态环境、基础设施、住房情况、社会交往环境领域。代表性的评价体系有：李健娜等（2006）以河南省内乡县的八个乡镇为评价对象，从乡村生态环境、乡村聚居环境、乡村聚居条件、乡村社区社会环境、乡村社区经济条件、乡村聚居能力、乡村的成长性、乡村的可持续能力八个领域进行评价以反映乡村人居环境生态化和可持续性；李伯华等（2009）以湖北省石首市久合垸乡为例，从自然生态环境、农村基础设施、房屋建筑质量与设计、社会服务与社会关系五个方面对地方乡村人居环境满意度进行了评价。综上，参照已有研究成果，基于专家咨询，一方面，最大限度保留了县域尺度时序评估框架中可体现空间差异的因子，调整命名以适应尺度下降；另一方面，选择了凸显案例区内部空间分异、阶段性特征、村域特征的因子，如自然系统选择了土地耕作、风沙灾害、河渠水体质量等因子，人类系统选择了受教育程度、人口活力等因子，居住系统选择了房屋结构等因子，支撑系统选择了垃圾处置等因子，社会系统选择了生计多样性、社会治安、政府管理等因子。最终形成了村域尺度乡村人居环境系统脆弱性表征因子层（表3－2）。

综上所述，本书最终形成了多尺度整合的乡村人居环境系统脆弱性表征因子体系（表3－2）。该体系既保持了各级尺度间的一致性，即尺度因子层的设计均高度契合基础表征因子层，又强调了尺度特征的体现，主要体现为三点。

（1）宏微观尺度地域特征。县域尺度表征因子层设计强调了体现案例区乡村人居环境系统脆弱性、子系统脆弱性的整体演变状态，如设计了干旱灾害、雨涝灾害、森林覆盖、人口增长、性别平衡、农业机械化、社会保障、城乡差距等因子。村域尺度表征因子层更侧重于体现案例区内部的空间分异及演变，关注村庄的经济发展、基础设施建设、公共服务供给情况，同时把握“以人为本”的核心，关注农户生活、居住的便利性或困难度，如设计了涵盖农户收入与生计结构、农户土地利用方式、家庭住房与设施条件、贫富差距等内容的因子。

（2）在具体尺度指标体系的构建中，本书进一步突出了尺度特征。如针对县域尺度、村域尺度均涉及的小学教育因子，在县域尺度中将以小学学校数指标衡量，村域尺度将以小学学校可达性指标衡量；针对道路建设，县域尺度将选择万人拥有道路长度指标进行度量，数据来源于交通统计资料，村域尺度将采用村域范围内的公路技术等级与铺装情况合成路网的脆弱指数进行度量，数据来源于空间路网数据。

（3）数据源的差异。县域尺度数据源为1980—2016年具有时间连续性的人口、社会、经济统计数据，以及逐月降水数据。村域尺度的数据源为451份入户微观调研数据以及具有空间属性的数据，如路网、小学学校分布图。

第二节　尺度嵌套的乡村人居环境系统脆弱性评估

一、基础维度与主导维度识别

自然系统、人类系统、居住系统是乡村人居环境系统稳定健康的基本前提，是居民生产、生活、经济建设与社会发展的基底，多具有暴露与敏感性，本书将其认定为乡村人居环境系统的基础维度。主导维度能够直接或间接地影响基础维度，对基础维度的脆弱性进行响应。支撑系统与社会系统服务于居民社会交往、福利与公平等高层次需求，为乡村人居环境系统脆弱性降低、稳健性培育提供可持续发展动力，是乡村人居环境系统中的主导维度。如产业结构调整有助于自然生态的恢复、气候变化的适应，经济发展能有效地改善家庭居住条件，提高就业者的负担能力；基础设施与公共服务支撑系统的改进为居住设施现代化、人类健康与文明提供保障。基于对基础维度和主导维度属性与功能的差异的考量，将基础维度认定为受扰动/风险直接作用的维度，其脆弱性主要由暴露与敏感性强度决定，依据“短板效应”进行子系统聚合，即以子系统最高脆弱性值为该时期基础维度脆弱度。主导维度侧重于系统的应对/适应能力、恢复力等方面的特征，不同领域之间可以通过相互支持以达到减轻脆弱性的作用，因此采用加权求和法进行聚合，以综合每个因子的状态信息。

二、情景界定与阈值规则

运用数学算法将基础维度与主导维度脆弱度 V_{is} 值域设定为 [-0.5，0.5]，且 V_{is} 值自 0 趋向 0.5 表示系统脆弱性显著且持续加强，暴露与敏感性增大，适应能力不足；V_{is} 值自 0 趋向 -0.5 表示系统脆弱性逐渐降低，抗干扰能力增强，系统趋于健壮。V_L 指主导维度的脆弱性，V_B 指基础维度的脆弱性。借鉴 Angeon 和 Bates（2015）在可持续发展领域开展的脆弱性-恢复力框架，以脆弱性值 0 为原点，主导维度脆弱性为 x 轴，基础维度脆弱性为 y 轴，构成一个平面坐标系 XOY，据此可得到五种人居环境系统脆弱性情景，如图 3-2 所示。

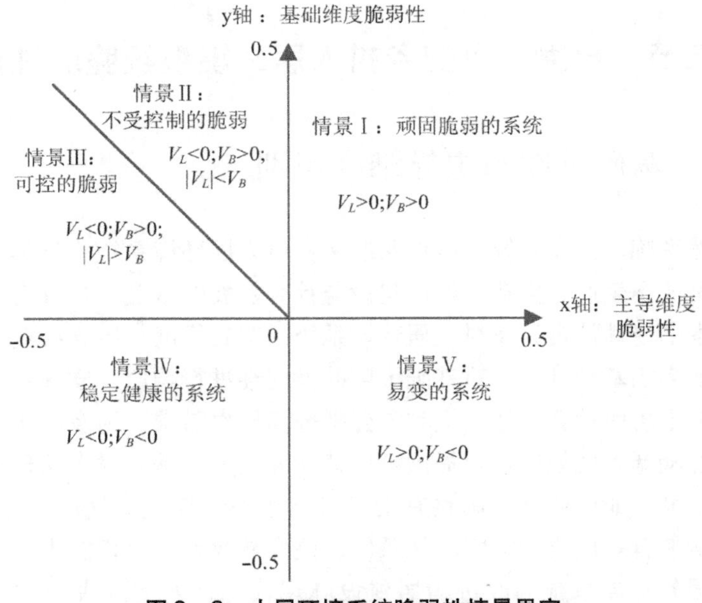

图 3-2　人居环境系统脆弱性情景界定

情景Ⅰ表示该地区该阶段人居环境系统的脆弱性十分顽固，难以改变，主导维度及基础维度均处于显著脆弱的状态。在情景Ⅱ、情景Ⅲ中，主导维度均处于健壮的状态，基础维度均处于脆弱的状态。在情景Ⅱ中，基础维度的脆弱度显著，同时，支撑设施与服务系统、社会经济发展培育的适应能力不足以应对自然、居住、人类系统产生的系统扰动，因此，在该情景中系统处于不受控制的脆弱状态。在情景Ⅲ中，虽然基础维度处于脆弱状态，但主导维度的健壮度胜于基础维度的脆弱度，支撑系统、社会系统培育的适应能力足以抵抗基础维度带来的风险扰动，因此该人居环境系统处于相对稳健、脆弱性可控的状态。情景Ⅳ多出现于乡村人居环境系统建设十分成熟的阶段，主导维度、基础维度均处于稳健状态，系统脆弱性最低，状态最佳，属于稳定健康的系统。在情景Ⅴ中，基础维度脆弱性较低，主导维度社会系统与支撑系统具有显著的脆弱性，人居环境系统状态复杂且易变。

本书将各类情景的边界认定为系统阈值，人居环境系统从一种情景状态进入另一种情景状态的过程即为突破阈值。本书认为相邻情景状态中的阈值跨越（如情景Ⅰ与情景Ⅴ之间）是系统正常演变的过程，非相邻情景状态中的跳跃式阈值跨越（如情景Ⅰ与情景Ⅳ之间）则是系统激进演变或动荡的非正常发展过程。此外，系统脆弱性值突破阈值，未在新情景中持续存在，均只属于系统的正常波动或剧烈动荡，而非系统状态的完全转变。仅当系统突破阈值，且在新情景中稳定存在（稳定时长因系统及研究尺度而异）时，才可认定为系统已发生状态转变。系统正常演变过程对应的情景转换阈值见表3－3。

表3－3　人居环境系统脆弱性情景转换的阈值表

序号	阈值	情景转换
1	$x=0$；$y>0$	情景Ⅰ⟷情景Ⅱ
2	$x=-y$；$y>0$	情景Ⅱ⟷情景Ⅲ
3	$x<0$；$y=0$	情景Ⅲ⟷情景Ⅳ
4	$x=0$；$y<0$	情景Ⅳ⟷情景Ⅴ
5	$x>0$；$y=0$	情景Ⅴ⟷情景Ⅰ

三、研究尺度的下降与上推

不同于可持续领域已有研究多采用的分尺度独立评估脆弱性演变，现将通过尺度下降与尺度上推，开展尺度嵌套的乡村人居环境系统脆弱性时空评估。首先，在宏观尺度上，基于县域尺度表征因子层（见表3－2），建立县域尺度乡村人居环境系统脆弱性评价指标体系，研究案例区1980—2016年的县域尺度乡村人居环境系统脆弱性时序演变，并运用以上情景界定规则进行阶段划分。其次，研究尺度下降至微观尺度，以宏观县域尺度阶段划分的结果为基底，基于村域尺度表征因子层（见表3－2），构建村域尺度乡村人居环境系统脆弱性评价指标体系，解析村域尺度乡村人居环境系统脆弱性的阶段性时空演变，并对各个阶段乡村人居环境系统脆弱性的功能子系统/因子进行诊断，识别障碍子系统/因子与贡献子系统/因子。最后，研究尺度上推至中观尺度，以地貌片区为统计区域，识别案例区典型地貌片区乡村人居环境系统脆弱性的障碍子系统/因子与贡献子系统/因子，并形成地貌片区乡村人居环境系统优劣势演变轴线。尺度之间的关系如图3－3所示。

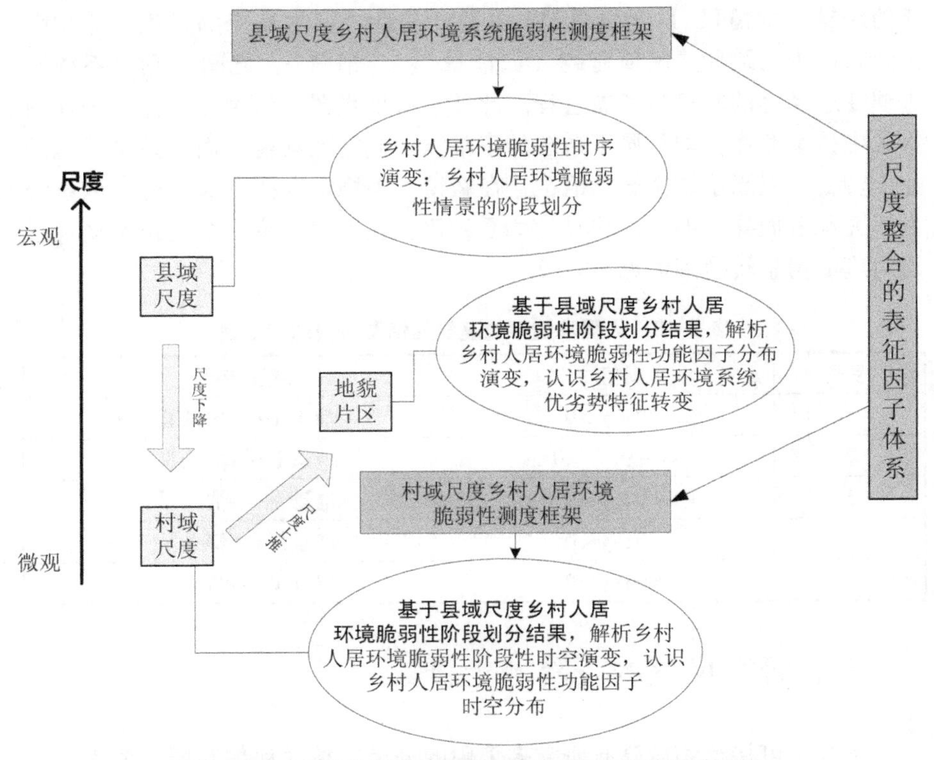

图3－3　乡村人居环境系统脆弱性评估尺度之间的关系

第三节　乡村人居环境系统脆弱性与乡村转型分析框架构建

一、结构与内容

在人地关系、人居环境科学等理论支持下，以人－环境耦合系统分析框架、MOVE分析框架等为基础，构建乡村人居环境系统脆弱性与乡村转型整合分析框架。该框架由四部分内容构成。

第一部分内容为扰动与危害，既包括自然事件的扰动与危害（自然灾害、气候变化、生物多样性）、社会事件的扰动与危害（金融危机与市场波动、战争），也包括社会－自然复合事件的扰动与危害（干旱与粮食安全）。

第二部分内容为乡村人居环境系统脆弱性的时空过程，涉及乡村人居环境系统五个子系统维度的暴露、敏感性、适应能力（包括预防能力、应对能力、恢复能力）特征，研究关注过去的、现在的、未来的乡村人居环境系统脆弱性，并将乡村人居环境系统脆弱性的研究划分至三个层面：建筑－家庭尺度、城市（县区）－社区（村镇）尺度、全球－国家－区域尺度。

第三部分内容为适应与响应，一方面，进行涵盖防治、减轻、转移等措施的风险管理；另一方面，以农户、学界及政府、企业为代表的多利益主体对脆弱性状态或演变趋势进行响应，包括农户行为调整适应、学界及政府关注并提出应对政策、企业或团体调整发展决策。

第四部分内容围绕乡村转型进行，包括乡村转型的主体对象、转型的过程，以及转型的界定。本书将一个及以上的主体突破阈值认定为系统状态发生转变，乡村进入另一状态（如由初始状态0至状态1），乡村转型由此发生。但乡村转型程度需要进一步被测度，一般认为随着时间发展，突破阈值的主体逐渐增多，乡村转型程度逐渐提高。

二、交互耦合关系假设

扰动与危害、乡村人居环境系统脆弱性、适应与响应、乡村转型这四个部分的内容之间交互耦合。逻辑关系如下：

（1）扰动、危害与乡村人居环境系统脆弱性之间表现为交互耦合的作用。一方面，乡村人居环境系统及其子系统维度暴露于多重扰动与危害之下，因其自身的敏感属性以及适应能力的缺乏，系统及系统组分容易遭受损坏；另一方面，乡村人居环境系统脆弱性的状态变化又会对扰动源形成、危害程度减轻/加重形成干预。

（2）扰动发生后，引起人居环境系统脆弱性的变化，不同利益主体针对人居环境系统脆弱性表现出采取防治、减轻、转移的策略进行风险管治，或通过农户行为适应、学界及政府关注、企业决策调整等途径对人居环境系统脆弱性做出适应/响应，培养适应能力，达到减轻乡村人居环境系统脆弱性的目的。

（3）同样，多利益主体的适应/响应策略与扰动/危害之间为相互作用关系，适应/响应策略可直接针对扰动/危害发生，而适应/响应的结果又可成为扰动源，或干预扰动程度。例如针对生态恶化这一扰动因素，国家实施造林绿化工程，农户进行退耕还林、封山禁牧响应。一方面，生态逐渐恢复；另一方面，农户失去森林资源使用权，成为农户生计新的扰动源。

（4）乡村人居环境系统对乡村转型产生支撑与推动作用，乡村人居环境系统脆弱性的演变干预乡村转型的过程，而乡村转型对人居环境系统状态提出了更高的要求，引导乡村人居环境的建设。例如和谐、交往密切的社会系统有助于城乡一体化进程，而村镇空间结构的转变又对支撑系统的基础设施与公共服务的服务半径提出了更高要求。自然系统森林覆盖率的提高、生态环境的改善促进了农村土地利用方式的转变，而就业、消费方式的转变对乡村人居环境居住系统、支撑系统、社会系统均提出了不同要求。

（5）乡村转型与扰动/危害产生相互作用，扰动/危害直接干预乡村转型的发生，乡村转型过程中主体发生根本性转变时又可形成扰动源，如人口的城镇化、就业方式变化导致乡村人口持续流失。

（6）乡村转型与多利益主体适应/响应产生相互作用，农户、学界、政府、企业等既适应乡村转型的发生，同时又干预乡村转型进程。如学界及政府针对乡村转型所处状态、面临的问题提出政策响应，干预与调整乡村转型的路径与模型。农户应对村镇空间组织结构的变化通常会被迫将行为调整为社会活动行为，包括政务咨询、送孩子上学和接送孩子放学、交通出行等行为，而这些行为又促使乡村社会交往与结构发生转变。

三、分析框架

本书提出了涵盖扰动与危害、乡村人居环境系统、适应与响应、乡村转型四大内容的乡村人居环境系统脆弱性与乡村转型分析框架，如图3－4所示。本书将在该分析框架及多组耦合关系假设的指导下，展开在多重扰动下乡村人居环境系统脆弱性测度、时空过程分析、乡村转型历程解析等主题内容的研究。最后，本书将对人居环境系统脆弱性演变与乡村转型的机制展开分析，并试图针对乡村转型的现阶段目标，提出其人居环境支撑条件建设的政策启示。

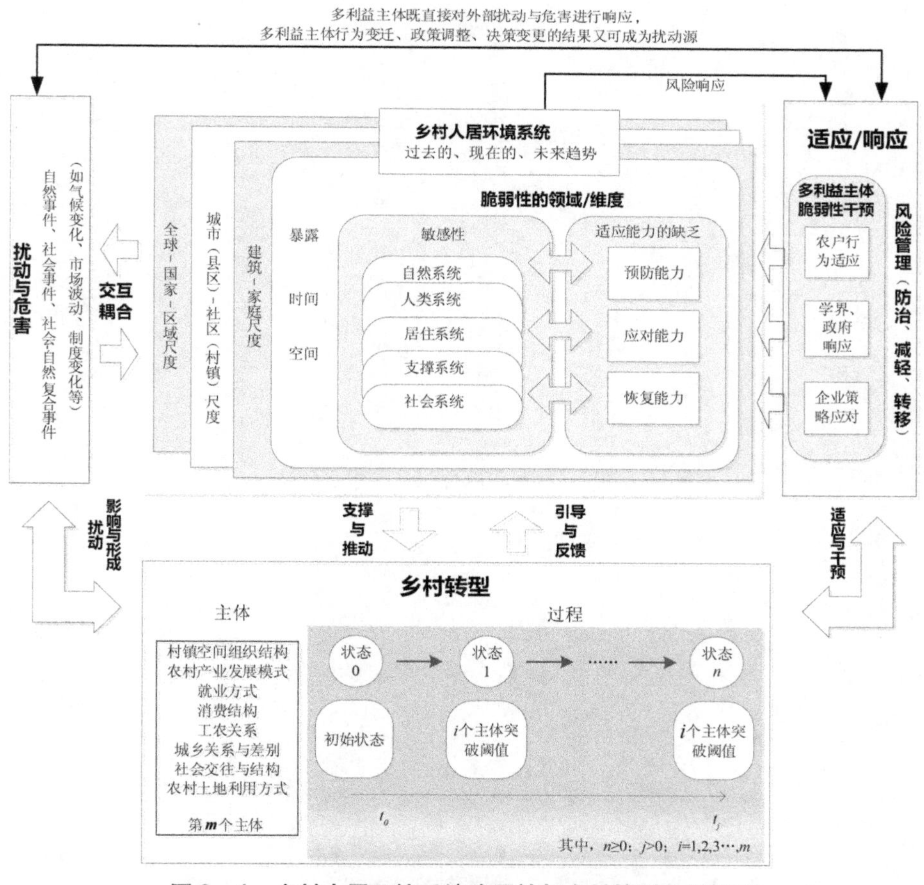

图3－4　乡村人居环境系统脆弱性与乡村转型分析框架

第四章 县域尺度乡村人居环境系统脆弱性研究

本章构建了县域尺度乡村人居环境系统脆弱性测度框架，利用1980年以来的逐月降水数据、森林监察数据、社会与经济统计数据等，定量测度了案例区佳县1980—2016年的乡村人居环境综合系统、子系统、因子脆弱性值，解析了案例区37年以来的乡村人居环境系统脆弱性时序演变过程，运用“ground-truthing”质性方法，基于情景与阈值界定规则，对案例区1980年以来的乡村人居环境系统脆弱性进行了情景阶段划分，并解析了各演变阶段的脆弱性情景特征。

第一节　县域尺度乡村人居环境系统脆弱性测度框架

一、乡村人居环境系统脆弱性测度指标体系

基于多尺度乡村人居环境系统脆弱性表征因子体系，以及宏观尺度基础维度与主导维度的设定，针对黄土高原半干旱区这一典型区域，选择适应于县域尺度脆弱性度量、长时序可比的具体测度指标，并确定指标方向。

有研究指出，化肥施用量越多，农村面源污染、水体富养化越严重（刘志欣，2016）。因此，单位面积农用化肥施用量为正向指标，即化肥施用量越多，自然生态系统脆弱性越趋向加重。负向指标系统脆弱性值随指标数值上升而降低，如乡村人口凋敝是农村脆弱的标志与根源之一。人口增长率为负向指标，即人口增长与乡村人口系统脆弱性呈负相关，人口增长率越大，乡村人口系统脆弱性越趋向减轻。最终，构建了县域尺度基础－主导双维度乡村人居环境系统脆弱性测度指标体系（见表4－1）。

表4－1　县域尺度乡村人居环境系统脆弱性测度指标体系

维度层	子系统层	因子层（X）	具体指标	指标方向
基础维度（V_B）	自然系统脆弱性（B_1）	森林覆盖（X_1）	森林覆盖率/%	－
		干旱灾害（X_2）	干旱强度等级/分	+
		雨涝灾害（X_3）	夏季雨涝强度等级/分	+
		化肥施用（X_4）	单位面积农用化肥施用量/（kg/hm^2）	+

续表 4－1

维度层	子系统层	因子层（X）	具体指标	指标方向
基础维度（V_B）	人类系统脆弱性（B_2）	性别平衡（X_5）	性别比/%	+
		人口增长（X_6）	人口自然增长率/%	－
		家庭规模（X_7）	户均人口/（人/户）	－
		人口负担（X_8）	就业人口负担系数/%	+
	居住系统脆弱性（B_3）	饮水安全（X_9）	农村安全饮水普及率/%	－
		通信条件（X_{10}）	农村家庭拥有电话数/（部/百户）	－
		家电设备（X_{11}）	农村家庭拥有电视机数/（台/百户）	－
		住房面积（X_{12}）	农村年末人均住房面积/（平方米/人）	－
主导维度（V_L）	支撑系统脆弱性（L_1）	小学教育（X_{13}）	小学学校分布密度/（座/千人）	－
		医疗服务（X_{14}）	万人拥有卫生技术人员数/人	－
		零售网点（X_{15}）	零售业网点密度/个	－
		路网建设（X_{16}）	万人拥有道路长度/（千米/万人）	－
	社会系统脆弱性（L_2）	农业机械化（X_{17}）	单位面积农用机械动力/（千瓦/公顷）	－
		社会保障（X_{18}）	社会保障支出占 GDP 比重/%	－
		城乡差距（X_{19}）	城乡收入差距比/%	+
		非农产业（X_{20}）	非农产业产值比重/%	－

注：1. 基础维度

①干旱强度等级（X_2）、夏季雨涝强度等级（X_3）均为类型变量，基于标准化降水指数（SPI）旱涝等级将正常赋值 0 分，中旱（涝）、重旱（涝）、极旱（涝）依次赋值 2～4 分。SPI 采用云南省水文水资源局水情处标准化降水指数 SPI 公式包计算所得，其中干旱强度等级基于 3 月尺度的 SPI 值，夏季雨涝强度等级基于夏季（6—8 月）1 月尺度的 SPI 值，并依据公式包内置的 SPI 与旱涝强度等级表进行分级，将极旱以上（含极旱）发生的年份均计为极旱、重旱以上（含重旱）计为重旱，中旱以上（含中旱）记为干旱、雨涝强度等级划分以此类推。

②单位面积农用化肥施用量（X_4）指标中，化肥施用量为折纯量，鉴于农用化肥施用对象主要是粮田与经济林，总面积统计口径为常用耕地面积与枣林面积之和。

③农村安全饮水普及率（X_9）指标的统计口径因不同时期实施的饮水工程项目不同而异，1980—1995 年，农村实施"人畜饮水、防氟改水工程"，该期间内农村安全饮水普及率数据采用饮水解困人口比重；1996 年后，农村相继实施"甘露工程""人饮安全工程"，1996 年至今，该项指标数据采用农村自来水普及率表征。

2. 主导维度

①单位面积农用机械动力（X_{17}）指农用机械总动力与常用耕地面积之比。

②社会保障支出占 GDP 比重（X_{18}）作为衡量社会保障支出水平的主要指标，根据财政部社会保障司课题组2007年发表的研究成果，1980—2006年社会保障财政支出指“抚恤社会救济保障支出”项目，2007年政府财政收支项目变化，社会保障财政支出统计为“社会保障与就业支出”项目。

③1980—2016年，佳县城镇化率虽由3.92%上升至11.99%，但县内城镇人口样本仍较小。因此，基于对区域差异及代表性的考量，城乡收入差距比（X_{19}）指标城镇收入方的区域尺度上推至榆林市域，采用榆林市城镇人均可支配收入与佳县农民人均纯收入之比进行衡量，以反映乡村居民与城镇居民收入水平的相对差距。

二、数据标准化

为消除因指标量纲不同对计算结果的影响，考虑指标正负向对脆弱性值计算的差异，并确保处理后的无量纲值较真实地反映原指标值之间的关系，本书选用极值标准化方法。对正向指标采用式（4-1）处理，对负向指标采用式（4-2）处理，最终使得标准化后的数值分布于[-0.5，0.5]区间，公式如下：

$$y_{ij} = \frac{x_{ij} - \min(x_j)}{\max(x_j) - \min(x_j)} - 0.5 \quad (i = 1,2,\cdots,m; j = 1,2,\cdots,n) \tag{4-1}$$

$$y_{ij} = \frac{\max(x_j) - x_{ij}}{\max(x_j) - \min(x_j)} - 0.5 \quad (i = 1,2,\cdots,m; j = 1,2,\cdots,n) \tag{4-2}$$

式中，m 表示待评价年份，n 为评价指标，x_{ij}则为第 i 年份第 j 个指标的值，y_{ij}为相应的标准化值。

三、指标聚合

脆弱性复合指数集成过程常采用加权或无加权（平均）数学运算两种途径。同无加权变量相比，在复合指标表达或利用方面，加权变量并没有显示出更高的有效性；反之，相比于加权变量，无加权变量不会改变复合指数传达的信息，且更容易被理解（Angeon and Bates，2015）。采用无加权（平均）指标进行集成函数运算成为脆弱性评估领域应用较为广泛的方法。本书将乡村人居环境系统脆弱性分为双功能维度五个子系统，通过无加权求和法对五个子系统的指标进行聚合，见式（4－3）。考虑到基础维度和主导维度属性与功能的差异，基础维度因其具有暴露与敏感性特征，依据“短板效应”进行子系统聚合，即以子系统最高脆弱性值为该时期基础维度脆弱性值，见式（4－4）。支撑系统与社会系统两者间的脆弱性能够相互应对，并具有应对基础维度脆弱性的能力，因此主导维度脆弱性值、综合系统脆弱性值仍然采用无加权求和法进行聚合，见式（4－5）、式（4－6）。

$$V_{is} = \frac{1}{n}\sum_{j=1}^{n} y_{ij,s}(i = 1,2,\cdots,m; j = 1,2,\cdots,n; s = 1,2,\cdots,l) \tag{4-3}$$

$$V_{iB} = \max(V_{is})\ (i = 1,2,\cdots,m; s = 1,2,\cdots,l) \tag{4-4}$$

$$V_{iL} = \frac{1}{l}\sum_{S=1}^{l} V_{is}(i = 1,2,\cdots,m; s = 1,2,\cdots,l) \tag{4-5}$$

$$\mathrm{RHS}V_i = \frac{1}{2}(V_{iB} + V_{iL})\ (i = 1,2,\cdots,m) \tag{4-6}$$

式（4－3）中，V_{is}表示 i 年份 s 子系统脆弱性值；式（4－4）中，V_{iB}为 i 年份基础维度的脆弱性值；式（4－5）中，V_{iL}为 i 年份主导维度的脆弱性值；式（4－6）中，$\mathrm{RHS}V_i$ 表示 i 年份乡村人居环境系统综合脆弱性值。

第二节　乡村人居环境系统脆弱性时序演变

基于指标聚合的结果，绘制乡村人居环境综合系统、五大子系统脆弱性程度的演变轨迹，以及与子系统对应的四大关键因子脆弱性值的变化轨迹，如图4－1（a）至图4－1（f）所示。各系统脆弱性值的值域为［－0.5，0.5］区间，本书将脆弱性值由低至高采用四等分法依次分为极低［－0.5，－0.25）、低度［－0.25，0）、中度［0，0.25）、高度［0.25，0.5］区间，以表明不同年份综合系统、子系统、关键因子所处的脆弱等级。

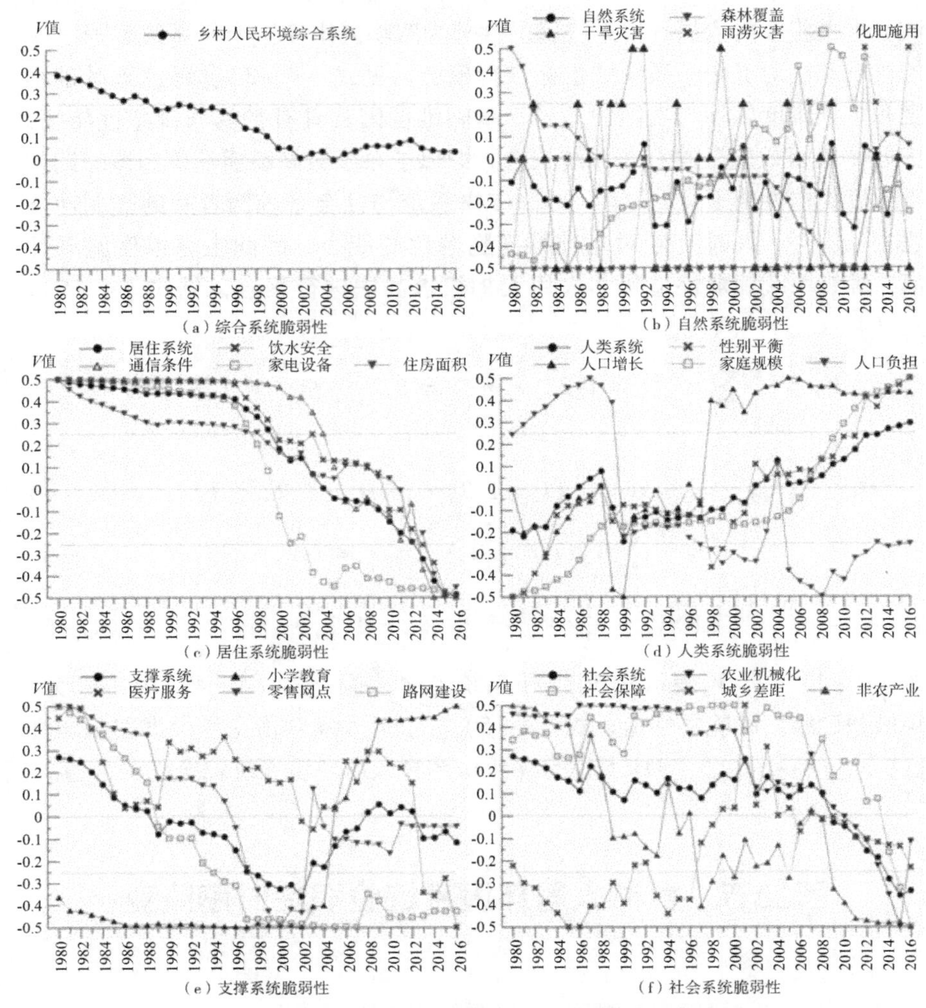

图 4-1　1980—2016 年案例区乡村人居环境综合系统、子系统、因子脆弱性值时序变化

一、乡村人居环境综合系统脆弱性显著减轻，停陷于中度脆弱等级

图 4-1（a）显示，1980—2016 年乡村人居环境综合系统脆弱性显示出持续降低的轨迹。1980—1988 年，综合系统脆弱性处于高度等级。

1989—1996 年，乡村人居环境综合系统停陷于中等偏高的脆弱等级。1997 年，乡村人居环境系统建设进程开始加快，至 2002 年达到最低水平。之后，乡村人居环境综合系统的脆弱性值徘徊于［0，0.1］之间，系统始终处于中等偏低的脆弱等级。

二、雨涝灾害增多，自然系统脆弱性波动增大

由图 4－1（b）可知，近 30 年以来，佳县自然系统脆弱性数值年际波动较大，子系统脆弱性值陡降的年份均无旱涝灾害事件发生，如 1993 年等 8 个年份。1980—2009 年，中旱及以上等级干旱灾害共发生过 19 次，干旱成为加重自然系统脆弱性的最大扰动，农用化肥的施用量逐年增大，脆弱性于 2009 年达到顶峰。

此外，1980 年三北防护林工程、1998 年退耕还林工程与 2000 年天然林资源保护等重大国家项目相继实施，以及农户因枣林收益高而大规模自发地退耕还枣林，森林覆盖因子脆弱性值降至最低，2009 年当地森林覆盖率达到 29.3%。

从 2010 年开始，案例区仅出现一次中旱灾害，而雨涝灾害加重，频繁干旱至雨涝主导这一转变，正是内嵌于全球气候环境变化之中。这一转变加重了以枣林收入为主的生计脆弱性。

与此同时，森林覆盖因子脆弱性值增加，化肥施用因子脆弱性值降低。一方面，气候环境变化，秋季淫雨过涝致使枣林大规模减产，市场趋冷下枣果严重滞销，农户因枣林经济效益过低而自发地“退林还耕”，森林覆盖率开始急剧降低。另一方面，案例区经济作物占比极低，枣林地为化肥施用的首要对象。因枣果带来的收益远低于化肥、农药的投入成本，枣林地逐渐停耕停肥，2013 年始化肥施用量已与 1990 年平齐。

三、居住系统脆弱性全面减轻，家电设备改善尤为显著

图 4－1（c）显示，截至 1996 年，居住系统脆弱性值始终高居于 0.4 以上。在这段较长的时期内，除住房面积逐渐宽裕外，家电设施、饮水条件等方面鲜有改善。

1996—2005 年，居住系统脆弱性值陡降至低度脆弱等级，四大因子均显著改善，其中，以家庭电视普及最为迅速。由于移民搬迁工程与窑洞自主重修，住房面积进一步宽裕。为解决山区群众饮用水困难的问题，1996 年，案例区相继实施甘露工程、防氟改水、人饮解困、人饮安全工程。截至 2005 年，案例区三分之一的行政村普及自来水。1999 年，陕西移动通信有限责任公司佳县分公司设立；2001 年年底，中国联通有限公司榆林分公司佳县分部成立，移动手机开始迅速普及，通信条件因子脆弱性值跳崖式降低。

2006—2009 年，居住系统脆弱性减轻速度放缓，受金融危机影响，国际国内经济形势低迷，饮水、通信工程推进缓慢，失业及家庭收入锐减致使农村住房建设、家用设施购置支出大幅消减。

自 2010 年开始，电器设备市场价格普降，窑洞改造、异地扶贫搬迁、自来水普及工程等在“十二五”规划期间有序推进，居住系统脆弱性值持续降至极低（-0.4 以下）。

四、人类系统脆弱性持续加深，仅人口负担因子脆弱性减轻

图 4-1（d）显示，1980—1988 年，人类系统四大因子脆弱性值均递增，人类系统从低度脆弱上升至中度脆弱等级，其中，就业人口负担为人类系统脆弱性值最大的因子。1988—1990 年，得益于人口增长、人口负担、性别平衡等关键因子的显著改善，人类系统脆弱性急剧减轻。1991—1997 年，人类系统其及关键因子仍保持低度脆弱的平稳状态。1998 年，人类系统脆弱性开始持续加剧，自 2014 年步入高度脆弱等级区间。仅人口负担因子脆弱性值得益于在地方政府鼓励下农村富余劳动力持续转移而降低，2005—2016 年稳定处于极低脆弱等级。

除此之外，一方面，在计划生育的严格控制下，人口出生率骤降，占比最大的核心家庭类型（由夫妻为核心和未婚子女组成的家庭）逐渐以独生子女家庭为主；另一方面，在长期的生育性别偏好下，性别比例极度失衡，同时，农村适婚男性结婚难又进一步导致单人户比重增大，家庭规模随家庭结构变化而缩小。这些原因共同促使人口增长、性别平衡及家庭规模因子脆弱性值近乎触顶（0.4 以上）。

五、支撑系统脆弱性反弹，小学教育因子脆弱性值增至极端

由图4-1（e）可知，1980—2016年，支撑系统脆弱性历经持续减轻—剧烈上升—缓慢下降的演变轨迹。

第一个十年，四大因子脆弱性性不同幅度持续减轻。医疗服务、路网建设因子脆弱性减轻尤为突出；在国有供销体系下，个体经济发展缓中有进；生源充足，小学密布，乡村基础教育脆弱性值极低。

第二个十年，路网建设进入发展快车道，因子脆弱性值持续降至极低水平，“交通方便”是受访者对该阶段回忆性描述中的高频答案；在社会各界的支持下，乡村小学布局合理；由于供销社解体，20世纪90年代末成为零售网点开办的最繁荣时期；医疗服务因子脆弱性值于1990年剧烈反弹，而后缓慢降低。这一变化完全契合了农村医疗改革的过程，自1989年基层医院改全额拨款为差额拨款后，因基本建设投资少、设备及技术力量薄弱，部分乡卫生院停业。1992年，国家开始实行“多渠道、多层次、多形式”的办医方针，审批、整顿个体医疗网点，缓解“看病难”问题。1996年，随着世界银行贷款“疾病预防项目——计划免疫子项目”的实施，农村重新整建村卫生室，医疗服务因子脆弱性值得以持续下降。

2002—2009年，支撑系统脆弱性值呈现陡升趋势，优质的医疗资源、师资等陆续逃离农村，基础教育、医疗服务、零售网点因子脆弱性值显著升高，成为当前城市化进程对乡村支撑系统冲击的主要表现。计划生育人口政策、劳动力转移促使乡村基础教育生源规模大幅缩减，在此背景下，佳县政府制定并实施了《佳县中小学布局调整方案》，2005年共撤并农村小学271所、九年一贯制学校13所，直至2009年，案例区仅存64所小学。撤校并点与生源流失两者形成恶性循环，在城市化冲击与政策干预的双重影响下，基础教育因子恶化至极端脆弱等级，依附于学校的零售网点也在撤校并点时期形成倒闭潮。

2010年，支撑系统脆弱性开始曲折减轻。村庄道路硬化、农村医疗服务体系建设在“十二五”规划实施期间取得显著成效。截至2016年，佳县标准化村卫生室已达到326个，基本解决了农村看病难的问题。但也有受访者提出“村里医生水平不行”“村卫生室只有廉价药”等仍需改进

的地方。同时，小学持续撤并至25所，多分布于乡镇中心，远郊乡村适龄儿童就读脆弱性极端突出。在学校撤并、乡村人口持续流失的背景下，零售需求市场低迷，农村小卖部品种单一化、问题食品频现，且大量因效益太差或学校撤销而被迫关门。

六、社会系统脆弱性开始减轻，四大因子脆弱性均得到有效改善

由图4－1（f）可知，2008年以前，社会系统长期处于中度脆弱等级。地方财政仅能满足受灾补贴及特困补贴支出需求，社会保障因子脆弱性值长期处于高度脆弱区间。农业机械化起步较晚，脆弱性值经历阶段性的降低而后停陷于中度脆弱区间。20世纪90年代末，城乡差距逐渐增大，因子脆弱性值于2001年达到峰值。2002年，农村税费改革开始实行，而后相继取消农业特产税、农业税，城乡差距因子脆弱性值回降。进入21世纪，案例区佳县确立了“旅游强县”的战略，相继编制了《白云山风景名胜区总体发展规划》《佳县旅游发展总体规划》。截至2008年，非农产业因子脆弱性值处于低度脆弱等级。

2006—2016年来，社会系统脆弱性值逐年递减，四大因子脆弱性值均不同幅度减小。农民生计渠道增多，农业机械化进入发展快车道；因枣果经济效益显著，广种枣树使得农业比重于2007年出现反弹，后又因旅游市场繁荣促使非农经济稳步发展；随着扶贫攻坚、民生项目的落地，国家财政转移支付额度逐年大幅增加，农村社会保障脆弱性值持续大幅下降，农村社会保障体系趋于健壮发展。年龄在60岁以上的受访对象均表示，近10年国家农村社会保障政策变化最为突出，他们十分满意国家实施的新型农村合作医疗、新型农村养老保险以及高龄补贴政策。

第三节　乡村人居环境系统脆弱性情景与阶段

一、阶段划分与特征提炼结果

针对以年为时间单位，中长时期时间序列县域尺度的乡村人居环境系

统脆弱性研究，依据情景界定规则，本书将系统突破阈值，且稳定存在连续两年以上的情景认定属于新情景。基于 1980—2016 年佳县乡村人居环境系统基础维度与主导维度的脆弱性值，最终得到案例区乡村人居环境系统脆弱性情景类型，如图 4－2 所示。

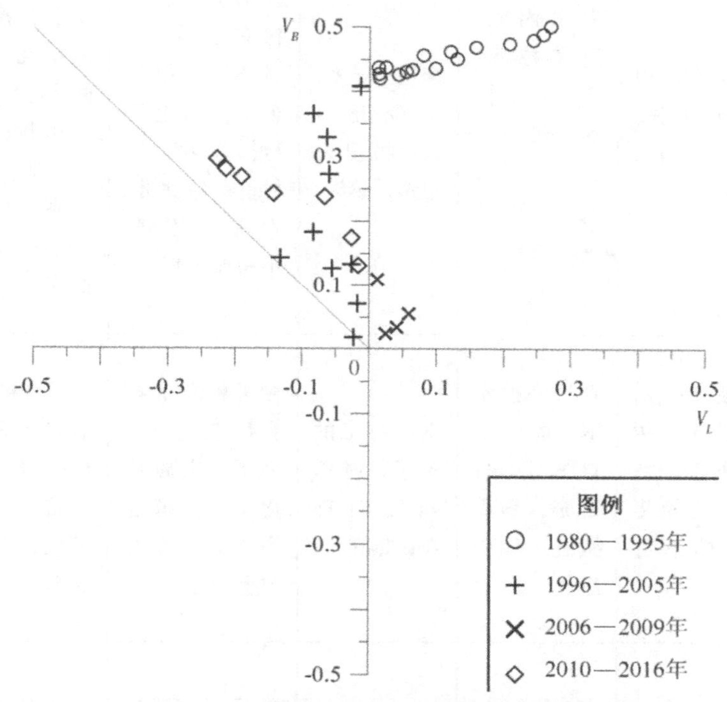

图 4－2　1980—2016 年案例区乡村人居环境系统脆弱性情景类型

结果显示，1980—2016 年，案例区乡村人居环境系统脆弱性演变经历了四大阶段，自顽固脆弱情景演变至不受控制的脆弱情景，但始终没有进一步突破阈值，迈向可控的脆弱情景或健康稳定的最佳情景。运用“ground-truthing”质性方法对情景划分类型进行实地验证。此外，根据关键因子演变轨迹及实地访谈录音，提炼访谈高频回答，结果见表4－2。其中，针对移民搬迁乡村，2 名及以上受访者共同谈及的关键词即可被认定为高频回答，用“#”标注；有关其余乡村状态的描述，需有 5 名及以上受访对象共同谈及，才可认定为高频回答。

表4-2 案例区分阶段乡村人居环境系统访谈高频回答提炼

	自然系统	居住系统	人类系统	支撑系统	社会系统
阶段1	风沙大；山上没有树，全是庄稼；旱得厉害	喝水困难，用驴拉水，靠人力担水；住得分散；土窑，人多窑孔少；烧柴	家里人多，至少五口人；村里人很多，热闹	读书方便，村村有小学；交通不行，都是土路；用电不行；看病难，村里有保健员，大病上县城、小病都拖着	粮食不卖；打零工、养羊卖换零花钱；庄稼都是人背、牛车拉；枣林税、地方税税收高；邻里争吵多；春节闹秧歌
阶段2	退耕还林，枣树多，树下种苜蓿；自发栽植枣树，林下种庄稼	到沟底挑水喝；能喝上自来井水；石窑；移民搬迁，集中居住	出门打工的多了；村里娃娃们都在，热闹	村里配套的都有#；交通比较好了；主路硬化了，村道还是土路；有乡卫生中心	枣子价格最好，能卖到三元一斤；养牲口、种粮食赚个几千块；打零工的多
阶段3	国家治理后，空气质量好了；远的地不种；枣树收益最高，上肥料、打农药厉害，除草勤快	搬出来靠着公路住；喝水方便，通上了自来（井）水；普通家电都有了	年轻人出门，老人在家看娃娃念书、种枣树	修了水泥路，交通方便；村里小学倒塌，教学点开到三年级；去乡镇上念小学，费钱、不方便；卫生室无实际作用，没有医生	价格还行，枣子量大能赚钱，卖两三万元很常见；不收农林税了；在外打工活少，一年赚几千元；人少闹不起秧歌

续表 4－2

	自然系统	居住系统	人类系统	支撑系统	社会系统
阶段4	气候变化；不起风沙，空气变好；雨水变多；满山是树；不种枣树，不上肥料；自然灾害厉害；一下雨就发洪水，以前没有；水位下降，断流；河里垃圾多，水比以前脏	搬到梁上，建了楼房；卫生变好，配置了垃圾箱；危房修建，窑洞装修，入户道路砌砖给补贴；三轮摩托普及；饮水方便；冬天上冻就抽不上水；饮水成问题，井干涸；装了太阳能；建了卫生旱厕；烧柴，用电费钱	年轻人都跑了，娃娃都带走了；老的、走不动的在村里；娃娃成家最费钱，要房要车难解决	沿黄公路通车；通村公路硬化；上学不方便，小学得去镇上、县城；乡上只有教学点；小病能在乡镇医院看好；有村卫生室，看小病比以前好；县上下来给老年人体检；客运班车很少，老年人出行不方便；有生产道路，摩托都能到地里；行政村合并，盖了村委会的楼；安装了路灯；新修了文化健身广场	秋天淫雨，枣子全烂，收购价低至两毛一斤；常年在外打工，只有七老八十的捡枣卖；一头羊卖千来块，收入好；路边种点庄稼，林下种不成；半机械化，逐步平整成梯田；邻里关系比以前和睦；社会保障政策变好；政府如今非常友好；看病给报销，贫困户报得多；我们是贫困户，主要靠国家；非贫困户没有福利；租房陪读，开销巨大；人都进城了，农村没啥了

二、阶段1：顽固高脆弱的情景

1980—1995年，乡村人居环境系统长期处于顽固脆弱的状态，其基础维度及主导维度均处于中度以上脆弱等级，综合脆弱度偏高。

（1）常年干旱、沙尘暴频现、植被覆盖率低为受访者对于自然系统的主要印象。受访者说，“那时候，几乎年年都经历或大或小的干旱，（粮食）经常被打的没了”，“经常起横风，那个山丘丘上，都是沙地，风一来，这么高的水沟都吹跑了（被沙子掩盖了）”，“那时候山上都是地（耕地），没有树”。

（2）居住系统的主要表现是住房条件差，多为土木结构的窑洞，无家电设施，饮水困难。受访者表示，“（20世纪）90年代的时候是土窑，吃水用电都不行”，“吃水都困难，地方以前全靠人担着吃，1990年以前都是每天晚上不睡觉，等水，洼里的水，几担担水，轮着舀水”。

（3）乡村人口多、年轻劳动力充足、家庭规模大等特征可用于刻画该阶段情景的人类系统状态。受访者称，“村里人多热闹，谁家有事或者农忙时都会过来搭把手”，“老汉打些零工，要养四五口人”。

（4）支撑系统中的出行难、看病难、物资采购难成为首要问题。受访者说，“农村几乎都是土路，出门靠走路或者牛车”，“去县里不方便，村里只有赤脚医生”，“买东西不方便，所以粮食全部都是自己种”。

（5）社会系统高度脆弱，区域性整体贫困、收入来源少、缺乏社会保障是突出特征。受访者说，“五谷杂粮全种，刚刚够吃，没有收入，偶尔村头打下零工”，“豆子都是人工收，牛车拉”，“那个时候枣林税、地方税高”，“特别困难的发粮食救济”。

三、阶段2：不受控制的脆弱情景

1996—2005年，乡村人居环境系统脆弱性持续降低，各领域变化剧烈，主导维度应对能力提升，脆弱性降至低度脆弱等级，基础维度脆弱性逐渐下降至中度等级。乡村人居环境系统已从顽固脆弱的情景演变至不受控制的脆弱情景中，综合系统脆弱度偏低。

（1）自然系统干旱灾害持续，植被已逐渐恢复，森林覆盖率较1980年翻了一番。由于种植历史悠久、适应干旱气候、经济效益佳、农户积极性高等因素，枣树广泛分布于全县，形成退耕经济林。受访者指出，“有退耕还林的，大部分是自己栽的，庄里人都说种枣好养活，收益好，剩下的地都栽了枣苗……退耕还的林下套种苜蓿，自己栽的枣树苗苗下都还套种庄稼”。林业局技术人员强调，“根据退耕还林的设计，这个（枣树）

是退的经济林，也有退的生态林，（县北）佳榆公路旁边的生态林，那个（水土保持）效果好”。

（2）生产居住空间混杂，简易厕所成为非移民搬迁乡村居住系统的主要脆弱特征。1999 年，佳县实施移民搬迁工程，截至 2005 年搬迁了 71 个村，移民搬迁区域居住系统得到彻底改善。受访者指出，“主要是移民搬迁的多，从沟底搬上来的，村里配套的都有”，“平房或者石窑，有单独的厨房和卫生厕所、杂货间”。此外，居住系统脆弱性持续减轻，土窑改石窑、砖窑，住房向道路沿线集中、人饮解困是其主要表现。

（3）人类系统的脆弱特征表现为人口出生率骤降至 10% 以下，男女性别比例自新中国成立以来首次突破 110%，富余劳动力转移。受访者表示，“超生罚款”，“年轻人陆陆续续出去打工，打零工的多，基本去榆林、神木、山西”。

（4）支撑系统脆弱性持续减轻，基本实现村村通电力、公路、电话。受访者表示，“交通比较可以了，路没有硬化，土路，一下雨就不能走”，“有了乡卫生中心，看病容易了一些”。

（5）农村社会保障滞后、城乡二元化问题为社会系统典型脆弱特征。一方面，受访者表示，“2000 年左右，（政策）有些落实了有些没落实”。另一方面，农村收入渠道增多，枣果收入、外出务工收入成为乡村家庭主要收入来源。“老枣树少，价好，枣子能收入几千到一万……种庄稼不卖，余的都喂牲口，一头羊才卖 500 元左右”。

四、阶段 3：顽固低脆弱的情景

2006—2009 年，一方面，基础维度、主导维度同时处于高度脆弱状态，系统重新进入顽固脆弱的情景，且在关键领域形成了不可逆的脆弱性。另一方面，不同于阶段 1 综合系统高度脆弱、持续时期长的特征，阶段 3 综合系统脆弱度偏低、持续时期较短。

（1）自然系统干旱与夏季洪涝相继发生，化肥及农药泛滥，土壤植被破坏为典型脆弱特征。受访者表示，“枣子收入最好，全都上肥打药，一年至少得 40 袋化肥”，与此同时，枣林生态效益降低，林业局专技人员表示，“（水土保持）效果不太好，枣树对土壤水分要求高，不耕种的话，枣子长不好，还是得不断地除草，耕种”。同时，风沙治理初具成效，其间大风日数降至年均 13 次，1980—1989 年平均每年 19 次，1990—1999 年则为 24 次。受访者提到，“（防风带、退耕还林等项目实施）以后，国家治理好了，空气质量也好了，能够感觉得到”。

（2）居住系统、人类系统均类似于阶段 2。居住系统脆弱性持续减轻，以移民搬迁、住房更新、饮水安全、电器化为主要表现，脆弱性仍然集中于非移民搬迁传统村落。人类系统脆弱程度加剧，仍以人口流失、老人儿童留守、性别失衡为典型脆弱特征。受访者指出，“（年轻人）出门打工，不稳定，收入刚好维持生活……老人在农村种地务枣、带孩子念书”。

（3）学校撤并、生源流失、杂货铺倒闭、个体卫生诊所关闭形成连锁反应，成为当前阶段乡村支撑系统的脆弱图景。受访者表示，“合并就没有学校了。我们乡大概还有三四个教学点，开到四年级。学校倒闭了，学校旁边的小卖部也跟着关门了”，“个人诊所改成了村卫生室，医生都不住乡里，就是弄起来应付了一下，没有实际的作用，也不实际经营”。通村道路逐渐硬化，抗灾能力弱，“打了水泥路，一下雨就塌方，还是走不成，上冻也走不成”。

（4）社会系统脆弱特征突出，受访农户均多次强调该阶段为枣果收入的最佳时期，农户生计及县域经济形成了对枣果产业的顽固依赖性。受访者表示，“市场价过得去，一块左右，主要是枣子量大，我们这带卖个 18 万元、20 来万元都有，卖两三万元很常见”，“看着价好，又陆续地把地全栽了枣”。旅游市场、批发与零售业萧条，乡村非农产业发展薄弱，受访者指出，“在外打工活少，一年几千块”，“市场全不好，村里又人少，小卖部收入根本不行了”。政府管理能力低、执行力差仍为部分农户对基层管理的印象，“跟政府反映过（抽不上水），就是不给行动”，“（地方）不说实话，农民不知道政策”。

五、阶段 4：不受控制的脆弱情景

从 2010 年开始，系统重新演进至不受控制的脆弱状态，主导维度应对能力稳步提升，难以应对基础维度脆弱性的剧烈增长。由于地理、应对能力、策略等的差异，以及农户对于当前阶段的描述更为详细，不同农户类型的人居系统脆弱性感知分异十分突出。

（1）雨水增多，干旱程度减轻，空气质量得到显著改善。受访者说，“而今几乎不起大横风，满山都是树。气候变了，雨水多了，冬天暖和了，空气是变好了，没有风沙了”。地表水、地下水位显著下降，村民说，“井水不流了，河彻底干了，里头上百年的柳树都干死了，肯定跟家家户户打井有关”。雨涝灾害成为自然系统脆弱性变化的主要扰动。一方面，雨涝灾害对农业生产、河谷村落环境造成严重困扰，村民说，“人的感受好了，枣树又不好了，雨水多，对枣树全都是坏事，枣子都烂了”，“这几年洪灾比较厉害，以前没有。一下雨，就发洪水、滑坡，沟里的水泥路都走不成”。另一方面，森林植被经历毁坏又逐渐恢复的过程，村民称，“收益不行，刨了（枣树）两三亩，改种黑豆”，“枣树大了，不能套种庄稼了，枣子收益也不行，而今枣树地都不务了（放弃耕种）”。

（2）居住系统脆弱性的季节性、区域性特征逐渐突出。其中，住房类型仍以石砖窑占主导，集镇、移民搬迁区域多改建为厨卧分离的混凝土或石窑住宅，设施条件相对完善。受访者表示，“移民搬迁后用上了自来水，有排水管道，专门人搞卫生，太阳能都有，现代化了”。传统的村落仍然是厨卧客厅共用，简易厕所居多，存在季节性饮水困难，“暴雨厉害，做了窑顶硬化、窑洞装修，政府还给贫困户改卫生厕所（旱厕）”，“沟底到山崖上的水管不好管理，石头就把水管打坏了，冬天冻上一回，就吃不上水”。

（3）人类系统脆弱性成为基础维度的决定短板，年轻人口流失、老弱病残留守、娶妻难是乡村持续衰败的根本原因。村民说，“年轻人都跑了，娃娃都带走了，人都进城了，农村没啥了”，“村子80%的人都在外面打工，只剩七老八十的，老得都走不动了”，“娃娃成家最费钱，要房要车难解决……村里女娃们都出去了，外面的来了又跑了”。

（4）支撑系统脆弱性聚焦于偏远乡村及弱势家庭，其儿童上学、出行、物资采购呈极端脆弱态势。随着低等级家用摩托的普及，交通客运、商品零售市场需求进一步缩小，客运班线删减，零售网点撤离，食品安全面临较大威胁。村民表示，“只能去县城上小学，租房陪读，一年得两三万不止”，“孙子说不好去哪儿上学，村里学校不开了，没有娃娃念书，基本算倒闭了”，“坐车不方便，要走到镇子上等车”，“没有小卖部了，只能去镇上买，也有开车到农村卖货的，卖了就走了，被骗了也没办法”。

（5）社会保障、政府管理、非农经济、机械化发展渐近稳健，社会系统脆弱性聚焦于特定的家庭结构、农户类型、地理空间。林业乡村务农型农户生计来源陷入极端脆弱状态，农户表示，“种枣树一年多了，一晃卖不成钱，雨多了，枣子也烂了，不烂的也只卖2毛钱（每斤），卖个200元不到。大面积都是枣树，收入都不行……不让刨（退耕项目），辛辛苦苦这么久了，而今又想刨，还没能力刨，刨了也不知道种什么”。林业局人员同样表示，“林业的周期太长，灵活性差……气候变化，雨季来的时候，枣子烂，导致减产。另外就是（收购商）都到新疆那边去了，对我们也产生了比较大的影响”。对于劳动力充足的家庭，相对稳定的非农收入在一定程度上抵抗了枣果生计收入的断崖式下跌，有农户说，“常年在外，现在活多一点，一年两三万元，总之一年下来也就花完了”。

对于精准扶贫、农村社会保障政策，老年群体、建档立卡的贫困户的满意度极高，村民说，“对老年人特好了，养老保险、高龄费等国家政策变好了，看病也给报销一点，好处可多了”，“乡村干部也比以前好，贫困户也常常照顾”。但对于非贫困户的普通群体同样享受政策关怀，则表示出不满情绪，影响乡村社会和谐，有受访者说，“你看那些游手好闲的人，都是贫困户，不公平”。

移民搬迁、新农村建设乡村，其社会关系网络更为开放，机械化程度更高。受访者表示，“现在隔得更近，见面更方便，邻居比自家亲戚还亲近一些”，“把坡摊平之后能机械化了”。对于山区传统村落，受访者认为，“村子基本就这样了，住得太分散，我们大队，一个人一条线”，“前后都是山，地也不平，不适合机器耕种”。

第四节　小　　结

本章基于乡村人居环境系统脆弱性情景转化阈值规则，以及顽固脆弱、不受控制的脆弱、可控的脆弱、稳定健康、易变的系统等五类脆弱性情景的识别方法，将案例区脆弱性演变分为四个阶段，徘徊于顽固脆弱的系统情景与不受控制的脆弱性系统情景之间，并通过“ground-truthing”质性方法加以验证。主要结论有两点。

（1）以自然系统、人类系统、居住系统为基础维度，以支撑系统、社会系统为主导维度构建了乡村人居环境系统脆弱性测度框架，定量测度了佳县1980—2016年的乡村人居环境系统及关键因子脆弱度。1980年以来，县域尺度综合系统脆弱性显著减轻，但仍停陷于中度脆弱等级；自然系统脆弱性波动幅度增大，雨涝灾害成为主要扰动因素；进入21世纪以来，居住系统脆弱性全面减轻，家电设备改善尤为显著；支撑系统脆弱性反弹加剧，乡村小学教育脆弱性值增至极端；2006—2016年，社会系统脆弱性逐渐减轻，四大因子脆弱性值不同幅度减轻，人类系统已走向重度脆弱等级，仅人口负担因子脆弱性值减轻。

（2）乡村人居环境系统脆弱性演变阶段特征总结如下：阶段1（1980—1995年），人居环境系统长期处于生态恶劣、住房简陋、基础设施与公共服务空白等顽固高脆弱情景；阶段2（1996—2005年），系统突破阈值进入不受控制的脆弱情景，以干旱灾害持续、人口出生率骤降、性别严重失衡、社会保障滞后、城乡二元化为典型脆弱特征；之后，系统反弹至顽固低脆弱情景，经历短暂但危机四伏的阶段3（2006—2009年），以化肥及农药泛滥、人口流失、公共服务及商业网点关闭、严重依赖枣果经济为脆弱特征；阶段4（2010—2016年），进入以雨涝灾害频现、枣果经济崩溃、人类系统极端脆弱为特征的不受控制的脆弱情景。

第五章

村域尺度乡村人居环境系统脆弱性研究

本章将构建村域尺度乡村人居环境系统脆弱性测度框架，基于县域尺度1980—2016年乡村人居环境系统脆弱性情景阶段划分的结果，利用65个样本村、451份乡村家庭微观调查问卷，运用逼近理想解的排序方法对四大阶段村域尺度乡村人居环境系统脆弱性进行测度，并剖析其时空分异过程。之后，运用贡献度模型与障碍度模型对四大阶段乡村人居环境系统脆弱性的功能子系统/因子进行诊断，并依托ArcGIS可视化功能对样本村乡村人居环境系统脆弱性贡献子系统/因子、抵抗子系统/因子进行时空变化展示。

第一节　村域尺度乡村人居环境系统脆弱性测度框架

一、指标体系构建

以多尺度整合的乡村人居环境系统脆弱性表征因子体系为基底，遵循指标体系建立的科学性、针对性原则，考量样本尺度、时间跨度特征，为因子层选择可反映村域间空间差异、阶段可比的量化指标，并确定指标方向。其中，正向指标系统脆弱性值随指标数值上升而上升，负向指标系统脆弱性值随指标数值上升而降低。如林地比重为负向指标，即林地比重越高，造林绿化条件越好，自然系统脆弱性越轻；沙尘灾害干扰等级为正向指标，即沙尘灾害干扰等级越高，风沙灾害越严重，自然系统脆弱性越重。最终，构建了一个既能客观反映乡村人居环境系统脆弱状态，又能适应于村域间比较、体现空间分异特征的三层级村域尺度乡村人居环境系统脆弱性测度指标体系（见表5－1）。

表5－1　村域尺度乡村人居环境系统脆弱性测度指标体系

子系统层	因子层（X）	具体指标	指标说明与赋值	指标方向
自然系统脆弱性（Y_1）	造林绿化（X_1）	林地比重/%	林地面积与全部土地面积之比	－
	土地耕作（X_2）	荒地比重/%	放弃耕作土地面积与全部土地面积之比	－
	风沙灾害（X_3）	沙尘灾害干扰等级/级	五点量表赋值：1＝低，2＝较低，3＝中等，4＝较高，5＝高	＋
	化肥施用（X_4）	地均化肥用量/（袋/亩）	化肥用量与实际耕作土地面积之比	＋
	河渠水体（X_5）	河渠水体脆弱等级/级	五点量表赋值：1＝常年清澈，2＝相对干净，3＝断流、无河流，4＝常年浑浊，5＝黑臭水体	＋
人类系统脆弱性（Y_2）	人口萧条度（X_6）	村庄常住人口萧条等级/级	五点量表赋值：1＝人多且结构均衡，2＝结构均衡，3＝青年与儿童较少，4＝几乎无年轻人，5＝十分萧条	＋
	人口负担（X_7）	抚养比/%	非劳动年龄人口/劳动年龄（15～64岁）人口	＋
	家庭规模（X_8）	户均人口/（人/户）	户籍总人口/户数	－
	受教育程度（X_9）	劳动力受教育指数/度	劳动力受教育程度之和/劳动力数；五点量表赋值学历等级：1＝文盲，2＝小学，3＝初中或中专，4＝高中或大专，5＝大学本科及以上	－
	人口活力（X_{10}）	传统节日热闹程度/级	五点量表赋值：1＝冷清，2＝没感觉，3＝一般，4＝具有节日氛围，5＝非常热闹	－

续表 5－1

子系统层	因子层（X）	具体指标	指标说明与赋值	指标方向
居住系统脆弱性（Y_3）	房屋结构（X_{11}）	房屋结构脆弱等级/级	五点量表赋值：1＝楼房，2＝平房，3＝石窑，4＝土窑，5＝危房	+
	住房宽敞度（X_{12}）	人均住房间数/（间/人）	家庭人均房屋间数的样本均值	−
	耐用消费品（X_{13}）	耐用消费品拥有指数/度	家庭拥有消费品叠加值的样本均值；消费品赋值：1＝风扇、洗衣机、电视、冰箱，2＝摩托、自行车，3＝汽车、热水器、空调、电脑	−
	通信条件（X_{14}）	家庭最佳通信设备/级	四点量表赋值：1＝无，2＝固定电话，3＝老式手机，4＝智能手机	−
	生活用水（X_{15}）	取水困难指数/度	取水方式与距水源地千米值之和的样本均值；取水方式赋值：1＝入户自来水或井水，2＝未入户井水，3＝外出提水，4＝收集雨水	+
支撑系统脆弱性（Y_4）	小学教育（X_{16}）	距最近小学距离/km	若小学位于村域内，则赋值为 0.5 km	+
	乡村医生（X_{17}）	拥有驻村医生数/人	村内医生或可上门看诊的医生总数	−
	道路建设（X_{18}）	路网脆弱指数/度	公路技术等级与铺装情况乘积；公路技术等级赋值：1＝省道，2＝县道，3＝乡道，4＝村道及以下；铺装类型赋值：1＝硬化，2＝未硬化	+
	零售商店（X_{19}）	零售商店数/间	村内小卖部或杂货铺总数	+
	垃圾处置（X_{20}）	生活垃圾处理方式/级	四点量表赋值：1＝倒入垃圾池、专人清运，2＝就地集中焚烧或掩埋，3＝集中堆积、无处理，4＝随意扔置或倾倒入河	+

续表5-1

子系统层	因子层（X）	具体指标	指标说明与赋值	指标方向
社会系统脆弱性（Y_5）	生计多样性（X_{21}）	生计多样性水平/类	家庭生计类型计数的样本均值；生计类型分为农业、林业、牧业、务工、经营性、事业性6类	-
	收入水平（X_{22}）	人均收入水平/元	总收入/户籍总人数	-
	社会治安（X_{23}）	村庄治安环境/级	五点量表赋值：1=很差，2=较差，3=一般，4=较好，5=很好	-
	政府管理（X_{24}）	基层单位事务处理能力与服务态度/级	五点量表赋值：1=态度、能力均差，2=态度冷淡、能力一般，3=态度好但办事难，4=态度好但需跑多次，5=态度好、办事及时	-
	贫富差距（X_{25}）	家庭贫富差距/级	五点量表赋值：1=很小，2=较小，3=一般，4=较大，5=很大	+

注：村域尺度指标数据均来自2018年7月份进行的微观问卷调查以及对交通等行业部门历史图件进行解析。

①类型变量（指标单位为“级”）均通过分类量表赋值，村域值则取村域内样本均值。

②支撑子系统指标数据通过专项问卷进行采集，答卷人为60岁以上的村干部或乡村能人。其中，指标X_{18}所需公路技术等级数据源自佳县交通局提供的公路明细报表，以及不同时期的交通路网图。

③生计多样性（X_{21}）指标中，在农林活动、养殖活动、打工活动、非农经营活动四类生计类型的基础上（刘永茂、李树苗，2017），将农林活动分列为农业、林业生计以突出所依赖自然资源的差异，将打工活动分列为务工生计（含常年务工与打零工）、事业性生计（就职于政府部门或事业单位）以体现对劳动力自身能力要求的差异。

④村域有效样本量（即户数）为6～7户，抽样规则详见第一章数据来源部分。

二、样本情况与数据处理

（一）样本及样本村分布

本书中的村域指行政村范围，研究团队于2018年7月16日至8月2日前往案例区（榆林佳县）开展了第二次微观调研以及专项资料收集工作。研究团队采用随机分层抽样法共选择了65个样本村，每个镇（街道办）含样本村5个，每个样本村抽样7户家庭，共获得有效的入户调查问卷451份，被调查家庭的户主的基本情况见表5－2。样本村的坐标采用手持GPS的方式于村民委员会所在地进行采集，具体分布情况如图5－1所示。

表5－2　451户被调查家庭的户主的基本情况（2017年）

基础指标	类别	数量/人
性别	男	419
	女	32
年龄/岁	25～44	31
	45～64	252
	65～74	126
	75～82	42
家庭规模/人	1～2	193
	3～5	205
	6～12	53
身体条件	健康的	299
	有疾病的	132
	有残疾的	20
劳动能力	完全的	338
	不完全的	87
	无能力的	26
受教育年限/年	＜6	140
	6～8	126
	9～11	135
	＞11	50

基础指标	类别	数量/人
就业	纯务农	197
	务农为主，兼务工	40
	务工为主，兼务农	34
	纯务工	39
	经商	26
	学生或当兵	0
	事业单位工作	13
	未就业	102
工作经验	建筑、路桥工人	108
	制造业工人	4
	住宿、餐饮服务人员	5
	司机	4
	矿工	8
	技术工人	13
	保洁与物业服务人员	2
	无工作经历	307

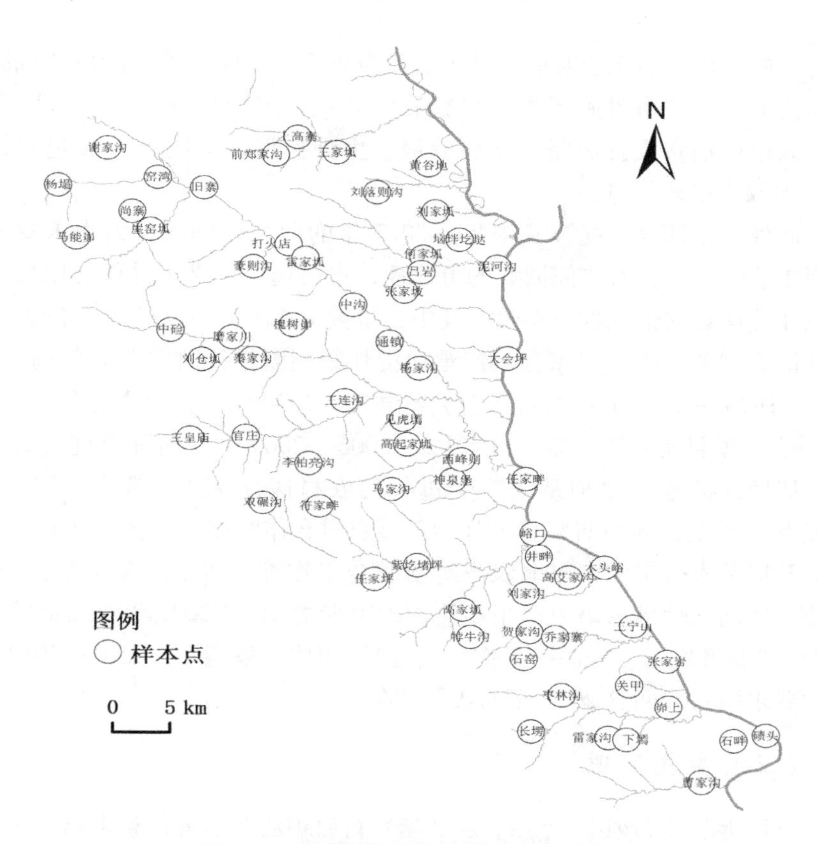

图 5－1　案例区调研样本村分布示意图

（二）阶段代表年份选择

根据第四章结果显示，县域尺度乡村人居环境系统脆弱性时序演变经历四个阶段。阶段 1 为 1980—1995 年，阶段 2 为 1996—2005 年，阶段 3 为 2006—2009 年，阶段 4 为 2010—2016 年。

研究团队于 2018 年在村域实地调研获得的微观数据为 1980—2017 年的数据。鉴于阶段内部时间跨度较长，一方面，绝大部分问题均以关键时间点作为阶段代表年份反映对应阶段乡村人居环境系统状态特征，即以 1980 年作为阶段 1 的代表年份，以 2000 年作为阶段 2 的代表年份，以 2008 年作为阶段 3 的代表年份，以 2017 年（实地调研微观数据的上一年）作为阶段 4 的代表年份。另一方面，对于部分问题，受访者仅能回忆到对应的阶段，而无法对应至具体的代表年份。此时，填入阶段值或阶段最佳值即可。住房设施条件、家庭收入、生计多样性内容均取阶段最佳值，如耐用消费品拥有量、学历等级、生计类型、家庭收入（包含补助项）均取阶段最佳值。

此外，该部分数据涉及1980—2017年的回忆性问题，为力求农户回忆得更清晰，保证农户间回答的可比性，本书选择关键事件作为回忆引导词或让受访者回忆至相应年龄。其中，阶段1（1980—1995年）的回忆性引导语为“80年代”“家庭联产承包责任制刚刚推行时”“30年前”。阶段2（1996—2005年）的回忆性引导语为“2000年，世纪之交”“退耕还林（草）项目实施第一年”。阶段3（2006—2009年）时间跨度较短，案例区居民在阶段3之前从未享受过任何农村医疗保障、养老保障政策，2007年4月初，陕西省将佳县列为新型农村合作医疗项目县，佳县开始在全县开展新农合工作，当地农户对新农合工作推广时期印象深刻。因此，阶段3的回忆性提示语为“十年前，2010年之前”“2008年，北京举办奥运会”“新型农村合作医疗工作在当地开展时”。阶段4（2010—2017年）则均要求填写或回答2017年的实际情况。

（三）数据处理

本章所需的行政区、水系、乡（镇）行政中心驻点等信息来源于全国地理信息资源目录服务系统[①] 1∶100万全国基础地理数据库（2017）。历史阶段的空间基础要素（行政区划、行政中心驻地、道路网络）均是依据相应阶段的历史图片进行空间矢量化，成为各个阶段具有空间属性的基础数据。

对指标数据进行无量纲处理，消除因指标量纲不同对计算结果的影响，考虑指标正、负向对脆弱性值计算的差异，并确保处理后的无量纲值能较真实地反映原指标值之间的关系。本书选用极值标准化方法，将正向指标采用式（5-1）处理，对负向指标采用式（5-2）处理。公式如下：

$$x'_{ij} = \frac{x_{ij} - \min(x_j)}{\max(x_j) - \min(x_j)} \quad (i = 1,2,\cdots,m; j = 1,2,\cdots,n) \quad (5-1)$$

$$x'_{ij} = \frac{\max(x_j) - x_{ij}}{\max(x_j) - \min(x_j)} \quad (i = 1,2,\cdots,m; j = 1,2,\cdots,n) \quad (5-2)$$

---

① 网址为 http：//www.webmap.cn。

式（5－1）、式（5－2）中，m 表示待评价样本，n 为评价指标，x_{ij}则为第 i 个样本第 j 个指标的值，x_{ij}'值为相应的标准化值。

三、村域尺度脆弱性测度模型

（一）指标聚合与权重确定

脆弱性复合指数集成过程常采用加权或无权重数学运算两种途径，采用无（平均）权重变量进行集成函数运算是脆弱性评估领域应用较为广泛的方法。与县域尺度乡村人居环境系统脆弱性确定权重方法保持一致，村域尺度的乡村人居环境系统脆弱性评估同样采用平均数学运算（即权重均为0.2）进行指标聚合，以确保复合指数不会因为权重的差异而改变其传达的信息或造成变量贡献度的改变。

（二）逼近理想解的排序方法

逼近理想解的排序方法（technique for order preference by similarity to ideal solution method，TOPSIS）是多属性决策中的一种重要方法（罗文斌等，2008）。TOPSIS 法的基本原理是通过构造多属性问题各指标的最优解和最劣解，计算各评级指标与最优解和最劣解的相对接近程度，作为评价各方案优劣的依据（虞虎 等，2012）。运用 TOPSIS 法进行村域尺度乡村人居环境综合系统及子系统脆弱性评估的基本步骤如下：

（1）假设有 m 个评价对象，每个评价对象有 n 个评价指标，构建无量纲数据矩阵：

$$X = (x_{ij}')_{m\times n} \quad (i = 1,2,\cdots,m; j = 1,2,\cdots,n) \tag{5-3}$$

（2）确定最优解 X^+和最劣解 X^-。计算公式如下：

$$X^+ = (x_j^+)_{1\times n}; X^- = (x_j^-)_{1\times n} \tag{5-4}$$

（3）计算各评价样本与最优值和最劣值之间的距离。计算公式如下：

$$d_i^+ = \sqrt{\sum_{j=1}^{n} w_j(x_{ij}' - x_j^+)^2}; d_i^- = \sqrt{\sum_{j=1}^{n} w_j(x_{ij}' - x_j^-)^2} \tag{5-5}$$

（4）计算各评价样本与最优值的相对贴近度，C_i 越大，表示评价样本脆弱性值越大。计算公式如下：

$$C_i = \frac{d_i^-}{d_i^- + d_i^+} \quad (i = 1,2,\cdots,n) \tag{5-6}$$

（三）脆弱性等级划分

设定综合系统及子系统脆弱性强弱等级分界点，划定脆弱性等级。其中，$C_i=1$ 表示系统绝对脆弱；$C_i=0.7$ 为系统极端脆弱状态与重度脆弱状态的分界点；$C_i=0.6$ 为系统重度脆弱与高度脆弱的分界点；$C_i=0.5$ 为系统高度脆弱与中度脆弱的分界点；$C_i=0.4$ 为系统中度脆弱与低度脆弱的分界点；$C_i=0.3$ 为系统低度脆弱与健壮状态的分界点；$C_i=0$ 表示系统零脆弱，系统处于完全健壮状态。脆弱性等级划分见表 5－3。

表 5－3 村域尺度乡村人居环境系统脆弱性等级划分

类型	健壮	低度	中度	高度	重度	极端
脆弱性值区间	0～0.300	0.301～0.400	0.401～0.500	0.501～0.600	0.601～0.700	0.701～1

四、变异系数分析法

变异系数为地理数据空间差异研究的常用方法，本书将采用变异系数分析法测度四个阶段乡村人居环境系统及子系统的空间差异程度。计算公式如下：

$$CV=\frac{1}{\overline{V}}\sqrt{\frac{\sum_{i=1}^{m}(V_i-\overline{V})^2}{m-1}}\times 100\% \quad (i=1,2,3,\cdots m) \qquad (5-7)$$

式（5－7）中，CV 为变异系数，$\overline{V}$ 为各样本点系统脆弱性值的平均值，V_i 为样本点 i 的脆弱性值，m 为样本点数。变异系数越小，表明案例区内部脆弱性格局越均衡。

五、贡献度与障碍度模型

基于对乡村人居环境系统脆弱性指数的测量，对乡村人居环境系统脆弱性及其维度进行病理诊断，挖掘主要贡献因子与抵抗因子。贡献度模型见式（5－8）、式（5－9），应用于识别指标层、维度层的贡献因子/子系统；障碍度模型见式（5－10）、式（5－11），应用于辨明指标层、维度层的抵抗因子/子系统。

$$C_j = \frac{F_j \times I_j}{\sum_{j=1}^{n} F_j \times I_j} \times 100\% \tag{5－8}$$

$$D_r = \frac{W_r \times K_r}{\sum_{r=1}^{5} W_r \times K_r} \times 100\% \tag{5－9}$$

$$O_j = \frac{F_j \times (1 - I_j)}{\sum_{j=1}^{n} F_j \times (1 - I_j)} \times 100\% \tag{5－10}$$

$$U_r = \frac{W_r \times (1 - K_r)}{\sum_{r=1}^{5} W_r \times (1 - K_r)} \times 100\% \tag{5－11}$$

式（5－8）中，C_j 表示第 j 项因子对目标层脆弱性的贡献度，F_j 为第 j 项因子对目标层的权重，I_j 为因子隶属度，即单因子指标值占目标层脆弱性值的比例。式（5－9）中，D_r 为第 r 项子系统对目标层脆弱性的贡献度，W_r 为第 r 项子系统对目标层的权重，K_r 为子系统隶属度，即子系统脆弱性值占目标层脆弱性值的比例。式（5－10）中，O_j 为第 j 项因子对目标层脆弱性的抵抗度。式（5－11）中，U_r 为第 r 项子系统对目标层脆弱性的抵抗度。

第二节　脆弱性等级与空间差异变化

由表 5－4 可知，案例区综合系统、居住系统高脆弱样本点均自 2000 年开始持续减少，自 2008 年开始大幅减少，均超过 60 个百分点。至 2017 年，仅剩 24.62% 的样本村处于社会系统高脆弱状态，1.54% 的样本村处于居住系统高脆弱状态。

一方面，自然系统、社会系统高脆弱样本村庄稳步减少，自 2000 年开始减少幅度逐步增大，截至 2017 年高脆弱样本村庄比重已减少至 30% 左右。另一方面，支撑系统与人类系统是现阶段亟待关注的系统。支撑系统高脆弱样本村庄持续小幅减少，但仍有66.15%的样本村处于高脆弱状态。而人类系统脆弱状态恶化趋势明显，1980年仅1.54%的样本村处于高脆弱状态，2000—2017年处于高脆弱状态的样本村增加超过70个百分点，已达到75.38%。

此外，综合系统、五大子系统空间差异度仍呈现不同幅度的扩大趋势。其中，自然系统、支撑系统空间差异度均已超过20%，自然系统在2008—2017年上升了15个百分点左右。综合系统、居住系统空间差异度逐步增大至15%左右，人类系统、社会系统脆弱性的空间差异度小幅增加，1980—2017年仅上升3个百分点左右。

表5-4　案例区乡村人居环境系统脆弱性值统计与空间差异度

系统	高脆弱（$V_i>0.5$）样本点比重/%				空间差异度/%			
	1980年	2000年	2008年	2017年	1980年	2000年	2008年	2017年
综合系统	100	100	87.69	24.62	3.99	6.30	11.02	15.31
自然系统	89.23	80	67.69	30.77	11.07	13.53	14.81	30.77
人类系统	1.54	4.62	35.38	75.38	9.21	10.69	11.99	13.01
居住系统	100	100	73.85	1.54	5.83	8.35	11.72	17.88
支撑系统	96.92	89.23	84.62	66.15	6.79	12.54	19.47	21.61
社会系统	95.38	84.62	55.38	32.31	8.28	10.68	11.27	11.25

第三节　乡村人居环境系统脆弱性时空演变

根据TOPSIS脆弱度评估模型计算结果以及分级规则，运用ArcGIS进行空间化展示，并绘制案例区村域尺度乡村人居环境系统脆弱性四个阶段的空间分布图，如图5-2至图5-7所示。

一、综合系统脆弱性时空分异特征

由图5-2可知，1980年以来，佳县村域尺度乡村人居环境系统综合系统脆弱性空间格局由空间高脆弱的均衡状态向空间分化逐步演进。在阶段1时期，村域均处于高度以上脆弱状态，现阶段则分化至中度以上等级与中度以下等级样本村比重相当的格局。

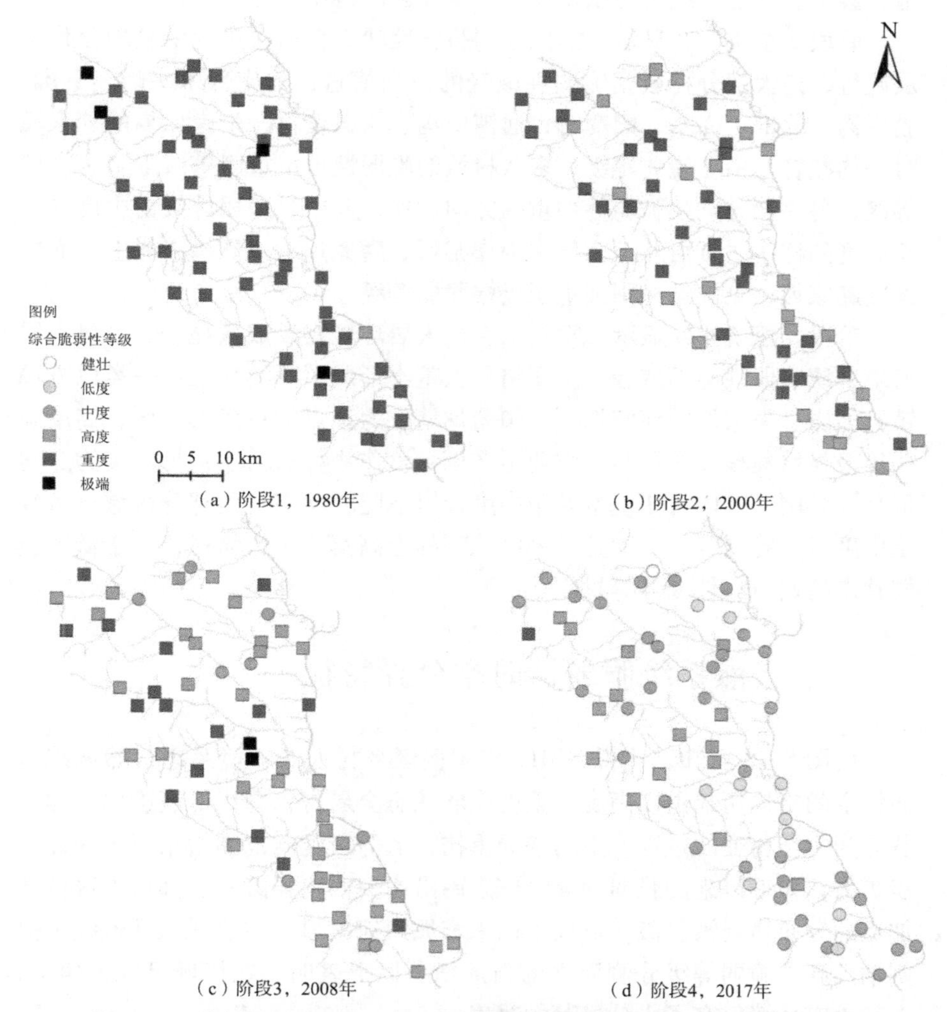

图5－2　案例区村域尺度乡村人居环境系统综合系统脆弱性的时空格局

阶段1显示，案例区93%的样本村的乡村人居环境系统处于重度脆弱等级，而方塌镇的谢家沟、尚寨村，朱家坬乡吕岩村、店镇乡贺家沟村的乡村人居环境系统均处于极端脆弱状态，仅黄河沿岸的传统村落木头峪村属于高度脆弱等级，成为该阶段中脆弱性最低的村庄。

阶段2显示，得益于退耕还林等国家工程，案例区绝大部分村域的乡村人居环境系统脆弱性减轻、等级降级，以行政（服务）中心驻地，省道、县道、乡道沿线村庄以及黄河沿岸片区的村庄最为突出。

阶段2至阶段3显示，案例区的脆弱性状态在演进过程中呈现分化发展趋势，绝大部分村域朝脆弱性减轻的方向演进，如南部木头峪、下塌、勃牛沟，北部上高寨、旧寨村，通镇中沟、张家坡村，朱家坬乡的刘家坬村等均减轻至中度脆弱等级，多数村域的脆弱性也由重度等级下降至高度等级；另一部分则朝脆弱性加重的方向发展，其中，脆弱等级由中度加重至高度的样本村域由北至南依次为崖窑坬、磨家川、双碾沟、峁上，而中部高起家坬、见虎塌村则加重至极端脆弱等级。

阶段3至阶段4显示，案例区乡村人居环境建设成效显著，乡村人居环境系统脆弱性全面减轻，空间格局上基本形成了两类片区：一类以方塌镇马能峁、朱家坬镇何家坬、乌镇紫圪堵坪为顶点的三角形片区，高度脆弱等级村域集聚分布居多，农业生产以粮食作物种植为主；另一类为三角形片区外围，其内村庄基本处于中度及以下脆弱状态，而部分村域已减轻至中度以下脆弱等级，如处于健壮状态的上高寨、木头峪村，处于低度脆弱状态的峪口、任家畔等村庄。

二、自然系统脆弱性时空分异特征

由图5-3可知，1980—2017年案例区乡村人居环境系统自然系统脆弱性空间格局历经由以高度、重度脆弱状态全局占领向以低度脆弱、健壮状态为主导转变的过程。空间格局重构，低等级脆弱范围由东南至西北逐步扩大，长期以来的脆弱性等级依东南沿岸—西南丘陵—北部风沙区依次加重的分布格局被打破，形成了以朱家坬镇何家坬—乌镇任家坪连线为分割轴，高低脆弱等级分侧而立的新局面。以上表明，在村域尺度视角下，自然生态环境已有了十分显著的改善。

分阶段而言，阶段1显示，北部风沙片区完全被重度、极端脆弱等级所占据。西南部丘陵沟壑区则为高度等级与重度等级交错分布。东南黄河沿岸土石山区集中分布了处于中度脆弱等级的村庄，而拥有“千年古枣园”的泥河沟村成为县境北部唯一的中度脆弱等级村庄。

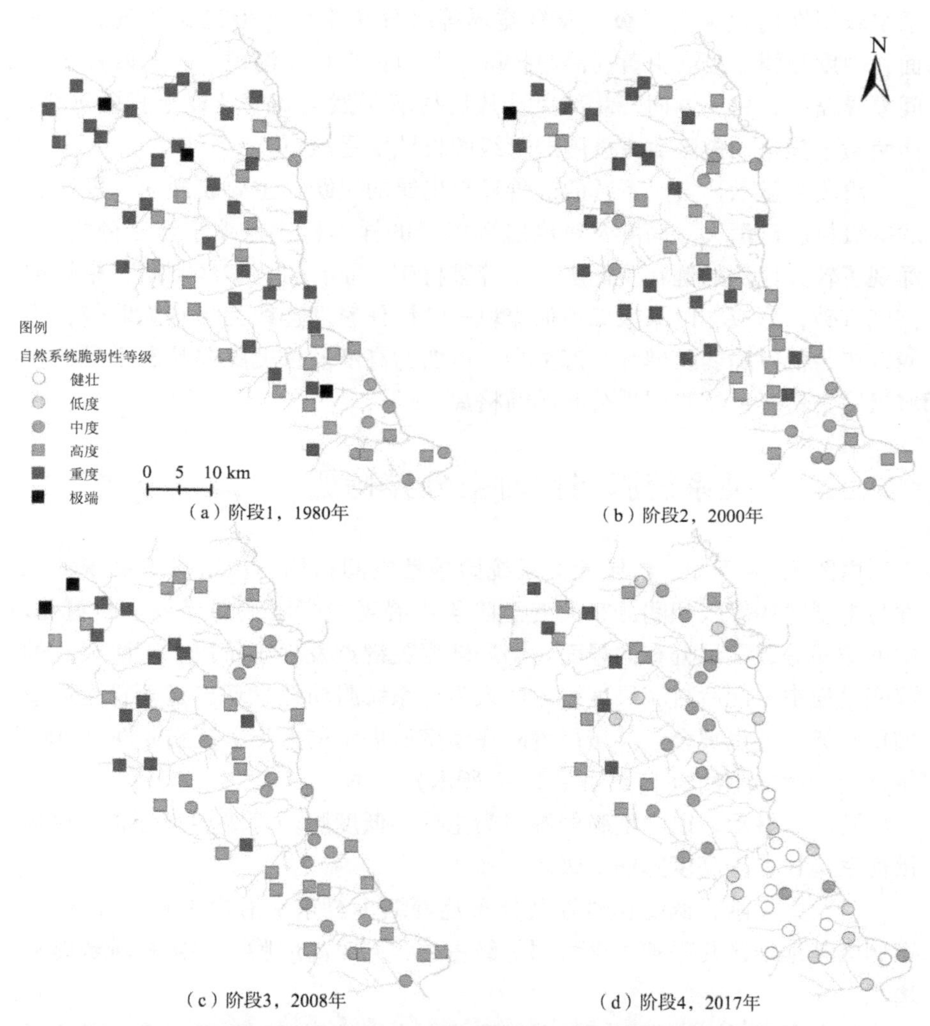

（a）阶段1，1980年
（b）阶段2，2000年
（c）阶段3，2008年
（d）阶段4，2017年

图5－3　案例区村域尺度乡村人居环境系统自然系统脆弱性的时空格局

阶段2显示，除仍然延续阶段1东南沿岸—西南丘陵—北部风沙区脆弱等级依次加重的空间格局外，东南沿岸与北部风沙区均有多个村庄由重度脆弱降至高度脆弱等级，自然生态环境开始改善。而西南丘陵片区呈现脆弱性减轻与加重并趋的态势，如乌镇片区多数村域脆弱等级上升，朱家坬地区脆弱等级下降。

阶段3显示，案例区自然生态环境显著改善，三类地貌片区村域自然系统脆弱性均大规模降级，原有脆弱等级分布格局瓦解迹象初现。一方面，中度脆弱等级已由黄河沿岸扩散至西南黄土丘陵沟壑区，东西片区空间差异缩小；另一方面，北部风沙片区村域仍然属高度及以上脆弱等级，西南黄土丘陵沟壑区属重度脆弱等级的村域零星散布。

阶段4显示，自然系统的改善显现出质的飞跃，主要表现为：极端脆弱等级村庄已消失，高度及重度脆弱等级的样本村比重缩小至三分之一，涌现了较大比例的健壮及低度脆弱等级村庄。原有的“三区割据”格局被彻底打破，形成了以朱家坬镇何家坬—乌镇任家坪连线为中度脆弱带，连线以东为低度脆弱及健壮状态主导，以西为高度及重度脆弱状态主导的村域尺度自然子系统脆弱性分布的新格局。

三、人类系统脆弱性时空分异特征

由图5－4可知，村域人类系统脆弱性空间格局已由阶段1展现的低度与中度脆弱等级相间分布演变至阶段4展现的高度脆弱等级全面覆盖、中度脆弱等级零星分布的局面。格局转变关键点发生于阶段2至阶段3的演变过程中，此后村域尺度视角的人类子系统脆弱性显现出显著且全区域加重态势，这也契合了县域尺度时序演变所展示的人类系统脆弱性自2000年开始持续加重的轨迹（如图4－1所示）。

阶段1显示，以中度脆弱等级为主导，低度脆弱等级均匀分布，仅店镇何家沟村处于高度脆弱等级。

阶段2显示，低度脆弱等级分布范围缩小至东南沿岸土石山片区内，案例区其他地区几乎被中度脆弱等级占领，同时高度脆弱等级村域数略有增加。

阶段3显示，人类子系统急剧恶化，占全县面积52.2%的西南黄土丘陵沟壑区几近全部沦为高度脆弱等级，其余两类典型地貌片区内村域多属中度脆弱等级，属其他脆弱等级的村域则零星分布。

阶段4显示，村域人类系统脆弱性呈现全案例区高度脆弱、中度脆弱零星分布的格局。中度及以下脆弱等级村域多分布于省道沿线，或具有集镇、行政（服务）中心功能，如金明寺官庄沟村为官庄行政服务中心所在地①。部分偏远或地处镇域边界的村庄已急速恶化成重度及极端脆弱等级，如方塌镇的马能峁、尚寨，店镇高家塬，金明寺李柏亮沟，以及通镇见虎墕、张家坡村。

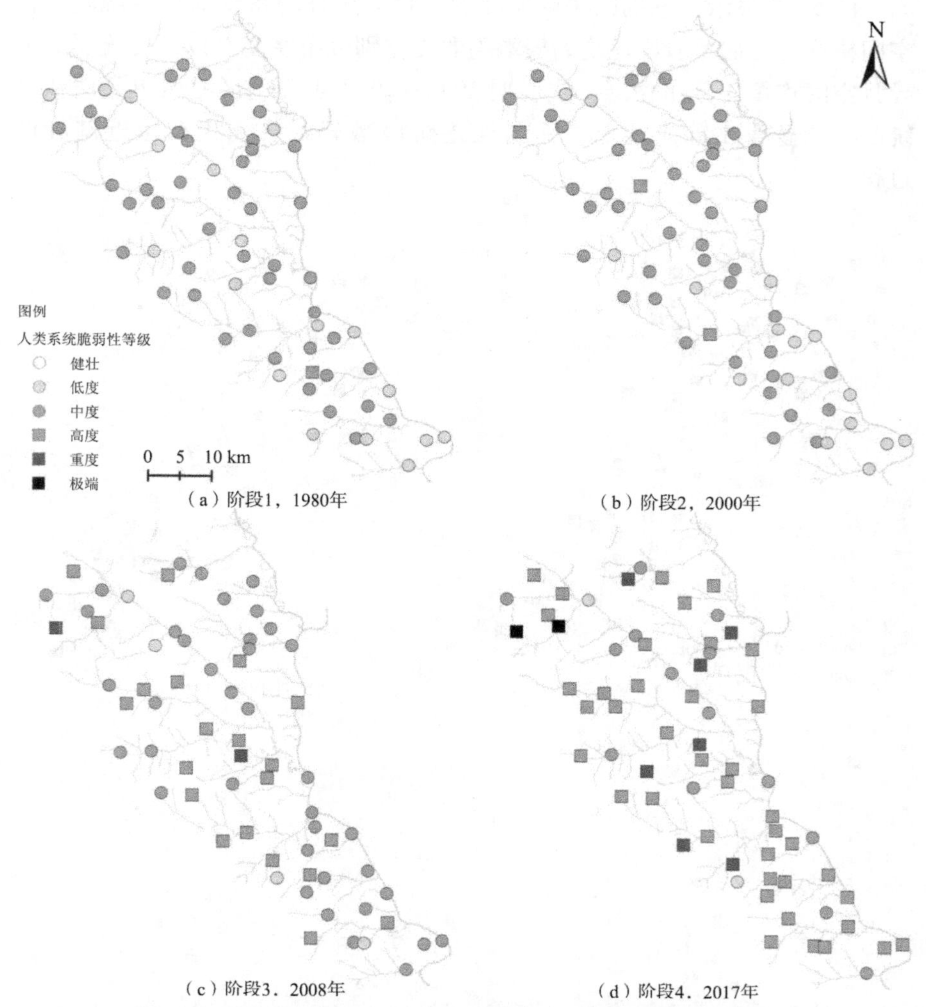

图5－4 案例区村域尺度乡村人居环境系统人类系统脆弱性的时空格局

① 官庄乡撤并入金明寺镇后，原乡政府驻地官庄村设官庄行政中心。

四、居住系统脆弱性时空分异特征

图5－5显示，案例区村域尺度的乡村人居环境系统居住系统脆弱性空间格局已由起始阶段显现的极端脆弱无差别分布演变至以低度脆弱为主导且空间均衡的分布格局。这表明1980—2017年案例区村域单元居住系统已有了显著改善，呈现了脆弱性逐阶段减轻、系统状态趋近健壮的过程。

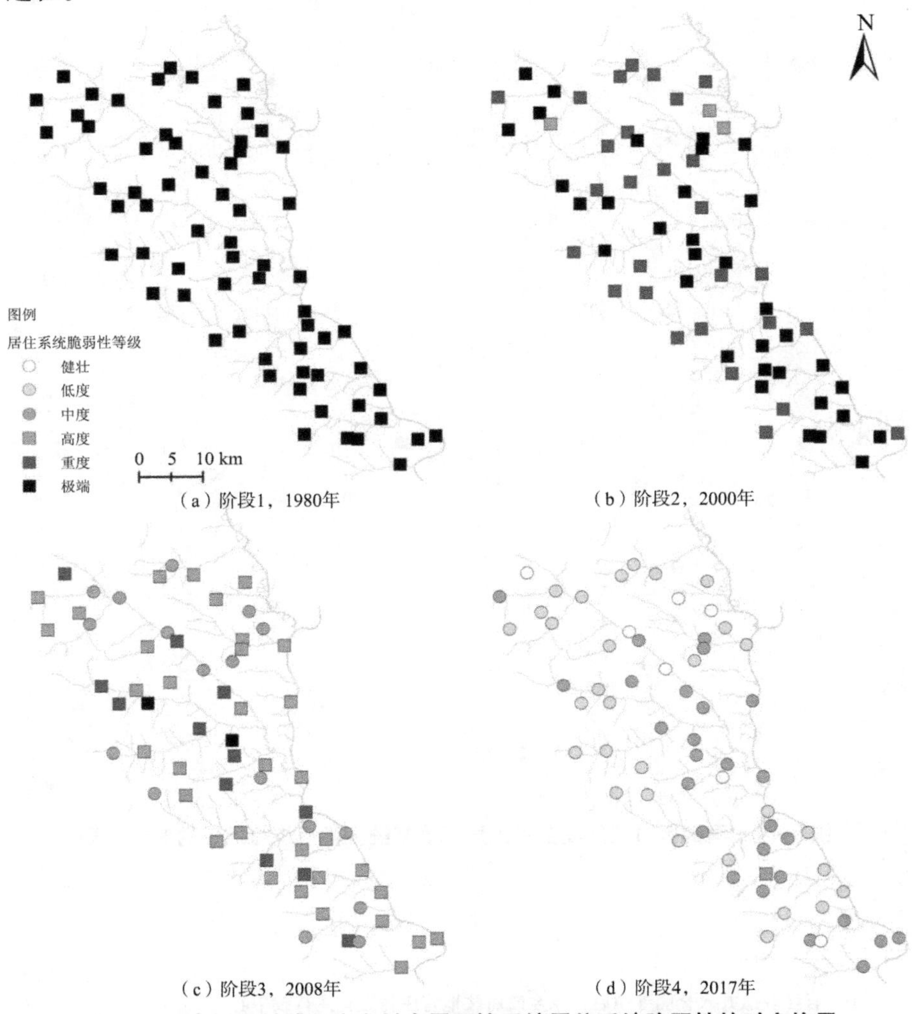

图5－5 案例区村域尺度乡村人居环境系统居住系统脆弱性的时空格局

阶段1显示，全部样本村域居住系统均处于极端脆弱等级。

阶段2显示，居住系统已有了一定的改善，约二分之一的样本村域脆弱性等级下降一级至重度脆弱等级。这得益于“移民搬迁”工程，北部风沙片区的改善最为显著，但东南沿岸土石山区仍处于极端脆弱等级。

阶段3显示，村域居住系统脆弱性持续减轻、等级下降，脆弱性原属极端、重度等级的村域已大规模降至高度、中度脆弱等级，形成高度脆弱等级广泛分布、中度脆弱等级多散落于北部风沙片区、重度与极端脆弱等级集聚于西南黄土丘陵沟壑区的空间分布格局。

阶段4显示，居住系统脆弱性格局转换为低度脆弱等级村域环绕中度脆弱等级村域并形成“S”形分布带，健壮状态村域零星分布。这表明，案例区居住环境有了质的飞跃，北部风沙区表现最为显著，除杨塌村、雷家坬村外，其余样本村域脆弱性均减轻至低度脆弱及健壮（极低脆弱）等级。

五、支撑系统脆弱性时空分异特征

由案例区村域尺度乡村人居环境系统支撑系统脆弱性时空分布（如图5-6所示）可知，案例区支撑子系统脆弱性空间格局已由空间均匀向极端分异演变，当然，初始阶段的空间均匀指以重度脆弱等级为主导，末期的极端分异则指案例区村域未能统一向脆弱性减轻的方向发展，而是因地理位置、政策工程、应对干扰能力的差异分化成健壮至极端脆弱六类等级。

阶段1显示，县境内除占据主导地位的重度脆弱等级外，脆弱性相对较轻的高度或中度脆弱等级村域多沿省道分布或具备乡（镇）行政中心功能。

21世纪以来，“村村通”等民心工程启动实施，阶段2显示县境村域支撑系统脆弱性大范围降至高度等级，中度及低度脆弱等级样本村也有少量显现，多为乡（镇）行政中心驻地。

县域尺度支撑系统脆弱性时序变化显示，2002—2009年，撤校并点与生源流失两者形成恶性循环，导致支撑系统急剧恶化。阶段3展示了这一时期末支撑系统在村域尺度的表现，县境被极端、重度、高度脆弱等级以1∶1∶2的比例割据，少量中度、低度脆弱等级样本村夹杂分布，至此表明案例区村域单元支撑系统脆弱性演变出现了减轻与恶化两种性质的发展方向。

阶段4显示，样本村域跨越了健壮等级至极端脆弱等级六大等级，这

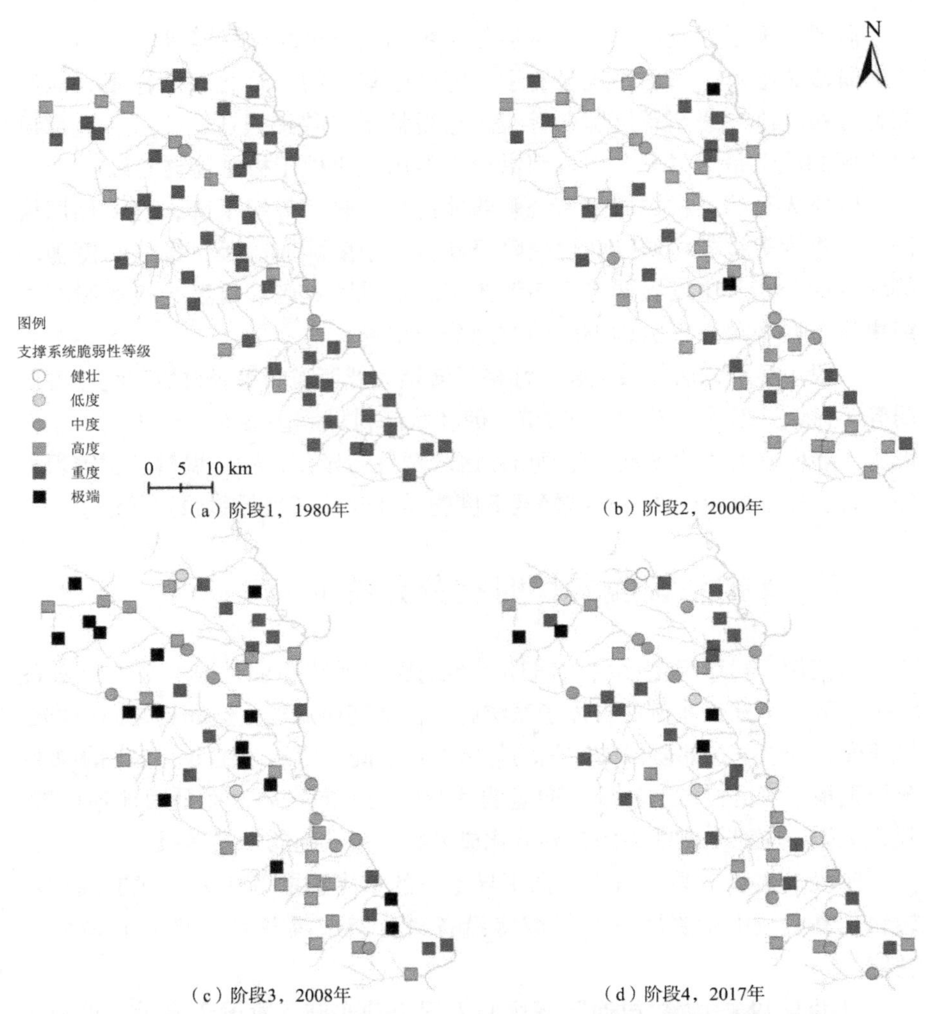

图5－6　案例区村域尺度乡村人居环境系统支撑系统脆弱性的时空格局

六大等级在空间上间隔分布。大部分传统村庄持续属于高度及以上脆弱等级，地处偏远的村庄停滞于极端脆弱等级，如方塌镇马能峁、尚寨，通镇见虎塥、杨家沟村。中度脆弱及以下等级样本村集中分布于省道、沿黄公路沿线，形成“一纵一横”分布格局，或为具备乡（镇）行政中心、集镇功能的村庄，其中刘国具上高寨村（上高寨行政服务中心、集镇）成为唯一拥有健壮状态支撑系统的样本村域。

六、社会系统脆弱性时空分异特征

图5－7展示了村域尺度乡村人居环境系统社会系统脆弱性由以高度脆弱等级为主导逐渐转向以中度脆弱等级为主导的过程，空间分异格局稳定，均为北部风沙区拥有占比更大的较低脆弱等级样本村域。这表明，一方面，案例区村域单元社会环境较1980年已得到了显著的改善，邻近榆林市区、神木市的北部风沙区乡村社会系统发展始终优于县境其他地区；另一方面，现阶段村域单元社会系统仍普遍徘徊于中高度脆弱等级之间，其脆弱性亟待减轻。

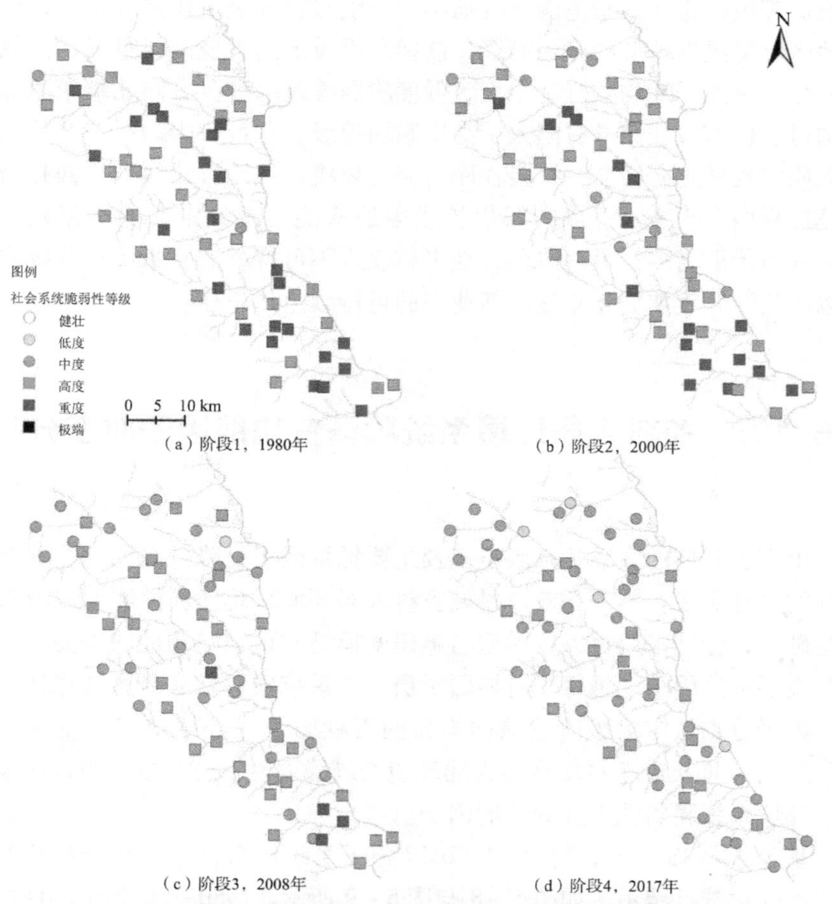

图5－7　案例区村域尺度乡村人居环境系统社会系统脆弱性的时空格局

分阶段而言，阶段1显示，重度脆弱等级与高度脆弱等级相间覆盖县境全域。

阶段2显示，重度脆弱等级村域占比显著降低，且向县境南部集中。高度脆弱等级村域仍然大范围存在，而中度脆弱等级样本村数仍较少，但较上一阶段有所增加，增加的村庄多为乡（镇）级行政中心驻地村，如上高寨村、官庄沟村、木头峪村等4个行政村。

阶段3显示，中度脆弱等级村域占比迅速扩大，并分散分布于县境中部、北部。县境南部虽主要被高度、重度脆弱等级村域占据，但也出现了少量中度脆弱等级村域。

阶段4显示，村域社会系统脆弱性持续减轻，重度脆弱等级消失，高度脆弱等级占比及分布范围均有缩小，中度脆弱等级占比持续扩大，而北部地区已零星出现低度脆弱等级，该期间沿黄公路县境南段贯通，沿线村庄社会系统脆弱性均减轻至中度、低度脆弱等级。沿黄公路北端朱家坬泥河沟村、佳芦镇任家畔村陷入了高度脆弱等级。这可归因为村庄开始由农业向旅游发展方向转变，社会秩序、交往环境、生计方式等处于被打破与重建过程中。一方面，农户难以接受因适应能力差异带来的贫富差距增大、邻里矛盾增多；另一方面，在枣林收入不可持续的背景下，传统农户难以在旅游开发初期建立适应新业态的可持续生计途径。

第四节　乡村人居环境系统脆弱性功能因子时空分布

识别脆弱性的主要贡献因子以及主要抵抗因子是降低脆弱性、提高健壮性的关键所在。本节在前述村域乡村人居环境系统脆弱性测度以及解析的基础上，分别采用贡献度模型与障碍度模型，识别脆弱性的主要贡献因子与主要抵抗因子。将每一时期因子层、子系统层贡献度最大与障碍度最大的因子分别认定为该阶段该样本村的贡献因子（子系统）与抵抗因子（子系统），即贡献于村域乡村人居环境系统脆弱性上升与抵抗于村域乡村人居环境系统脆弱性上升的功能因子。

基于ArcGIS平台，对1980—2017年子系统层对目标层功能系统的时空阶段变化进行展示，如图5－8与图5－9所示。1980—2017年，目标层的功能因子的时空变化如图 5－10 至图 5－19 所示。其中，针对子系统层将贡献度或障碍度划分为 4 个区间：0.2（即平均占比 20%）以下认定为弱等级；0.2～0.25 认定为中等级；0.2501～0.3 认定为强等级；0.3 以上认定为极强等级。针对因子层将贡献度或障碍度划分为 3 个区间：0.04（即平均占比 4%）以下认定为弱等级功能；0.04～0.08 认定为中等级功能；0.08 以上认定为强等级功能。

一、功能子系统诊断

（一）贡献子系统

图 5－8 显示，从 1980 年开始，案例区乡村人居环境系统脆弱性贡献子系统由居住系统全面占据逐渐演变为支撑系统主导、人类系统助力的空间分异过程。

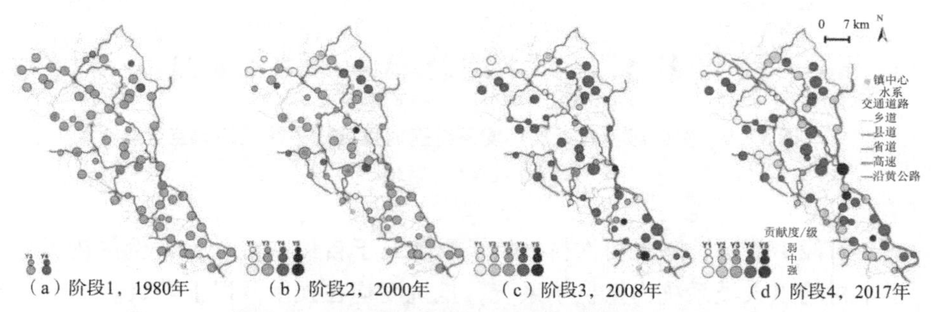

图 5－8　案例区乡村人居环境系统脆弱性贡献子系统的时空变化

（注：彩图见附录）

阶段 1 显示，仅上高寨乡黄谷地村、朱家坬乡垴坪圪垯村乡村人居环境系统脆弱性的贡献子系统为支撑系统，除此之外，案例区样本村乡村人居环境系统脆弱性的贡献子系统均为居住系统。

阶段 2 显示，贡献子系统仍以居住系统为主导，但以自然系统、支撑系统为贡献子系统的样本村数量增多，其中以自然系统为贡献子系统的样本村主要分布于北部风沙区。

阶段 3 显示，贡献子系统的空间格局发生巨大转变，支撑系统分布范围全面扩大，居住系统分布范围缩小至县级公路沿线，北部风沙区自然系统分布范围扩大，已成为该片区主导的贡献子系统。

阶段 4 显示，除延续阶段 3 贡献子系统的分布格局外，人类系统分布占比已由 1.5% 显著上升至 27.7%，与支撑系统共同成为分布广泛的乡村人居环境系统脆弱性贡献子系统。

（二）抵抗子系统

图 5－9 展示了案例区乡村人居环境系统脆弱性抵抗子系统经历由阶段 1、阶段 2 期间人类系统全面主导，到阶段 3 期间自然系统、人类系统、社会系统交错分布，到阶段 4 最终形成自然系统、居住系统南北分据抵抗的时空变化过程。

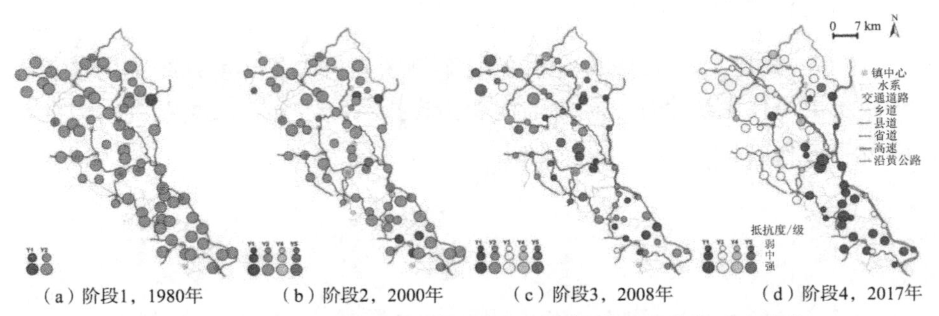

图 5－9　案例区乡村人居环境系统脆弱性抵抗子系统的时空变化

（注：彩图见附录）

阶段 1 显示，除泥河沟村抵抗子系统属于自然系统外，案例区内其他样本村均以人类系统为抵抗子系统，抵抗度均在强度及以上等级。

阶段 2 显示，以自然系统为抵抗子系统的样本村数增加，并零星出现了以支撑系统、社会系统为抵抗子系统的样本村。

阶段 3 显示，抵抗子系统虽然仍以人类系统广泛分布，但抵抗子系统属于自然系统、社会系统的样本村分布比重已显著提高，以自然系统为抵抗子系统的样本村仅分布于南部区域。此外，以支撑系统为抵抗子系统的样本村均具有乡级、镇级行政中心功能。

阶段 4 显示，抵抗子系统空间分布发生剧变，全境范围内已不存在以人类系统为抵抗子系统的村域，自然系统与迅速崛起的居住系统分别成为朱家坬镇何家坬—乌镇任家坪连线以东片区、以西片区割据分布的抵抗子系统。当然，抵抗子系统属于支撑系统的样本村仍为具有乡级、镇级行政中心功能的乡村。

二、自然系统功能因子诊断

（一）贡献因子

图 5－10 展示了案例区乡村人居环境系统脆弱性自然系统贡献因子的时空演变，经历了由土地耕作因子全面覆盖、北部风沙区风沙灾害与造林绿化因子助力，向河渠水体因子主导分布的时空变化过程。

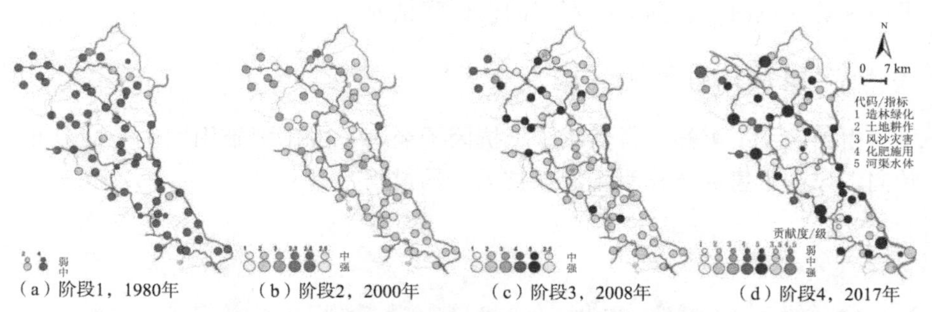

图 5－10　案例区乡村人居环境系统脆弱性自然系统贡献因子的时空分布

（注：彩图见附录）

阶段 1 显示，县境北部地区存在多种共同贡献因子，省道沿线以北乡村的自然系统贡献因子为土地耕作与风沙灾害因子，省道沿线以南乡村则由造林绿化、土地耕作、风沙灾害因子共同贡献。这表明该阶段内县境北部地区自然系统内有多种因子均极端脆弱且脆弱度一致。而东南黄河沿岸土石山区乡村自然系统贡献因子仅为土地耕作因子。在访谈中，农户对阶段 1 自然环境均存在“90 年代以前都是（耕）地”“山上没有树，全部都种地”的印象，而县境北部地区农户除具有“全是庄稼地”的深刻印象外，还以“（一九）八几年的时候风沙大，主要是春季”“山丘丘上都是沙地”“风一来，这么高（深）的水沟都吹跑了”“风大，打得（粮食）都没了”等话语讲述风灾。

阶段 2 显示，仅北部风沙片区的样本村多以风沙灾害因子为贡献因子，其他片区乡村则以土地耕作因子为贡献因子，个别样本村存在其他共同贡献因子，如佳芦镇大会坪村的化肥施用因子，通镇杨家沟村、店镇乔家寨村的河渠水质因子。

阶段 3 显示，案例区样本村仍以土地耕作因子广泛占据，县域分布比重达 70.8%。以河渠水质因子为贡献因子的样本村多分布于县境北部地区，以化肥施用因子为贡献因子的样本村零星分布。

阶段 4 显示，自然系统因子脆弱度均显著减轻，自然系统的脆弱性在朱家坬镇何家坬—乌镇任家坪连线以东的村域降为低度脆弱及健壮状态。此时，自然系统中对乡村人居环境系统脆弱性贡献度最大的因子形成了以河渠水质因子广泛分散分布，土地耕作、造林绿化、化肥施用因子由东向西依次割据的空间分布格局。农户对该阶段的自然环境描述多为“垃圾都往沟渠扔，水比以前脏多了”，“家家户户都打井，水位下降，河早就干了……夏季也没水，河岸一百年的柳树都枯死了”。

（二）抵抗因子

由图 5 - 11 可知，自然系统抵抗因子经历了由化肥施用因子全面分布转向以风沙灾害因子作为主导抵抗因子的过程。

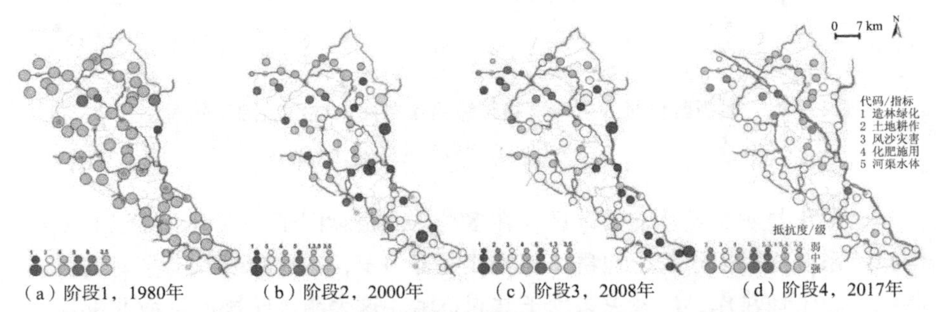

图 5 - 11　案例区乡村人居环境系统脆弱性自然系统抵抗因子时空分布

（注：彩图见附录）

阶段 1 显示，黄河沿岸的泥河沟、大会坪村均以造林绿化因子作为抵抗乡村人居环境系统脆弱性增长的因子，县境南部碛头村、雷家沟村、乔家寨村以风沙灾害因子作为抵抗因子。

阶段 2 显示，化肥施用因子仍作为村域乡村人居环境系统脆弱性抵抗因子广泛分布于县境范围内。此外，历来有枣林栽植传统的东南黄河沿岸土石山区乡村多以造林绿化因子作为抵抗因子。县境南部多以风沙灾害因子作为抵抗因子并集中分布。这主要归因于退耕还林以来，黄土沟壑区植被环境有较大改善，而源自毛乌素沙漠等的沙尘暴南袭力度逐渐减轻，处于黄土高坡沟谷间隙的居民点的生产生活受风沙灾害影响小，该地区居民对风沙灾害的感受程度较轻，农户对该阶段的描述多为“我们这几乎没有沙尘暴”。

阶段3、阶段4显示，风沙灾害因子取代化肥施用因子成为全境分布最广泛的抵抗因子，访谈中农户也一再强调“而今几乎不起大风”“空气质量好了，没有风沙了”“国家治理好了”。化肥施用抵抗因子的分布范围则缩小至以务工生计为主的刘国具镇。黄河沿岸土石山片区在阶段3内均以造林绿化因子作为抵抗因子。

三、人类系统功能因子诊断

（一）贡献因子

由图5－12可知，案例区乡村人居环境系统脆弱性人类系统贡献因子的空间分异较小。

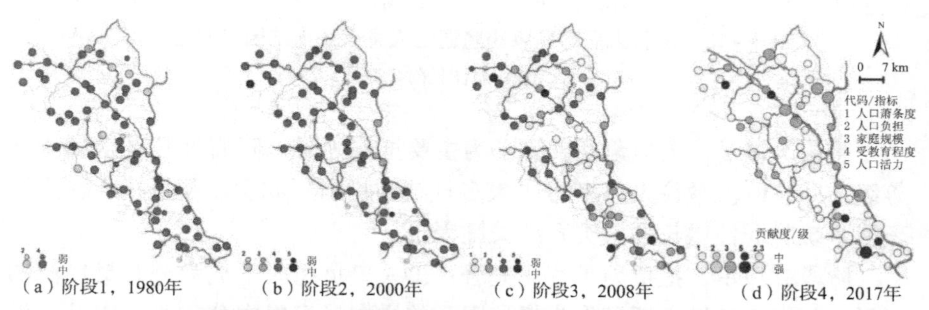

图5－12　案例区乡村人居环境系统脆弱性人类系统贡献因子时空分布

（注：彩图见附录）

阶段1、阶段2显示，案例区县域乡村几乎均以受教育程度因子为乡村人居环境系统脆弱性的贡献因子。第四次人口普查（1990年）与第五次人口普查（2000年）显示，不识字或很少识字的人口占总人口比重分别为23.76%、15.35%。文盲是这两个阶段人类系统脆弱的根源。

阶段3显示，人口萧条度与家庭规模因子分布范围扩大。

阶段4显示，县境已不存在以受教育程度因子作为贡献因子的样本村，广泛分布占据主导地位的贡献因子转变为人口萧条度因子，其次为家庭规模因子。当地农户对乡村现状感触最深、频频提及的为“年轻人都走了，娃娃都带走了”“年轻的都出去打工了，老的都走不动了”“年轻的都跑了，只有七老八十的”等话语。这也是农户认为其所在村庄未来毫无发展希望的根源。

（二）抵抗因子

由图5－13可知，人类系统抵抗因子的空间分异不显著，在多个时期均呈现为空间一致的特征。

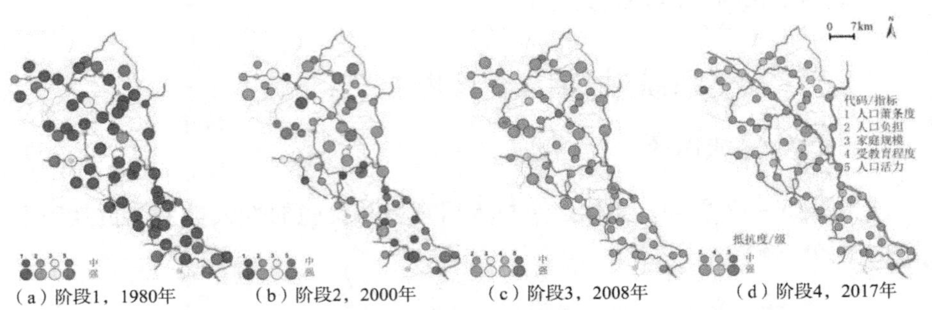

图5－13 乡村人居环境系统脆弱性人类系统抵抗因子时空分布

（注：彩图见附录）

阶段1显示，人口萧条度因子为主要抵抗因子，障碍度几乎全属于强等级，即该阶段常住人口多为“人多且结构均衡”状况，是抵抗乡村人居环境系统脆弱性增长的人类系统关键因子。

阶段2显示，抵抗因子变化显著：①人口负担因子成为分布最广泛的因子；②以人口活力因子作为抵抗因子的样本村多集中分布于东南黄河沿岸带；③仅个别样本村以人口萧条度因子作为抵抗因子。

阶段3、阶段4显示，不存在以人口萧条度因子作为抵抗因子的样本村，人口负担因子成为占据全境的抵抗因子。受教育程度抵抗因子的空间分布逐渐扩大。

四、居住系统功能因子诊断

（一）贡献因子

图5－14显示，案例区乡村人居环境系统脆弱性居住系统贡献因子经历了由通信条件因子全面覆盖向房屋结构因子主导分布转变的过程。

阶段1显示，县域样本村居住系统贡献因子几乎全为通信条件因子，该时期农户家庭处于通信设施空白阶段。木头峪村、官庄村两个行政中心驻地村以住房宽敞度因子为贡献因子。

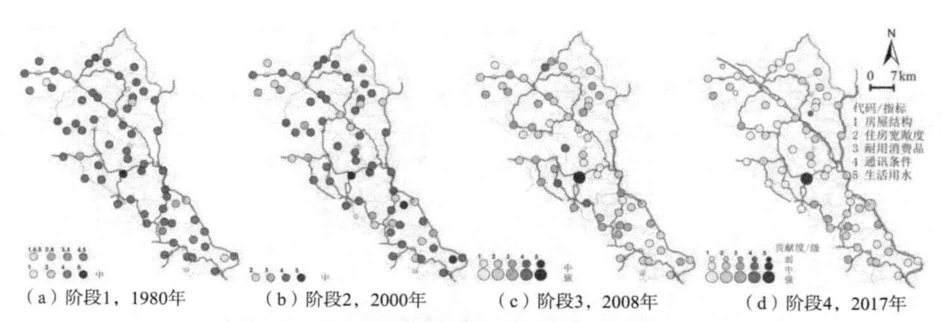

（a）阶段1，1980年　（b）阶段2，2000年　（c）阶段3，2008年　（d）阶段4，2017年

图5－14　案例区乡村人居环境系统脆弱性居住系统贡献因子时空分布

（注：彩图见附录）

阶段2显示，以住房宽敞度因子为乡村人居环境系统脆弱性居住系统贡献因子的样本村范围扩大，但全境范围内仍然以通信条件因子为贡献因子广泛分布。

阶段3显示，村域通信条件显著改善，县域贡献因子格局演变为房屋结构、住房宽敞度、耐用消费品三大因子割据局面。其中，受制于土石山地貌对住房面积的约束，以住房宽敞度因子为贡献因子的样本村主要分布于东南黄河沿岸土石山区；地处西南黄土丘陵沟壑区的乌镇、店镇均以耐用消费品因子为贡献因子。

阶段4显示，案例区居住系统脆弱性已显著降低，样本村多属于中度及以下脆弱等级。贡献于乡村人居环境系统脆弱性的居住系统因子演变为以房屋结构广泛分布，旧式石窑仍是该阶段广泛存在的农户家庭住房，该类窑洞虽有冬暖夏凉的优点，但承灾能力弱、居住生产空间混杂、通风采光条件较差等缺点十分显著。贡献因子属于住房宽敞度因子的样本村主要分布于东南黄河沿岸土石山区以及省道S302、县道佳吴路沿线，该类区域的村庄建设用地面积均有限，宅基地建设面积受限，住房宽敞度欠缺。

（二）抵抗因子

从阶段1开始，案例区居住系统脆弱性经历了由极端脆弱至轻度脆弱显著变化的过程，其间案例区内始终以生活用水因子作为广泛分布的抵抗乡村人居环境系统脆弱性增长的主要因子（如图5－15所示）。

阶段1显示，生活用水因子的抵抗度较弱，农户仍以提水、毛驴拉水为生活取水方式。

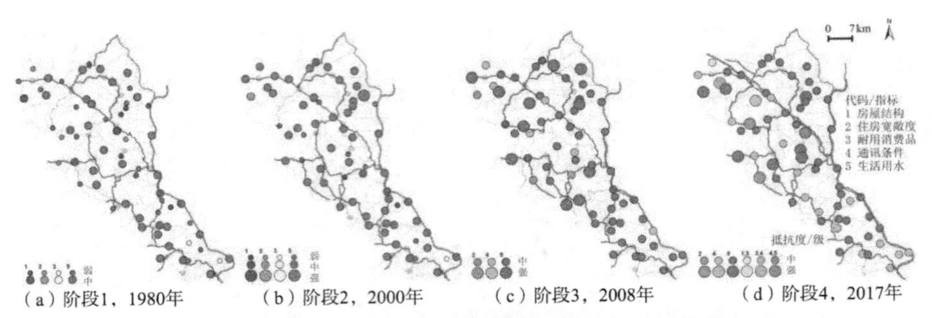

图5-15　案例区乡村人居环境系统脆弱性居住系统抵抗因子时空分布

（注：彩图见附录）

阶段2、阶段3显示，生活用水因子的抵抗度增强。该时期依托于“饮水解困”“饮水安全”等工程，农户均可通过距离较近的集体井或独户井获取生活用水。阶段3显示，占据全境的生活用水抵抗因子在县中部、北部表现为强抵抗度等级。

阶段4显示，生活用水因子仍是分布最广的抵抗因子。该类样本村的生活取水方式已经升级为集中供应的入户自来水或是接入住房的自来井水。但较多农户表示，“地下水水位下降得厉害”“吃水的自来井水，现在不流了。现在是三轮车去山里拉的水”“沟底到山顶上的水不好管理，一到冬天冻上一回，就吃不上水”等区域性、季节性问题。随着智能手机的普及，手机价格下降，乡村区域通信条件得到改善，因而通信条件因子作为抵抗因子分布范围显著扩大。

五、支撑系统功能因子诊断

（一）贡献因子

图5-16显示，案例区乡村人居环境系统脆弱性支撑系统贡献因子具备多因子属性，表明支撑系统各因子的建设状况均具有同步且一致的特征。

阶段1显示，首先，垃圾处置因子为占据全境分布的贡献因子。该阶段生活垃圾处置处于空白阶段，即随意扔置垃圾、倾倒垃圾入沟渠。其次，零售商店、乡村医生因子作为贡献因子同样广泛分布于行政中心驻地村以外的农业村庄。该阶段不存在以小学教育因子作为贡献因子的乡村。

阶段2显示，已经不存在以道路建设因子为贡献因子的样本村，贡献因子仅为垃圾处置因子的样本村仍广泛分布于县境各地区，以零售商店、垃圾处置因子共同为贡献因子的样本村主要分布于西南黄土丘陵沟壑区。

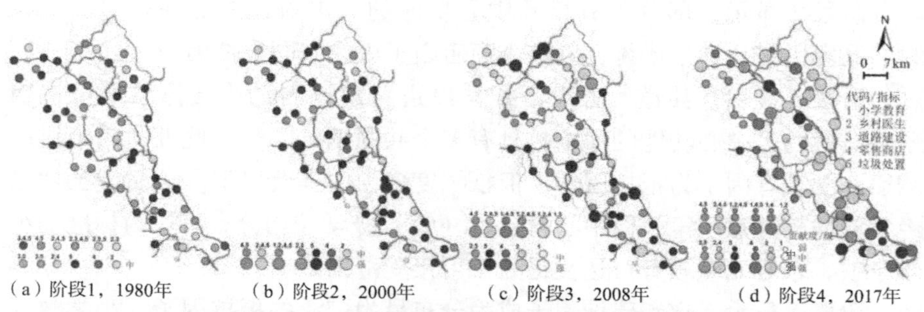

（a）阶段1，1980年　（b）阶段2，2000年　（c）阶段3，2008年　（d）阶段4，2017年

图5－16　案例区乡村人居环境系统脆弱性支撑系统贡献因子时空分布

（注：彩图见附录）

阶段3显示，除省道沿线分布、行政中心驻地的样本村仅有一种贡献因子外，其他样本村均有零售商店、垃圾处置因子等多种贡献因子属性。

阶段4显示，县域样本村支撑系统有不同程度的改善。东南黄河沿岸土石山区样本村支撑系统仅拥有单个贡献因子，木头峪村往北以公共服务领域的小学教育和乡村医生等作为乡村人居环境系统脆弱性增长的贡献因子，往南则以零售商店、垃圾处置因子为贡献因子。

（二）抵抗因子

案例区乡村人居环境系统脆弱性支撑系统抵抗因子时空分布显示，阶段1至阶段3，案例区均以小学教育因子为支撑系统的抵抗因子（如图5－17所示）。

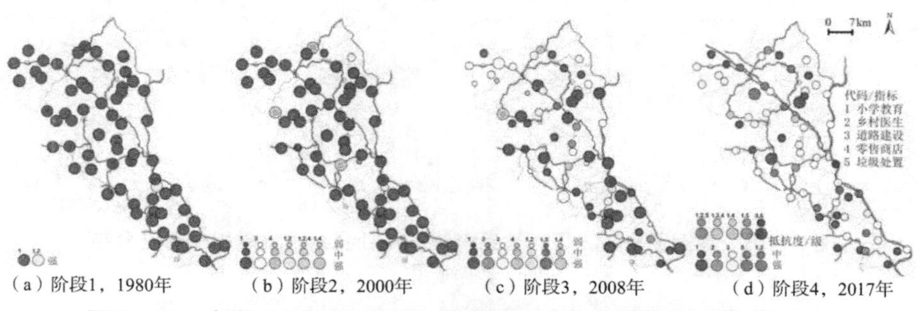

（a）阶段1，1980年　（b）阶段2，2000年　（c）阶段3，2008年　（d）阶段4，2017年

图5－17　案例区乡村人居环境系统脆弱性支撑系统抵抗因子时空分布

（注：彩图见附录）

阶段1、阶段2显示，小学教育因子几乎为全部样本村的抵抗因子，农户回忆，“那个时候读书方便一些”“小孩多，村村都有小学”。

阶段2显示，部分具有行政中心功能的样本村，如上高寨村、中碰村、马家山村、神泉堡村，以零售商店因子等为共同抵抗因子。

阶段3显示，县道、省道沿线均以道路建设因子为支撑系统抵抗因子，具有行政中心功能的样本村具有多个共同抵抗因子，此外，其余村庄均以小学教育因子为抵抗因子，但抵抗度多为中等及以下。该时期虽然已经实施撤校并点政策，但中心村、乡（镇）级学校均分布有较为标准的小学学校，家庭儿童教育可达性仍处于可接受范围。

阶段4显示，道路建设因子成为分布最为广泛的抵抗因子，小学教育因子分布范围显著缩小，乡（镇）级行政中心驻地的样本村以多种因子作为支撑系统抵抗因子共同抵抗乡村人居环境系统脆弱性的增长。

这表明历经四个阶段后，县境样本乡村支撑系统状态显著地分为两大阵营：①乡（镇）级行政中心驻地村，公共服务与基础设施均相对完善；②行政中心驻地村以外的乡村，以道路建设成效显著为特征。

六、社会系统功能因子诊断

（一）贡献因子

图5-18显示，案例区乡村人居环境系统脆弱性社会系统的贡献因子经历由收入水平因子向贫富差距因子转变的时空过程。

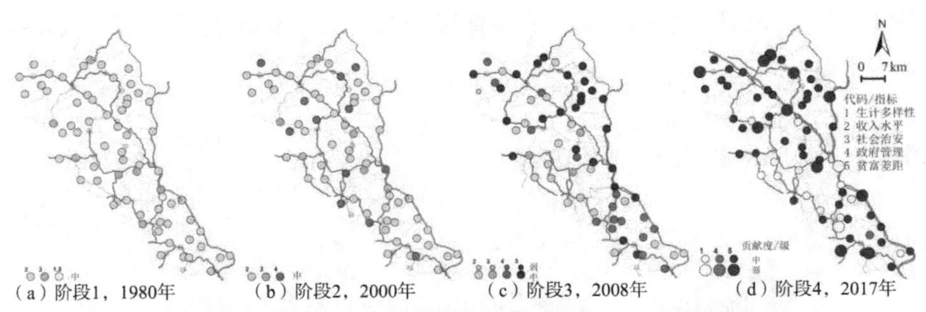

图5-18 案例区乡村人居环境系统脆弱性社会系统贡献因子时空分布

（注：彩图见附录）

阶段1显示，农村处于自给自足的阶段，仅依靠出售粮食或牲口获得微薄收入。收入水平因子也成为全县除店镇勃牛沟村以外样本村的贡献因子。

阶段2显示，虽然全境大范围仍以收入水平因子为贡献因子，但部分邻近乡（镇）行政中心驻地、县道沿线分布的样本村转变为以政府管理因子为贡献因子。该阶段，农户对政府管理的评价均为“态度、能力均差”“冷淡，能力一般”。邻近行政中心驻地、交通干线沿线的样本村农户因交通便利、有过更多的与政府交往的经历等，留下了政府管理态度差、办事能力差的直接印象，如“上去理都不理”“态度差、没关系的不给办事”。

阶段3显示，县境样本村由南至北形成三大不同贡献因子集聚区域。南部以政府管理因子为贡献因子，主要归因于南部地区夏季暴雨灾害频繁侵袭下道路中断、水井或饮水管道被破坏等问题频发，而政府在灾后恢复过程中表现欠佳，农户因饮水、道路重建资金问题与政府摩擦不断，因此对政府管理印象分较低。在访谈过程中，农户能清晰地讲述与政府交往过程中遭受的不公正待遇以及被冷淡对待的经历，如反映村庄饮水困难问题，“跟政府反映过，答是答应了，就是不给行动”。中部丘陵沟壑区仍以收入水平因子为乡村人居环境系统脆弱性的社会系统贡献因子，该地区农户仍以粮食作物收入为主要生计来源，而广种薄收、靠天吃饭的旱区传统种植方式仍然收入微薄。北部风沙区与黄河沿岸北段均存在主要生计来源的差异，导致贫富差距显著，样本村多以贫富差距因子为贡献因子。该阶段，县境北部风沙区前往榆林市区、神木市等传统能源产区务工农户比重非常大，部分家庭因务工带来了可观的收入，而传统务农型生计家庭收入一般。黄河沿岸北段地区家庭依赖枣林收入可观，该阶段是枣林收入最佳时期，“我们这带卖个18万元、20来万元都有，卖两三万元很常见”，具有大规模成熟枣林的家庭收入可观。

阶段4显示，随着社会发展，外出务工型农户增加，农业与非农业生计之间的收入差异、非农行业之间的收入差异等使得贫富差距因子成为广泛分布的社会系统贡献因子。县境中部的丘陵沟壑区现阶段仍以粮食作物种植为主要生计来源，贫富差距较小，生计多样性欠缺，因而该地区样本村多以生计多样性因子为社会系统贡献因子。

（二）抵抗因子

图 5－19 展示了案例区乡村人居环境系统脆弱性社会系统的抵抗因子从阶段 1 至阶段 4 的空间不断分异，由贫富差距因子全面覆盖转向收入水平因子主导分布的过程。

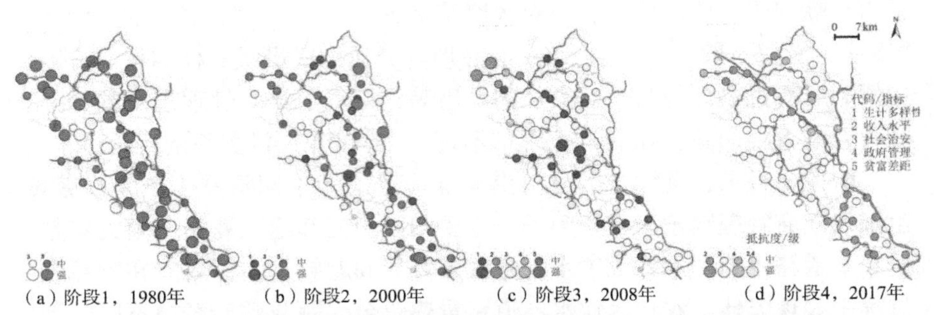

（a）阶段1，1980年　（b）阶段2，2000年　（c）阶段3，2008年　（d）阶段4，2017年

图 5－19　案例区乡村人居环境系统脆弱性社会系统抵抗因子时空分布

（注：彩图见附录）

阶段 1 显示，农户主要通过自给自足来满足家庭人口的温饱需求，没有可持续的收入来源，仅能通过出售粮食、牲口的收入来购买其他物资，县境样本村基本不存在贫富差距问题，因此多以贫富差距因子作为抵抗因子。而少数样本村以社会治安因子作为抵抗因子，集中分布于交通困难、沟谷纵横的西南黄土丘陵沟壑区。

阶段 2 显示，劳务输出渐具规模，非农个体经济开始繁荣发展，交通干线沿线或乡（镇）级行政中心驻地样本村进展为以生计多样性因子作为抵抗因子。北部风沙区、东南黄河沿岸土石山区仍以贫富差距因子作为抵抗因子。西南黄土丘陵沟壑区广泛分布着以社会治安因子作为抵抗因子的样本村。在访谈中，农户强调该片区基本不存在治安问题，“80 年代、90 年代，交通不好，我们这山大沟深，种地的又没钱，小偷来都不来”，邻里之间也因交往不便而纠纷较少，“以前沟底下见面不方便……隔得远，不好叫”。

阶段 3 显示，案例区农村地区社会治安环境较佳，社会治安因子成为全县广泛分布的社会系统抵抗因子。西南黄土丘陵沟壑区以生计收入多样性因子为抵抗因子的样本村增多，主要原因有两点：一是外出务工农户持续增多；二是依托于阶段 2 期间退耕还林项目栽植的枣林开始挂果并获得可持续收益，生计方式增加。邻近榆林市区的样本村农户收入可观，以收入水平因子为社会系统抵抗因子。

阶段4显示，社会治安因子作为抵抗因子集中分布于县境中部地区，县北部及南端区域的样本村多以收入水平因子作为抵抗因子。少量样本村对政府管理的态度及能力较为满意，以政府管理因子作为乡村人居环境系统脆弱性社会系统抵抗因子，农户表示，“政府（工作人员）如今非常友好，比过去好多了，2010年以来改变的”，“对贫困户也常常照顾”。

第五节　小　　结

从人地系统脆弱性视角切入，基于农户的参与构建了微尺度乡村人居环境系统脆弱性测度指标体系，即涵盖自然、人类、居住、支撑与社会五个子系统，共25个因子的三层级指标体系。利用451份入户调查问卷、65份村庄专题问卷，运用TOPSIS法测度了65个样本点1980—2017年的四个代表年份的乡村人居环境综合系统、子系统脆弱性值，并探索了其时空演变过程。主要结论有四点。

（1）案例区乡村人居环境系统高脆弱村庄比重变化显示，自然系统、社会系统高脆弱村庄比重持续降至30%左右，支撑系统高脆弱村庄比重则稳定于高位。自2000年始，综合系统、居住系统高脆弱村庄比重大幅降低，人类系统高脆弱村庄比重大幅上升。至2017年，居住系统高脆弱村庄比重极低，人类系统、支撑系统高脆弱村庄比重均超过三分之二。

（2）案例区乡村人居环境系统综合系统、自然系统、社会系统脆弱性均值持续下降至0.4～0.5，其中自然系统空间差异度高达30.77%，社会系统空间差异度始终保持在10%左右。人类系统脆弱性均值持续上升至0.54，空间差异度小幅上升至13.01%。支撑系统脆弱性均值高达0.54，居住系统脆弱性均值大幅下降至0.38，空间差异性均持续扩大。

（3）案例区乡村人居环境系统脆弱性时空格局演变表明，综合系统已由空间高度脆弱的均衡状态演变为以中低度脆弱等级为主导，地形因素的干预作用减轻。自然系统由以高度、重度脆弱等级全局覆盖逐步演变为以低度脆弱、健壮状态为主导。人类系统已由1980年展现的低度与中度脆弱等级相间分布演变至高度脆弱等级全面覆盖、中度脆弱等级零星散落的格局。居住系统则由极端脆弱等级全局覆盖演变至较低脆弱等级广泛分布。支撑系统空间分异加剧，中度及以下脆弱等级集中分布于省道、沿黄公路沿线，或属于具备乡（镇）行政中心、集镇功能的样本村。社会系统脆弱性全面减轻，北部风沙区拥有更多的较低脆弱等级样本村。

（4）案例区乡村人居环境系统脆弱性分布最广的贡献子系统由居住系统转变为支撑系统，而抵抗子系统由人类系统转变为居住系统。垃圾处置欠缺始终为乡村人居环境系统的劣势，生活取水相对方便为其优势。此外，历史时期乡村人居环境系统的劣势主要为土地耕作比重大、人口受教育程度低、通信条件差、农户收入水平低，优势在于化肥施用量较少、乡村人口充足、小学可达性良好、贫富差距较小等方面。现今，案例区乡村人居环境系统以河渠水体质量较差、乡村人口萧条、贫富差距较大、房屋结构脆弱及居住拥挤为劣势，以风沙灾害减轻、人口抚养比低、农村道路较完善、社会治安良好为优势。

第六章

地貌片区乡村人居环境系统脆弱性研究

本章将关注案例区地貌类型区，解析不同地貌类型区乡村人居环境系统脆弱性的时空分异。基于样本村域子系统层及因子层阶段1至阶段4功能因子的诊断结果，以案例区佳县北部风沙区（Ⅰ）、西南黄土丘陵沟壑区（Ⅱ）、东南黄河沿岸土石山区（Ⅲ）为统计区域，统计不同地貌片区子系统层、因子层贡献因子样本村分布比重变化，将各片区每个阶段分布比重最高的贡献因子认定为该片区该阶段的主导贡献因子，即为三类地貌片区乡村人居环境系统的劣势；统计不同地貌片区子系统层、因子层抵抗因子样本村分布比重变化，将各片区每个阶段分布比重最高的抵抗因子认定为该片区该阶段的主导抵抗因子，即为三类地貌片区乡村人居环境系统的优势；梳理并构建乡村人居环境系统优劣势演变轴线。

第一节　三类地貌片区特征及样本分布

一、三类地貌片区特征概括

黄土高原可划分为土石山区、河谷平原区、风沙区、丘陵沟壑区等六个类型区（高海东 等，2015）。《陕西省志·黄土高原志（第五卷）》根据陕西黄土高原地貌空间组合特征，将陕西黄土高原划分为基岩山地与黄土塬沟壑区、西南黄土丘陵沟壑区、长城沿线及其以北风沙区共三大类地貌区。进一步细分地貌区，陕西北部自黄河沿岸至长城沿线依次为石质丘陵、黄土丘陵、沙漠三类地貌单元。而案例区佳县行政区域纵跨该三类地貌单元。

《佳县志》中明确指出、由于水土严重流失，毛乌素沙漠缓慢南侵，佳县逐渐形成北部风沙区、西南黄土丘陵沟壑区、东南黄河沿岸土石山区三个地貌特征差异显著的区域。[①] 地貌区特征如下：北部风沙区属于毛乌素沙漠南缘，占全县面积比重为30.4%，包括刘国具、王家砭、方塌三镇。该片区地势较高，水蚀较轻，沟壑密度约为2条/平方千米，土地面积相对较广，经营粗放，广种薄收，土壤沙化、肥力低，水资源较为丰

① 参见佳县地方志编纂委员会《佳县志》，陕西旅游出版社2008年版，第97－98页。

富，降水偏少，林地面积较多，养殖业基础好。西南黄土丘陵沟壑区面积约为1060平方千米，占全县面积的52.2%，包括金明寺镇、乌镇、店镇、朱官寨镇，以及朱家坬镇、通镇、佳芦镇、木头峪镇、坑镇、螅镇的部分区域。该片区被佳芦河、金明寺河、乌龙河、店镇河等6条河流切割为11块，这11块又被6条河流的支毛沟交错切割，在长期的水蚀冲刷下形成了峁高尖、坡陡峭、沟深窄的复杂地形，沟壑平均密度为23条/平方千米，沟壑与梁峁高差为30～200米。该片区土壤质地较好，耕作比较精细，农业生产以粮为主，水资源贫乏，水土流失严重。东南部东南黄河沿岸土石山区包括朱家坬镇、通镇、佳芦镇、木头峪镇、坑镇、螅镇的东部黄河沿岸区域，面积仅占全县面积的17.4%，地势偏低，海拔为633～1022米，地形支离破碎，地貌特征为山高，多为石山戴土帽，沟深崖陡，相对切割深度达200米。该片区可耕作的土地稀少，多栽植枣树，土壤质地差，水资源贫乏，交通通达性差，农业机械化程度明显低于其他两类片区。

《佳县综合农业区划（1984）》将全县分为三大综合农业区域，即北部丘陵片沙林牧粮区、西南丘陵沟壑粮牧林果区、东南黄河沿岸土石山枣粮间作区。基于此，本书将案例区同样划分为北部风沙区、西南黄土丘陵沟壑区、东南黄河沿岸土石山区三类地貌差异明显的区域。

二、地貌片区样本分布情况

基于对村域单元乡村人居环境系统脆弱性值、功能子系统/因子的统计，解析1980—2017年三类地貌片区乡村人居环境系统脆弱性的演变，以及贡献因子与抵抗因子分布的演变，最终形成解析乡村人居环境系统优劣势发展轴线。其中，三类地貌片区样本分布情况为：北部风沙区（Ⅰ）为15个样本村，97户样本家庭；西南黄土丘陵沟壑区（Ⅱ）为33个样本村，234户样本家庭；东南黄河沿岸土石山区（Ⅲ）为17个样本村，120户样本家庭。

将案例区的研究时间分为四个阶段：阶段1为1980—1995年；阶段2为1996—2005年；阶段3为2006—2009年；阶段4为2010—2017年。本章以1980年作为阶段1的代表年份，以2000年作为阶段2的代表年份，以2008年作为阶段3的代表年份，以2017年作为阶段4的代表年份。

脆弱性等级分界标准仍与前文设定的等级分界标准保持一致。其中，$C_i=1$ 表示系统绝对脆弱；$C_i=0.7$ 为系统极端脆弱状态与重度脆弱状态的分界点；$C_i=0.6$ 为系统重度脆弱与高度脆弱的分界点；$C_i=0.5$ 为系统高度脆弱与中度脆弱的分界点；$C_i=0.4$ 为系统中度脆弱与低度脆弱的分界点；$C_i=0.3$ 为系统低度脆弱与健壮状态的分界点；$C_i=0$ 表示系统零脆弱，系统处于完全健壮状态。地貌类型分区及样本村分布如图 6－1 所示。

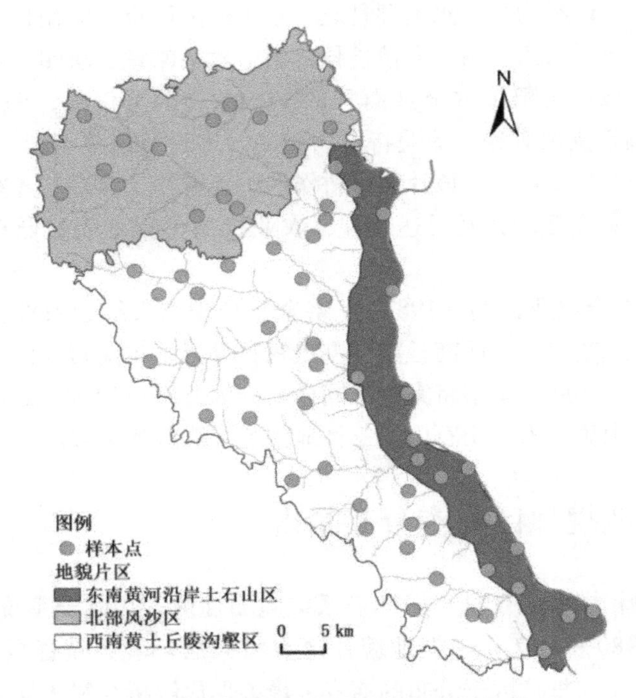

图 6－1　案例区地貌分区与样本村分布

第二节　分地貌区的乡村人居环境系统脆弱性的演变

一、综合系统脆弱性的区域差异

根据案例区全区、片区内样本村乡村人居环境综合系统脆弱性的均值可知，综合系统脆弱性值各个区域均呈现显著的下降趋势，由重度脆弱等级降低为中度脆弱等级，如图 6 – 2 所示。这表明案例区乡村人居环境系统的脆弱性已经显著减轻，全区综合系统脆弱性值由 0. 66 降至 0. 45。各区域综合系统脆弱性的空间差异较小，变化轨迹与幅度高度一致，仅东南黄河沿岸土石山区的脆弱性值一直低于其他两类片区，脆弱性值由 1980 年的 0. 63 降低至 2017 年的 0. 42。

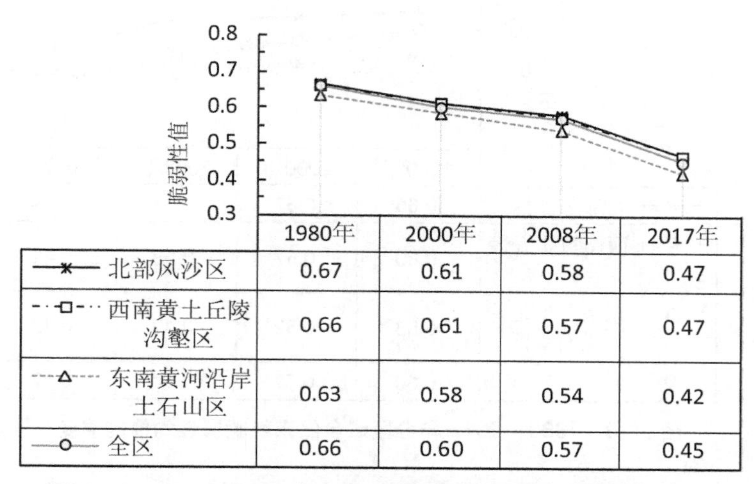

	1980年	2000年	2008年	2017年
北部风沙区	0.67	0.61	0.58	0.47
西南黄土丘陵沟壑区	0.66	0.61	0.57	0.47
东南黄河沿岸土石山区	0.63	0.58	0.54	0.42
全区	0.66	0.60	0.57	0.45

图 6 – 2　1980—2017 年分区域综合系统脆弱性均值的演变

二、子系统脆弱性的区域差异

（一）自然系统

自然系统脆弱性值的评估考量了造林绿化、土地耕作、风沙灾害、化肥施用、河渠水体指标。根据案例区全区、片区内样本村自然系统脆弱性的均值计算绘制成图，如图 6 – 3 所示。全区自然系统脆弱性值由 0. 60 下降至 0. 42，不同地貌片区区域差异较大。一方面，北部风沙区由重度脆弱等级下降为高度脆弱等级；西南黄土丘陵沟壑区由重度脆弱等级下降为中度脆弱等级；东南黄河沿岸土石山区由高度脆弱等级下降为低度脆弱等级。另一方面，各片区变化轨迹基本一致，且北部风沙区自然系统脆弱性值最高、东南黄河沿岸土石山区脆弱性值最低的分布格局始终保持稳定。1980—2008 年，各区域脆弱性值呈缓慢下降趋势，北部风沙区、东南黄河沿岸区脆弱性值减轻幅度较小，西南黄土丘陵沟壑区减轻幅度相对较大，由0.60下降至0.53。2008—2017年，各片区自然系统脆弱性值大幅减轻，全区自然系统脆弱性质下降了0.12，东南黄河沿岸土石山区的降低幅度大于全区水平，北部风沙区的降低幅度低于全区水平。

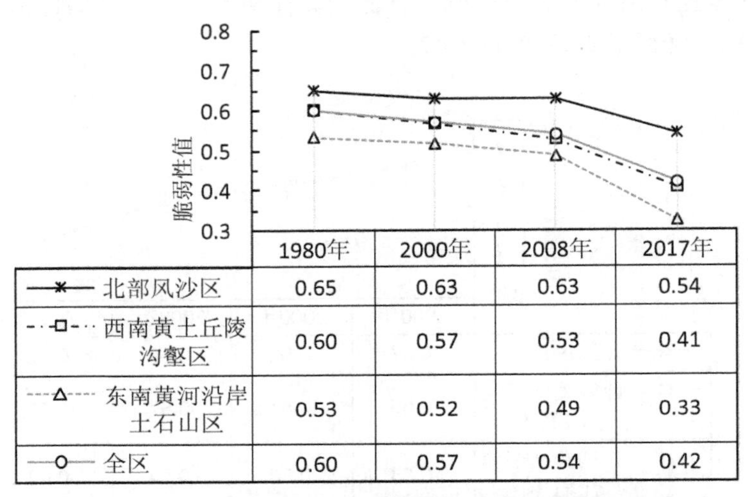

	1980年	2000年	2008年	2017年
北部风沙区	0.65	0.63	0.63	0.54
西南黄土丘陵沟壑区	0.60	0.57	0.53	0.41
东南黄河沿岸土石山区	0.53	0.52	0.49	0.33
全区	0.60	0.57	0.54	0.42

图6－3　1980—2017年分区域自然系统脆弱性均值的演变

（二）人类系统

人类系统脆弱性的评估考量了人口萧条度、人口负担、家庭规模、受教育程度、人口活力指标。根据案例区全区、片区内样本村人类系统脆弱性的均值计算绘制成图，如图6－4所示。人类系统脆弱性值的区域差异较小，较一致地呈现出缓慢增加至陡然上升的变化轨迹，由最初的中度脆弱等级上升至高度脆弱等级。1980—2000年，除东南黄河沿岸土石山区脆弱性值保持不变外，其余片区均略有增加。2000—2017年，各片区脆弱性值大幅增加，增幅均在0.11以上。现阶段，各片区脆弱性值差异较小，东南黄河沿岸土石山区的人类系统脆弱性略低于其他两类片区。

（三）居住系统

居住系统脆弱性的评估考量了房屋结构、住房宽敞度、耐用消费品、通信条件、生活用水指标。根据案例区全区、片区内样本村居住系统脆弱

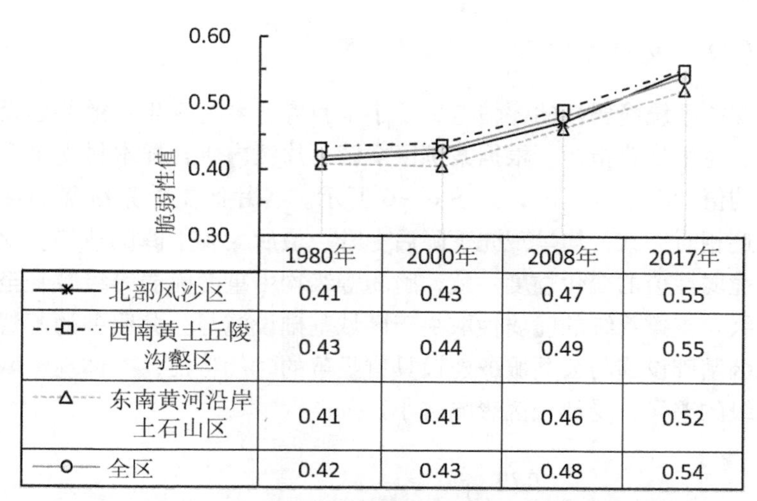

	1980年	2000年	2008年	2017年
北部风沙区	0.41	0.43	0.47	0.55
西南黄土丘陵沟壑区	0.43	0.44	0.49	0.55
东南黄河沿岸土石山区	0.41	0.41	0.46	0.52
全区	0.42	0.43	0.48	0.54

图 6－4　1980—2017 年分区域人类系统脆弱性均值的演变

性的均值计算绘制成图，如图 6－5 所示。居住系统脆弱性持续显著减轻，区域差异较小，三个片区居住系统脆弱性值均已由最初的 0.79 以上降低至 0.40 以下。北部风沙区居住系统脆弱性减轻幅度最大，已由极端脆弱减等级轻至低度脆弱等级。当然，居住系统脆弱性值的区域分异较小，但导致其脆弱性减轻的因子可能仍存在区域差异，这部分将在下一节中进行详细分析。

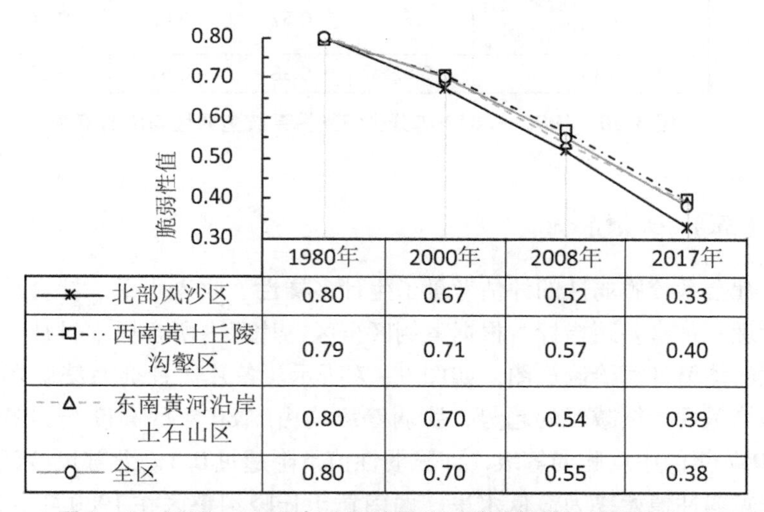

	1980年	2000年	2008年	2017年
北部风沙区	0.80	0.67	0.52	0.33
西南黄土丘陵沟壑区	0.79	0.71	0.57	0.40
东南黄河沿岸土石山区	0.80	0.70	0.54	0.39
全区	0.80	0.70	0.55	0.38

图 6－5　1980—2017 年分区域居住系统脆弱性均值的演变

（四）支撑系统

支撑系统脆弱性的评估考量了小学教育、乡村医生、道路建设、零售商店、垃圾处置指标。根据案例区全区、片区内所含样本村支撑系统脆弱性的均值计算绘制成图，如图 6－6 所示。各片区支撑系统脆弱性值的变化轨迹相对一致，均呈现先下降后上升、最后大幅下降的轨迹。此外，各片区脆弱性值的变化幅度一致，脆弱等级均由重度脆弱等级减轻至高度脆弱等级。支撑系统的脆弱性取决于区域基础设施与公共服务的配置，而乡村地区基础设施与公共服务建设具有显著的时代特征，并体现出城镇村体系等级的差异，受地貌区影响较小。

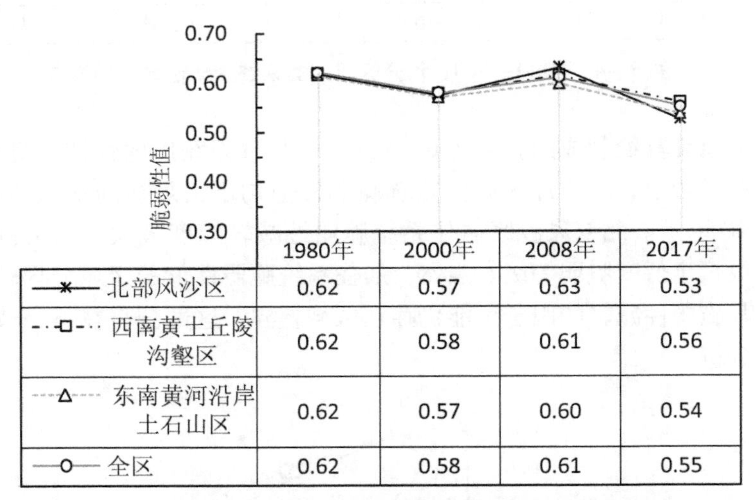

	1980年	2000年	2008年	2017年
北部风沙区	0.62	0.57	0.63	0.53
西南黄土丘陵沟壑区	0.62	0.58	0.61	0.56
东南黄河沿岸土石山区	0.62	0.57	0.60	0.54
全区	0.62	0.58	0.61	0.55

图 6－6　1980—2017 年分区域支撑系统脆弱性均值的演变

（五）社会系统

社会系统脆弱性的评估考量了生计多样性、收入水平、社会治安、政府管理、贫富差距指标。根据案例区全区、片区内所含样本村社会系统脆弱性的均值计算绘制成图，如图 6－7 所示。各片区社会系统脆弱性变化轨迹均呈现持续减轻的趋势，脆弱等级均由 1980 年的高度脆弱等级降低为 2017 年的中度脆弱等级，即脆弱性值下降超过 0. 1。北部风沙区的社会系统脆弱性值始终为最低水平，西南黄土丘陵沟壑区在 1980 年、2017 年均高于其他两个片区。

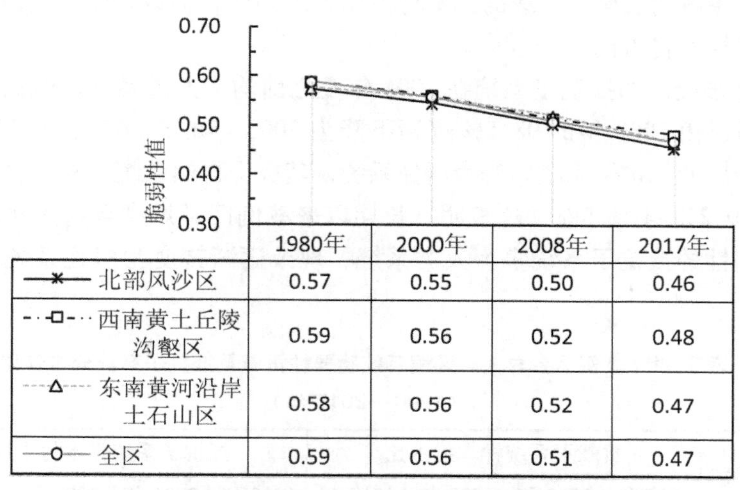

	1980年	2000年	2008年	2017年
北部风沙区	0.57	0.55	0.50	0.46
西南黄土丘陵沟壑区	0.59	0.56	0.52	0.48
东南黄河沿岸土石山区	0.58	0.56	0.52	0.47
全区	0.59	0.56	0.51	0.47

图 6－7　1980—2017 年分区域社会系统脆弱性均值的演变

第三节　全区域乡村人居环境系统脆弱性功能系统、因子的演变

根据功能因子诊断模型，提炼了全区域 65 个样本点在 1980—2017 年中四个时间截面的乡村人居环境系统脆弱性功能因子（包括贡献及抵抗子系统），以及各个子系统的贡献及抵抗因子。最终得到了四个时间截面乡村人居环境系统脆弱性贡献及抵抗子系统分布的样本村占比（见表 6－1），以及五大子系统贡献因子、抵抗因子分布的样本村占比（分别见表 6－2、表 6－3）。

一、功能子系统

由表 6－1 可知，乡村人居环境系统脆弱性分布最广的贡献子系统已由居住系统转变为支撑系统，且拥有样本村比重已由 96.9% 降至 50.8%。这表明，案例区乡村人居环境系统脆弱性的贡献子系统已由 1980 年的居住系统全面主导转变为居住、人类、自然等子系统多方割据的局面，其中以人类系统为贡献子系统的样本村占比为27.7%，而以自然系统为贡献子系统的样本村占比为13.8%。

分布最广的抵抗子系统在2008年及之前均为人类系统，但拥有样本村比重已由1980年的98.5%逐渐下降为2008年的44.6%。至2017年，分布最广的抵抗子系统转变为居住系统，其次为自然系统，样本村占比分别为49.2%与41.5%。这表明，长期以来案例区微尺度乡村人居环境系统脆弱性的抵抗子系统多为人类系统，现今逐渐转变为居住系统或自然系统。

表6-1　案例区乡村人居环境系统脆弱性贡献及抵抗子系统分布变化（1980—2017年）

单位：%

系统类别	贡献子系统样本村占比				抵抗子系统样本村占比			
	1980年	2000年	2008年	2017年	1980年	2000年	2008年	2017年
自然系统	0	7.7	18.5	13.8	1.5	7.7	21.5	41.5
人类系统	0	0	1.5	27.7	**98.5**	**84.6**	**44.6**	0
居住系统	**96.9**	**76.9**	15.4	3.1	0	0	3.1	**49.2**
支撑系统	3.1	12.3	**60.0**	**50.8**	0	3.1	6.2	7.7
社会系统	0	1.5	4.6	4.6	0	4.6	24.6	1.5

二、功能因子

（一）贡献因子

表6-2展示了乡村人居环境系统脆弱性各子系统贡献因子的样本村分布。

（1）自然系统：2008年及之前，分布最广的贡献因子始终为土地耕作因子，以此为贡献因子的样本村所占比重由100%逐渐下降至70.8%。至2017年，以河渠水体因子为贡献因子的样本村所占比重最高（43.1%）。这归因于案例区枣果生计不可持续，农村劳动力大规模转移，农户弃耕弃肥或出现砍伐枣林、“退林还耕”等适应行为，因此以土地耕作、造林绿化因子为贡献因子的样本村所占比重分别呈现骤降、激增的态势。

（2）人类系统：2008 年及之前，以受教育程度因子为贡献因子的样本村所占比重最大。人口萧条、家庭规模因子样本村占比逐渐递增，至 2017 年已分别成为样本村占比最大、次之的贡献因子。受访农户普遍以“年轻人都走了，娃娃都带走了，村里只有七老八十的了”“人都进城了，农村没啥人了”等消极话语描述乡村现状。

表 6－2　案例区乡村人居环境系统脆弱性贡献因子分布变化（1980—2017 年）

单位：%

子系统	因子	样本村占比			
		1980 年	2000 年	2008 年	2017 年
自然系统	造林绿化	24.6	4.6	3.1	20
	土地耕作	**100**	**80**	**70.8**	23.1
	风沙灾害	30.8	16.9	1.5	4.6
	化肥施用	0	1.5	6.2	13.8
	河渠水体	1.5	3.1	20	**43.1**
支撑系统	小学教育	0	1.5	10.8	10.8
	乡村医生	29.2	18.5	30.8	30.8
	道路建设	29.2	0	0	0
	零售商店	43.1	30.8	32.3	32.3
	垃圾处置	**89.2**	**90.8**	**84.6**	**84.6**
居住系统	房屋结构	3.1	0	16.9	**46.2**
	住房宽敞度	7.7	21.5	**43.1**	40
	耐用消费品	1.5	9.2	32.3	10.8
	通信条件	**90.8**	**64.6**	6.2	1.5
	生活用水	6.2	4.6	1.5	1.5

子系统	因子	样本村占比			
		1980 年	2000 年	2008 年	2017 年
人类系统	人口萧条	0	0	20	**61.5**
	人口负担	12.3	3.1	0	3.1
	家庭规模	0	3.1	29.2	27.7
	受教育程度	**87.7**	**90.8**	**44.6**	0
	人口活力	0	3.1	6.2	9.2
社会系统	生计多样性	1.5	0	0	21.5
	收入水平	**98.5**	**80**	35.4	0
	社会治安	1.5	1.5	1.5	0
	政府管理	0	18.5	24.6	1.5
	贫富差距	0	0	**38.5**	**76.9**

（3）居住系统：样本村所占比重最高的贡献因子由通信条件因子过渡至住房宽敞度因子，后转变为房屋结构因子。2017 年，房屋结构与住房宽敞度因子为贡献因子样本村所占比重分别为 46.2%、40% 以上，房屋结构脆弱与住房拥挤为当时居住系统的脆弱根源。

（4）支撑系统：样本村占比最大的贡献因子始终为垃圾处置因子。此外，1980—2017 年，零售商店、乡村医生因子始终拥有较高的样本村占比。

（5）社会系统：1980 年、2000 年分别有 98.5% 和 80% 的以上样本村贡献因子均为收入水平因子。之后，收入水平因子所占比重大幅下降至0，贫富差距因子所占比重由 0 递增至 76.9%。这表明，2017 年家庭收入水平均得到显著改善，绝对贫困已经消失，但收入差距过大已成为社会系统脆弱性加重的根源。

（二）抵抗因子

表 6－3 展示了乡村人居环境系统脆弱性各子系统抵抗因子分布变化。

表 6－3　案例区乡村人居环境系统脆弱性抵抗因子分布变化（1980—2017 年）

单位：%

子系统	因子	样本村占比				子系统	因子	样本村占比			
		1980 年	2000 年	2008 年	2017 年			1980 年	2000 年	2008 年	2017 年
自然系统	造林绿化	3.1	15.4	24.6	0	人类系统	人口萧条	**69.2**	15.4	0	0
	土地耕作	0	0	6.2	9.2		人口负担	3.1	**41.5**	**87.7**	**78.5**
	风沙灾害	4.6	**33.8**	**53.8**	**73.8**		家庭规模	9.2	9.2	1.5	0
	化肥施用	**89.2**	**33.8**	12.3	20		受教育程度	0	0	7.7	20
	河渠水体	6.2	24.6	13.8	7.7		人口活力	18.5	33.8	3.1	1.5
支撑系统	小学教育	**100**	**96.9**	**61.5**	38.5	社会系统	生计多样性	0	20	32.3	0
	乡村医生	1.5	3.1	7.7	3.1		收入水平	0	0	7.7	30.8
	道路建设	0	1.5	32.3	**58.5**		社会治安	18.5	26.2	**56.9**	**61.5**
	零售商店	0	6.2	4.6	3.1		政府管理	0	0	1.5	9.2
	垃圾处置	0	0	0	15.4		贫富差距	**81.5**	**53.8**	1.5	0
居住系统	房屋结构	10.8	4.6	0	1.5						
	住房宽敞度	6.2	1.5	3.1	3.1						
	耐用消费品	4.6	1.5	0	1.5						
	通信条件	0	0	10.8	27.7						
	生活用水	**78.5**	**92.3**	**86.2**	**70.8**						

（1）自然系统：分布最广泛的抵抗因子由化肥施用因子逐渐过渡为风沙灾害因子。

（2）人类系统：1980年以人口萧条因子为分布最广泛的抵抗因子，表明当时案例区村庄以常住人口规模、结构健康成为人类系统抵抗乡村人居环境系统脆弱性上升之主导力量。之后，则转变为以人口负担因子为分布最广泛的抵抗因子。

（3）居住系统：得益于丰富的地下水，国家及地方政府为了解决乡村饮水困难问题实施的饮水工程建设，即20世纪80年代以来陆续开展的人畜饮水工程、防氟改水工程、甘露工程、人饮安全工程等，案例区始终以生活用水因子为居住系统样本村比重最大的抵抗因子，其样本村占比保持在70%以上。此外，自2008年开始以通信条件因子为抵抗因子的样本村所占比重由0逐渐上升至27.7%，乡村住户的通信条件逐渐大范围得到改善。

（4）支撑系统：1980—2000年均以小学教育因子为分布最广泛的抵抗因子，该时期适龄儿童上学便利。“那个时候读书方便一些”“村村都有学校，小学到六年级”为农户给予的高频回答。2008年，小学教育因子样本村占比大幅降低至61.5%。2009年，依据《佳县中小学布局调整方案》实施撤点并校后，佳县仅存64所小学，仅各乡镇中心、中心村分布有标准化小学。至2017年，道路建设因子成为样本村占比最大的抵抗因子（占比为58.5%），小学教育因子样本村占比降至38.5%。此外，得益于农村环境综合整治工程，以垃圾处置因子为支撑系统抵抗因子的样本村占比经历从无到有（15.4%）的变化。

（5）社会系统：1980年、2000年均以贫富差距因子为分布最广的抵抗因子，这表明该时期在大部分乡村农户的意识中，贫富差距较小是乡村社会和谐稳定的关键因素。2008年、2017年则均以社会治安因子分布最广，良好的乡村社会治安已成为社会系统抵抗乡村人居环境系统脆弱性增长的中坚力量。

第四节　分地貌区的功能系统、因子的演变

一、功能系统的区域差异

（一）贡献子系统

表6－4展示了1980—2017年贡献子系统在不同地貌片区分布比重。在县域范围内，乡村人居环境系统脆弱性主导贡献子系统已由居住系统转变为支撑系统，同时主导贡献子系统的分布比重已由96.9%逐渐下降至50.8%。这表明乡村人居环境系统空间分异逐渐增强：北部风沙区（Ⅰ）乡村人居环境系统脆弱性主导贡献子系统自2008年开始发生了转变，由居住系统转变为自然系统；西南黄土丘陵沟壑区（Ⅱ）与东南黄河沿岸土石山区（Ⅲ）乡村人居环境系统脆弱性主导贡献子系统的变化与县域全区保持一致，均在2000—2008年期间由居住系统转变为支撑系统，且分布比重逐渐下降。

表6－4　分区域乡村人居环境系统脆弱性贡献子系统分布比重变化

单位：%

子系统	1980年				2000年				2008年				2017年			
	县域	Ⅰ	Ⅱ	Ⅲ	县域	Ⅰ	Ⅱ	Ⅲ	县域	Ⅰ	Ⅱ	Ⅲ	县域	Ⅰ	Ⅱ	Ⅲ
自然系统	0	0	0	0	7.7	33.3	3	0	18.5	**53.3**	9.1	5.9	13.8	**46.7**	6.1	0
人类系统	0	0	0	0	0	0	0	0	1.5	0	3	0	27.7	20	30.3	29.4
居住系统	**96.9**	**93.3**	**100**	**94.1**	**76.9**	**46.7**	**84.8**	**88.2**	15.4	0	18.2	23.5	3.1	0	6.1	0
支撑系统	3.1	6.7	0	5.9	12.3	20	9.1	11.8	**60**	46.7	**63.6**	**64.7**	**50.8**	33.3	**57.6**	**52.9**
社会系统	0	0	0	0	1.5	0	3	0	4.6	0	6.1	5.9	4.6	0	0	17.6

（二）抵抗子系统

表6－5显示了分区域乡村人居环境系统脆弱性抵抗子系统分布比重的阶段变化，全县以及三类地貌片区于1980年、2000年、2008年分布比

重最高的抵抗子系统均为人类系统，但分布比重呈逐渐下降的轨迹。至2017年，县域范围分布比重最高的抵抗子系统为居住系统，其次为自然系统，分布占比均在40%以上。北部风沙区（Ⅰ）占比最高的抵抗子系统为居住系统，达到93.3%。西南黄土丘陵沟壑区（Ⅱ）主导抵抗子系统为自然系统与居住系统，两者均占比45.5%。东南黄河沿岸土石山区（Ⅲ）分布比重最大的抵抗子系统为自然系统，占比高达70.6%。

表6－5　分区域乡村人居环境系统脆弱性抵抗子系统分布比重变化

单位:%

子系统	1980年				2000年				2008年				2017年			
	县域	Ⅰ	Ⅱ	Ⅲ	县域	Ⅰ	Ⅱ	Ⅲ	县域	Ⅰ	Ⅱ	Ⅲ	县域	Ⅰ	Ⅱ	Ⅲ
自然系统	1.5	0	0	5.9	7.7	0	9.1	11.8	21.5	0	27.3	29.4	41.5	0	**45.5**	**70.6**
人类系统	**98.5**	**100**	**100**	**94.1**	**84.6**	**93.3**	**84.8**	**76.5**	**44.6**	**53.3**	**39.4**	**47.1**	0	0	0	0
居住系统	0	0	0	0	0	0	0	0	3.1	6.7	3	0	**49.2**	**93.3**	**45.5**	17.6
支撑系统	0	0	0	0	3.1	0	3	5.9	6.2	6.7	6.1	5.9	7.7	6.7	9.1	5.9
社会系统	0	0	0	0	4.6	6.7	3	5.9	24.6	33.3	24.2	17.6	1.5	0	0	5.9

二、自然系统功能因子的区域差异

（一）贡献因子

自然系统贡献因子不同区域的分布比重见表6－6。在县域范围内，1980—2008年占比最大的贡献因子始终为土地耕作因子，但比重逐渐下降至70.8%。至2017年，分布占比最大的贡献因子已转变为河渠水体因子，归因于农村劳动力大规模转移、枣林收益降低、土地大幅弃耕，土地耕作因子占比则下降至23.1%。北部风沙区（Ⅰ）在1980年时土地耕作、风沙灾害因子的分布比重均为100%，2000年分布比重最大的贡献因子为风沙灾害因子（73.3%）。这归因于农村劳动力开始向邻近的榆林市、神木市等能源产地转移，弃耕行为增多，土地耕作因子分布比重已大幅降低。至2008年，得益于北部防沙林项目建设，风沙灾害因子的分布比重已大幅降低至6.7%，土地耕作因子所分布比重上升至33.3%并成为分布比重最高的贡献因子。2017年，造林绿化、河渠水体因子为北部风沙区

（Ⅰ）分布比重最大的贡献因子。西南黄土丘陵沟壑区（Ⅱ）、东南黄河沿岸土石山区（Ⅲ）主导贡献因子的变化与县域范围保持一致，均由以土地耕作因子作为主导演变为以河渠水体因子为主导，土地耕作因子分布占比逐渐降低。至2017年，归因于对枣果生计的严重依赖，东南黄河沿岸土石山区（Ⅲ）土地耕作因子仍占有较高分布比重（47.1%）。

表6-6　分区域乡村人居环境系统脆弱性自然系统贡献因子分布比重变化

单位:%

因子	1980年				2000年				2008年				2017年			
	县域	Ⅰ	Ⅱ	Ⅲ	县域	Ⅰ	Ⅱ	Ⅲ	县域	Ⅰ	Ⅱ	Ⅲ	县域	Ⅰ	Ⅱ	Ⅲ
造林绿化	24.6	53.3	24.2	0	4.6	13.3	3	0	3.1	13.3	0	0	20	**26.7**	27.3	0
土地耕作	**100**	**100**	**100**	**100**	**80**	20	**97**	**100**	**70.8**	**33.3**	**75.8**	**94.1**	23.1	13.3	15.2	47.1
风沙灾害	30.8	100	12.1	5.9	16.9	**73.3**	0	0	1.5	6.7	0	0	4.6	20	0	0
化肥施用	0	0	0	0	1.5	0	0	5.9	6.2	20	0	5.9	13.8	20	18.2	0
河渠水体	1.5	0	3	0	3.1	0	6.1	0	20	26.7	27.3	0	**43.1**	**26.7**	**45.5**	**52.9**

（二）抵抗因子

表6-7显示了分区域乡村人居环境系统脆弱性自然系统抵抗因子分布比重的阶段变化。从全县来看，主导抵抗因子由化肥施用因子转变为风沙灾害因子，并在2000年中二者均占据33.8%的分布比重。北部风沙区（Ⅰ）长期以来分布比重最大的抵抗因子为化肥施用因子，于2017年转变为风沙灾害因子。西南黄土丘陵沟壑区（Ⅱ）主导抵抗因子的变化与全县一致，仅在1980年以化肥施用因子为分布比重最大的抵抗因子，而后演变为以风沙灾害因子为分布最广的抵抗因子。东南黄河沿岸土石山区（Ⅲ）从最初的化肥施用因子分布最广，至2000年转变为以风沙灾害因子为占比最大的抵抗因子，至2008年演变为以造林绿化因子为占比最大的抵抗因子，2017年又转变为以风沙灾害因子为主要抵抗因子，其占比达94.1%。

表6-7　分区域乡村人居环境系统脆弱性自然系统抵抗因子分布比重变化

单位:%

因子	1980年				2000年				2008年				2017年			
	县域	Ⅰ	Ⅱ	Ⅲ	县域	Ⅰ	Ⅱ	Ⅲ	县域	Ⅰ	Ⅱ	Ⅲ	县域	Ⅰ	Ⅱ	Ⅲ
造林绿化	3.1	0	0	11.8	15.4	0	9.1	41.2	24.6	13.3	9.1	**64.7**	0	0	0	0
土地耕作	0	0	0	0	0	0	0	0	6.2	20	3	0	9.2	20	6.1	5.9
风沙灾害	4.6	0	6.1	5.9	**33.8**	0	**39.4**	**52.9**	**53.8**	13.3	**78.8**	41.2	**73.8**	**40**	**78.8**	**94.1**
化肥施用	**89.2**	**86.7**	**93.9**	**82.4**	**33.8**	**73.3**	30.3	5.9	12.3	**33.3**	9.1	0	20	33.3	15.2	17.6
河渠水体	6.2	13.3	3	5.9	24.6	26.7	30.3	11.8	13.8	26.7	12.1	5.9	7.7	20	3	5.9

三、人类系统功能因子的区域差异

（一）贡献因子

由表6-8可知，人类系统区域之间贡献因子的分布特征相似，1980年、2000年、2008年，县域以及三类地貌片区均以受教育程度因子为占比最大的贡献因子；2017年，以人口萧条因子为分布比重最大的贡献因子。此外，2008年、2017年均以家庭规模因子为分布比重次之的贡献因子，其分布比重均在20%及以上。

表6-8　分区域乡村人居环境系统脆弱性人类系统贡献因子分布比重变化

单位:%

因子	1980年				2000年				2008年				2017年			
	县域	Ⅰ	Ⅱ	Ⅲ	县域	Ⅰ	Ⅱ	Ⅲ	县域	Ⅰ	Ⅱ	Ⅲ	县域	Ⅰ	Ⅱ	Ⅲ
人口萧条	0	0	0	0	0	0	0	0	20	13.3	24.2	17.6	**61.5**	**60**	**63.6**	**58.8**
人口负担	12.3	13.3	6.1	23.5	3.1	6.7	3	0	0	0	0	0	3.1	6.7	3	0
家庭规模	0	0	0	0	3.1	0	0	11.8	29.2	20	24.2	47.1	27.7	26.7	24.2	35.3
受教育程度	**87.7**	**86.7**	**93.9**	**76.5**	**90.8**	**86.7**	**93.9**	**88.2**	**44.6**	**53.3**	**48.5**	**29.4**	0	0	0	0
人口活力	0	0	0	0	3.1	6.7	3	0	6.2	13.3	3	5.9	9.2	13.3	9.1	5.9

（二）抵抗因子

表6－9展示了人类系统抵抗因子的分区域分布情况，县域及三类地貌片区抵抗因子属性及抵抗度特征一致，表明村域及以上尺度人类系统抵抗因子受地貌影响较小。县域及三类地貌片区在1980年均以人口萧条因子为分布比重最大的抵抗因子；在2000年、2008年、2017年均以人口负担因子为分布比重最大的抵抗因子；在1980年、2000年均以人口活力因子为分布比重次之的抵抗因子；在2008年、2017年则均以受教育程度因子为分布比重次之的抵抗因子。

表6－9　分区域乡村人居环境系统脆弱性人类系统抵抗因子分布比重变化

单位：%

因子	1980年				2000年				2008年				2017年			
	县域	Ⅰ	Ⅱ	Ⅲ	县域	Ⅰ	Ⅱ	Ⅲ	县域	Ⅰ	Ⅱ	Ⅲ	县域	Ⅰ	Ⅱ	Ⅲ
人口萧条	**69.2**	**53.3**	**75.8**	**70.6**	15.4	13.3	15.2	17.6	0	0	0	0	0	0	0	0
人口负担	3.1	6.7	3	0	**41.5**	**46.7**	**45.5**	**29.4**	**87.7**	**86.7**	**84.8**	**94.1**	**78.5**	**73.3**	**87.9**	**70.6**
家庭规模	9.2	13.3	12.1	0	9.2	20	9.1	0	1.5	0	3	0	0	0	0	0
受教育程度	0	0	0	0	0	0	0	0	7.7	13.3	6.1	5.9	20	26.7	12.1	29.4
人口活力	18.5	26.7	9.1	29.4	33.8	20	30.3	52.9	3.1	0	6.1	0	1.5	6.7	0	0

四、居住系统功能因子的区域差异

（一）贡献因子

由表6－10可知，县域及三类地貌片区居住系统贡献因子的分布比重基本一致，县域及三类地貌片区居住系统主导贡献因子经历了由通信条件因子过渡至住房宽敞度因子，再演变为房屋结构因子的过程。

表6－10　分区域乡村人居环境系统脆弱性居住系统贡献因子分布比重变化

单位：%

因子	1980年				2000年				2008年				2017年			
	县域	Ⅰ	Ⅱ	Ⅲ	县域	Ⅰ	Ⅱ	Ⅲ	县域	Ⅰ	Ⅱ	Ⅲ	县域	Ⅰ	Ⅱ	Ⅲ
房屋结构	3.1	6.7	0	5.9	0	0	0	0	16.9	13.3	18.2	17.6	**46.2**	**46.7**	**42.4**	**52.9**

续表6-10

因子	1980年				2000年				2008年				2017年			
	县域	Ⅰ	Ⅱ	Ⅲ	县域	Ⅰ	Ⅱ	Ⅲ	县域	Ⅰ	Ⅱ	Ⅲ	县域	Ⅰ	Ⅱ	Ⅲ
住房宽敞度	7.7	6.7	6.1	11.8	21.5	13.3	24.2	23.5	**43.1**	**46.7**	**36.4**	**52.9**	40	**46.7**	36.4	41.2
耐用消费品	1.5	0	3	0	9.2	20	6.1	5.9	32.3	33.3	33.3	29.4	10.8	6.7	15.2	5.9
通信条件	**90.8**	**86.7**	**90.9**	**94.1**	**64.6**	**66.7**	**66.7**	**58.8**	6.2	6.7	9.1	0	1.5	0	3	0
生活用水	6.2	6.7	3	11.8	4.6	0	3	11.8	1.5	0	3	0	1.5	0	3	0

1980—2000年，县域及三类地貌片区均以通信条件因子为分布比重最大的贡献因子，但分布占比已下降超20个百分点，占比次之的住房宽敞度贡献因子所占比重显著提高。2008年，县域及三类地貌片区均以住房宽敞度因子为分布比重最大的贡献因子，耐用消费品因子占比次之，通信条件因子占比下降超过50个百分点，住户通信脆弱性大范围减轻。至2017年，房屋结构因子分布比重显著上升，成为该阶段各个区域的主导贡献因子，北部风沙区（Ⅰ）的住房宽敞度因子与房屋结构因子分布比重一致，因此均为该阶段居住系统主导贡献因子，其他区域的住房宽敞度因子同样为占据较大比重的贡献因子，以上共同表明住房结构脆弱与住房面积较小为现阶段居住系统的脆弱根源。县域及各片区耐用消费品因子所占比重均有不同程度的下降，其中又以北部风沙区（Ⅰ）、东南黄河沿岸土石山区（Ⅲ）下降最为显著，下降幅度均超过25个百分点。这表明乡村住房内部设施环境脆弱性大范围减轻。

（二）抵抗因子

由表6-11可知，自1980年开始，县域及三类地貌片区居住系统始终以生活用水因子为分布比重最大的抵抗因子，且分布比重始终在69%以上。这主要得益于丰富的地下水，以及国家及地方政府为了解决乡村饮水困难问题实施的饮水工程建设，即自20世纪80年代以来陆续开展的人畜饮水工程、防氟改水工程、甘露工程、人饮安全工程等。此外，2008年、2017年通信条件因子作为抵抗因子的分布比重逐渐升高，表明自2008年以来乡村住户的通信条件已得到大范围改善。

表6-11　分区域乡村人居环境系统脆弱性居住系统抵抗因子分布比重变化

单位:%

因子	1980年				2000年				2008年				2017年			
	县域	Ⅰ	Ⅱ	Ⅲ	县域	Ⅰ	Ⅱ	Ⅲ	县域	Ⅰ	Ⅱ	Ⅲ	县域	Ⅰ	Ⅱ	Ⅲ
房屋结构	10.8	6.7	12.1	11.8	4.6	0	6.1	5.9	0	0	0	0	1.5	6.7	0	0
住房宽敞度	6.2	6.7	9.1	0	1.5	6.7	0	0	3.1	6.7	3	0	3.1	0	6.1	0
耐用消费品	4.6	0	3	11.8	1.5	0	0	5.9	0	0	0	0	1.5	6.7	0	0
通信条件	0	0	0	0	0	0	0	0	10.8	20	9.1	5.9	27.7	26.7	27.3	29.4
生活用水	**78.5**	**86.7**	**75.8**	**76.5**	**92.3**	**93.3**	**93.9**	**88.2**	**86.2**	**73.3**	**87.9**	**94.1**	**70.8**	**73.3**	**69.7**	**70.6**

五、支撑系统功能因子的区域差异

（一）贡献因子

表6-12展示了乡村人居环境系统脆弱性支撑系统贡献因子阶段性的分布比重。1980—2008年县域及三类地貌片区均以垃圾处置因子为分布比重最大的贡献因子，零售商店因子与乡村医生因子同样拥有较高的分布比重。至2017年，县域及三类地貌片区的乡村医生、零售商店因子分布比重均在30%以上。县域、北部风沙区（Ⅰ）均以零售商店因子为分布最广泛的贡献因子（分别为49.2%和53.3%），西南黄土丘陵沟壑区（Ⅱ）仍以垃圾处置因子为分布比重最大的贡献因子（60.6%），东南黄河沿岸土石山区（Ⅲ）则以乡村医生因子为分布比重最大的贡献因子（47.1%）。当然，样本村域支撑系统多由多个因子共同组成贡献因子，该阶段除道路建设因子外的其余因子均分布十分广泛，其中北部风沙区（Ⅰ）乡村医生因子、小学教育因子分布比重分别为33.3%与26.7%，东南黄河沿岸土石山区（Ⅲ）的零售商店因子、垃圾处置因子分布比重分别为35.3%与23.5%，西南黄土丘陵沟壑区（Ⅱ）乡村医生、零售商店、垃圾处置因子分布比重均在45%以上，表明该类地区乡村基础设施及服务均处于一致脆弱境地。

表6－12　分区域乡村人居环境系统脆弱性支撑系统贡献因子分布比重变化

单位：%

因子	1980年				2000年				2008年				2017年			
	县域	Ⅰ	Ⅱ	Ⅲ	县域	Ⅰ	Ⅱ	Ⅲ	县域	Ⅰ	Ⅱ	Ⅲ	县域	Ⅰ	Ⅱ	Ⅲ
小学教育	0	0	0	0	1.5	6.7	0	0	10.8	26.7	9.1	0	13.8	26.7	6.1	17.6
乡村医生	29.2	33.3	24.2	35.3	18.5	13.3	21.2	17.6	30.8	33.3	33.3	23.5	43.1	33.3	45.5	**47.1**
道路建设	29.2	46.7	15.2	41.2	0	0	0	0	0	0	0	0	0	0	0	0
零售商店	43.1	40	51.5	29.4	30.8	40	33.3	17.6	32.3	33.3	36.4	23.5	**49.2**	**53.3**	54.5	35.3
垃圾处置	**89.2**	**80**	**93.9**	**88.2**	**90.8**	**86.7**	**90.9**	**94.1**	**84.6**	**66.7**	**87.9**	**94.1**	41.5	20	**60.6**	23.5

（二）抵抗因子

表6－13展示了县域及三类地貌片区乡村人居环境系统脆弱性支撑系统抵抗因子分布比重的变化。1980年、2000年，县域及三类地貌片区均以小学教育因子为分布比重最大的抵抗因子，该时期适龄儿童上学便利，"那个时候读书方便一些""村里有配套的学校。小学上到六年级"为农户给予的高频回答。2008年，小学教育抵抗因子的分布比重显著下降，其中北部风沙区（Ⅰ）下降幅度达60%，东南黄河沿岸土石山区（Ⅲ）下降幅度近30%。至2009年，依据《佳县中小学布局调整方案》实施撤点并校后，案例区仅存64所小学，此时各乡镇中心、中心村分布有标准化小学。因此，相对其他因子而言，居民点密集的县域、西南黄土丘陵沟壑区（Ⅱ）、东南黄河沿岸土石山区（Ⅲ）仍以小学教育因子为主导抵抗因子。而地广人稀、人口外流较早且规模较大的北部风沙区（Ⅰ）演变为以道路建设因子为主导抵抗因子。至2017年，县域及三类地貌片区均以道路建设因子为主导抵抗因子，以垃圾处置因子为支撑系统抵抗因子的村域比重历经从无到有的变化，且分布比重可观。

表6－13　分区域乡村人居环境系统脆弱性支撑系统抵抗因子分布比重变化

单位：%

因子	1980年				2000年				2008年				2017年			
	县域	Ⅰ	Ⅱ	Ⅲ	县域	Ⅰ	Ⅱ	Ⅲ	县域	Ⅰ	Ⅱ	Ⅲ	县域	Ⅰ	Ⅱ	Ⅲ
小学教育	**100**	**100**	**100**	**100**	**96.9**	**93.3**	**97**	**100**	**61.5**	33.3	**69.7**	**70.6**	38.5	33.3	45.5	29.4

续表 6－13

因子	1980 年				2000 年				2008 年				2017 年			
	县域	Ⅰ	Ⅱ	Ⅲ	县域	Ⅰ	Ⅱ	Ⅲ	县域	Ⅰ	Ⅱ	Ⅲ	县域	Ⅰ	Ⅱ	Ⅲ
乡村医生	1.5	0	0	5.9	3.1	0	3	5.9	7.7	6.7	9.1	5.9	3.1	6.7	3	0
道路建设	0	0	0	0	1.5	6.7	0	0	32.3	**53.3**	30.3	17.6	**58.5**	**66.7**	**51.5**	**64.7**
零售商店	0	0	0	0	6.2	6.7	9.1	0	4.6	13.3	3	0	3.1	0	6.1	0
垃圾处置	0	0	0	0	0	0	0	0	0	0	0	0	15.4	26.7	9.1	17.6

六、社会系统功能因子的区域差异

（一）贡献因子

表 6－14 展示了不同区域社会系统贡献因子的分布比重变化。1980 年、2000 年，县域及三类地貌片区均以收入水平因子为乡村人居环境系统脆弱性社会子系统的主导贡献因子，其分布比重均在 70% 以上。至 2008 年，收入水平因子分布比重已大幅下降，贫富差距因子分布比重由零上升超 30%。此阶段仅西南黄土丘陵沟壑区（Ⅱ）仍以收入水平因子为主导贡献因子，县域、北部风沙区（Ⅰ）、东南黄河沿岸土石山区（Ⅲ）则演变为以贫富差距因子为主导贡献因子。2017 年，县域及三类地貌片区主导贡献因子均为贫富差距因子，三分之二以上村域社会系统的贡献因子均为贫富差距因子，西南黄土丘陵沟壑区（Ⅱ）生计多样性因子分布比重经历从无至显著上升的过程，上升幅度达 30.3%。

表 6－14　分区域乡村人居环境系统脆弱性社会系统贡献因子分布比重变化

单位：%

因子	1980 年				2000 年				2008 年				2017 年			
	县域	Ⅰ	Ⅱ	Ⅲ	县域	Ⅰ	Ⅱ	Ⅲ	县域	Ⅰ	Ⅱ	Ⅲ	县域	Ⅰ	Ⅱ	Ⅲ
生计多样性	1.5	0	0	5.9	0	0	0	0	0	0	0	0	21.5	0	30.3	23.5
收入水平	**98.5**	**100**	**97**	**100**	**80**	**73.3**	**75.8**	**94.1**	35.4	33.3	**42.4**	23.5	0	0	0	0
社会治安	1.5	0	3	0	1.5	0	3	0	1.5	0	3	0	0	0	0	0
政府管理	0	0	0	0	18.5	26.7	21.2	5.9	24.6	20	24.2	29.4	1.5	0	0	5.9

续表 6－14

因子	1980 年				2000 年				2008 年				2017 年			
	县域	Ⅰ	Ⅱ	Ⅲ	县域	Ⅰ	Ⅱ	Ⅲ	县域	Ⅰ	Ⅱ	Ⅲ	县域	Ⅰ	Ⅱ	Ⅲ
贫富差距	0	0	0	0	0	0	0	0	**38.5**	**46.7**	30.3	**47.1**	**76.9**	**100**	**69.7**	**70.6**

（二）抵抗因子

表6－15 显示，1980 年、2000 年县域及三类地貌片区均以贫富差距因子为乡村人居环境系统脆弱性社会系统的主导抵抗因子，这表明该时期在大部分乡村农户意识中贫富差距在可以接受范围内，是乡村社会和谐稳定的关键因素。至 2008 年，生计多样性因子、社会治安因子共同为北部风沙区（Ⅰ）社会系统的主导抵抗因子，分布比重均为 33.3%。社会治安因子成为县域及西南黄土丘陵沟壑区（Ⅱ）、东南黄河沿岸土石山区（Ⅲ）的主导抵抗因子，生计多样性因子为分布比重次之的抵抗因子，其中西南黄土丘陵沟壑区（Ⅱ）分布比重高达 42.4%。2017 年，县域及三类地貌片区均以社会治安因子为主导抵抗因子，收入水平因子次之。

表 6－15　分区域乡村人居环境系统脆弱性社会系统抵抗因子分布比重变化

单位：%

因子	1980 年				2000 年				2008 年				2017 年			
	县域	Ⅰ	Ⅱ	Ⅲ	县域	Ⅰ	Ⅱ	Ⅲ	县域	Ⅰ	Ⅱ	Ⅲ	县域	Ⅰ	Ⅱ	Ⅲ
生计多样性	0	0	0	0	20	20	21.2	17.6	32.3	**33.3**	42.4	11.8	0	0	0	0
收入水平	0	0	0	0	0	0	0	0	7.7	26.7	3	0	30.8	33.3	27.3	35.3
社会治安	18.5	0	24.2	23.5	26.2	6.7	36.4	23.5	**56.9**	**33.3**	**54.5**	**82.4**	**61.5**	**53.3**	**66.7**	**58.8**
政府管理	0	0	0	0	0	0	0	0	1.5	6.7	0	0	9.2	13.3	6.1	11.8
贫富差距	**81.5**	**100**	**75.8**	**76.5**	**53.8**	**73.3**	**42.4**	**58.8**	1.5	0	0	5.9	0	0	0	0

第五节　分区域的乡村人居环境系统优劣势转变

基于案例区乡村人居环境系统脆弱性贡献因子与抵抗因子的分布比重变化，提炼样本村占比最高的因子，以占比最高的脆弱性抵抗因子/子系统为乡村人居环境系统的优势，以占比最高的脆弱性贡献因子/子系统为乡村人居环境系统的劣势，梳理得到案例区乡村人居环境系统优劣势转变，根据同样的方法，基于三类地貌片区，梳理得到典型地貌区乡村人居环境系统优势与劣势演变路径变化。

一、全区域乡村人居环境系统优劣势转变

1980 年以来，案例区乡村人居环境系统优劣势转换如图 6－8 所示。

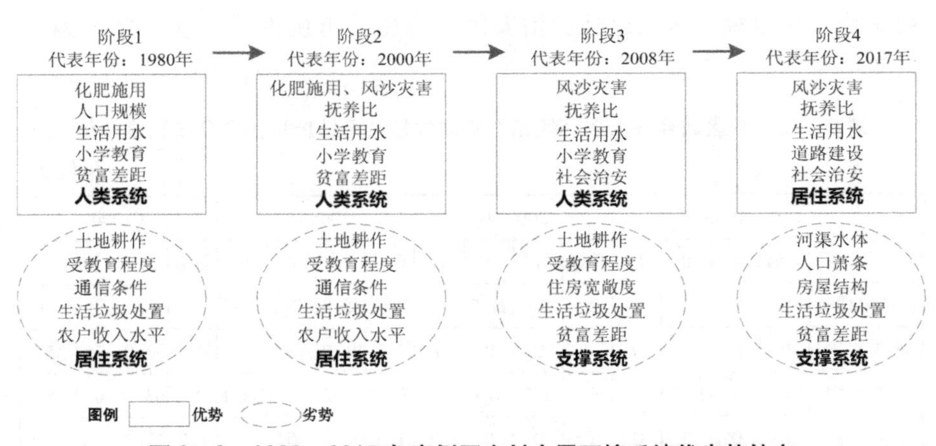

图 6－8　1980—2017 年案例区乡村人居环境系统优劣势转变

在阶段 3 及之前，案例区乡村人居环境系统中以人类系统为优势显著的系统，阶段 4 以居住系统为优势子系统。案例区在阶段 1、阶段 2 均以居住系统为劣势子系统，而在阶段 3、阶段 4 转变为以支撑系统为劣势子系统。此外，图 6－8 还呈现了每个阶段优势与劣势的具体表现。

（1）始终以生活用水可获得性为案例区的相对优势，以生活垃圾处置

欠缺为劣势。

（2）在阶段1，案例区以村庄常住人口充足、化肥施用较少为优势，之后逐渐转变为以就业人口负担比较低、风沙灾害减轻为优势。

（3）在阶段1、阶段2，案例区均以家庭贫富差距较小为优势，以通信条件差、农户收入水平低为劣势，之后转变为以社会治安良好为优势，以居住拥挤、房屋结构脆弱、家庭贫富差距过大为劣势。

（4）在阶段3及之前，案例区以学龄儿童就近入学便利为优势特征，以土地耕作比大、农村人口受教育程度低为劣势特征，在阶段4转变为以农村道路系统发达为优势特征，以河渠水体质量较差、乡村人口萧条为劣势特征。

二、北部风沙区乡村人居环境系统优劣势转变

北部风沙区乡村人居环境系统优劣势转变如图6－9所示。

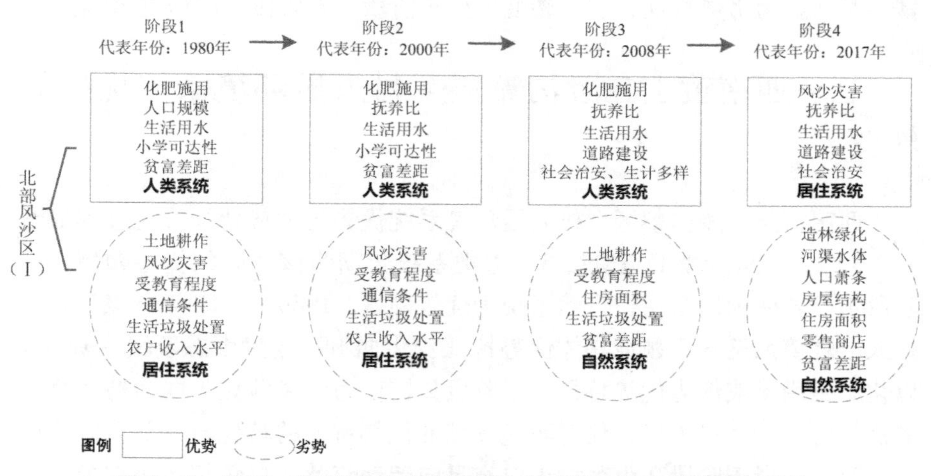

图6－9　1980—2017年北部风沙区乡村人居环境系统优劣势转换

北部风沙区以乡村人居环境系统已由长期以人类系统为优势领域向以居住系统为优势领域过渡。自然生态领域优势特征于阶段4显示已由化肥施用较少转换为风沙灾害少见；人口领域优势特征于阶段2由乡村人口充足向劳动年龄人口负担较小转换；住房环境领域始终以生活用水方便为各阶段相对优势特征；基础设施与公共服务领域优势特征已由阶段1、阶段

2 的小学就读便利向阶段 3、阶段 4 的道路建设成效显著转变；社会经济领域优势特征已由阶段 1、阶段 2 的贫富差距较小转变至阶段 3 的社会治安良好、生计多样化因素，最后至阶段 4 的社会治安良好。

北部风沙区乡村人居环境系统的关键劣势领域已于阶段 2 至阶段 3 演进期间，由居住系统转变为自然系统。此外，自然生态领域的劣势特征变化频繁，阶段 1 以土地过度耕作、风沙灾害严重为劣势特征，阶段 2 则仅以风沙灾害严重为劣势特征，至阶段 3 则又转变为以土地过度耕作为劣势特征，阶段 4 转变为造林绿化条件差、河渠水体状况差为劣势特征；乡村人口领域劣势特征在阶段 3 至阶段 4 演进过程中，由劳动力受教育水平低转变为人口萧条特征；住房环境领域在阶段 1、阶段 2 以通信条件差为劣势特征，于阶段 3 转变为住房面积拥挤为劣势特征，至阶段 4 则以房屋结构脆弱、住房面积拥挤两者为显著劣势特征；基础设施与公共服务领域在阶段 1 至阶段 3 期间始终以生活垃圾缺乏处置为劣势特征，至阶段 4 劣势特征转变为零售商店缺乏；社会经济领域由以农户收入水平低转变为以贫富差距凸显为劣势特征，这一转变发生于阶段 2 至阶段 3 的演进过程。

三、西南黄土丘陵沟壑区乡村人居环境系统优劣势转变

西南黄土丘陵沟壑区乡村人居环境系统优势与劣势特征演变过程如图 6－10 所示。从阶段 1 至阶段 3，人类系统长期为该片区的优势领域，至阶段 4 已转变为以居住、自然系统为优势领域。1980—2017 年，该片区乡村人居环境系统各个领域具体优势特征变化如下：自然生态领域在阶段 1 以化肥施用量较低为优势特征，于阶段 2 转变为以风沙灾害弱为持续存在的优势特征；乡村人口、住房环境领域的优势特征的转变与北部风沙区保持一致，前者于阶段 2 由乡村人口充足向劳动年龄人口负担较小转换，后者始终以生活取水较易为优势特征；基础设施与公共服务领域从阶段 1 至阶段 3 始终以小学就读便利为优势特征，至阶段 4 转变为以乡村道路建设良好为优势特征；社会经济领域的优势特征由阶段 1、阶段 2 的贫富差距小向阶段 3、阶段 4 的社会治安良好转变。

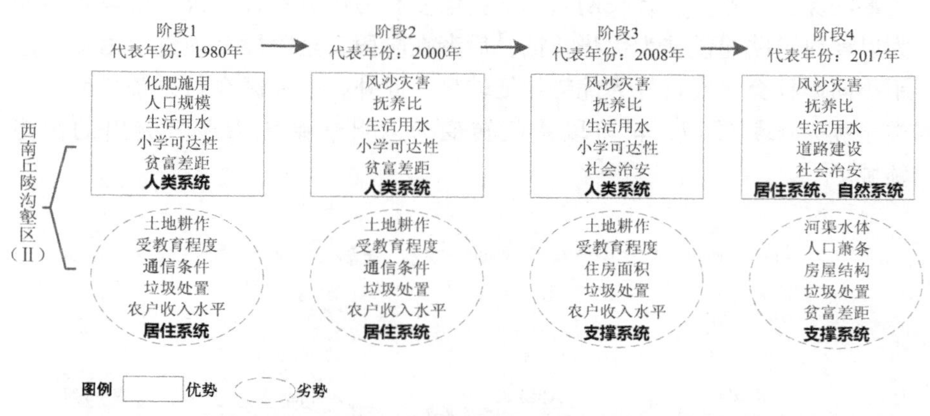

图6-10　1980—2017年西南黄土丘陵沟壑区乡村人居环境系统优劣势转变

西南黄土丘陵沟壑区乡村人居环境系统劣势特征阶段性变化较大，其中，自然生态领域长期以土地过度耕作为劣势特征，至阶段4转变为河渠水质状况欠佳为劣势特征；乡村人口领域与北部风沙区保持一致，长期以受教育程度低为劣势特征，至阶段4转变为以人口外流严重、乡村人口萧条为劣势特征；住房环境领域在阶段1、阶段2均以通信条件差为劣势特征，演进至阶段3则转变为以住房面积拥挤为劣势特征，至阶段4时，房屋结构的脆弱性凸显出来；基础设施与公共服务领域在四个阶段内均以垃圾缺乏妥善处置为突出的劣势特征；社会经济领域长期以收入水平偏低为劣势特征，至阶段4转变为以贫富差距突出为劣势特征。此外，乡村系统内最为显著的劣势领域已于阶段2至阶段3演进中由居住系统转变为支撑系统。

四、东南黄河沿岸土石山区乡村人居系统优劣势转变

东南黄河沿岸土石山区乡村人居环境优劣势的转变过程如图6-11所示。自然生态领域的优势特征经历了由化肥施用量少转变为风沙灾害轻，再转变为造林绿化条件好，最后转变为风沙灾害轻的过程；乡村人口领域、住房环境领域的优势特征转变均与北部风沙区、西南黄土丘陵沟壑区保持一致；而基础设施与公共服务领域、社会经济领域则与西南黄土丘陵

沟壑区保持一致，前者长期以小学就读便利为优势特征，仅在阶段4转变为以乡村道路建设佳为优势特征，后者在阶段2至阶段3演进中由贫富差距小向以社会治安良好为优势特征转变。此外，该片区乡村系统长期以人类系统为优势领域，至阶段4已转变为以自然系统为显著突出的优势领域。

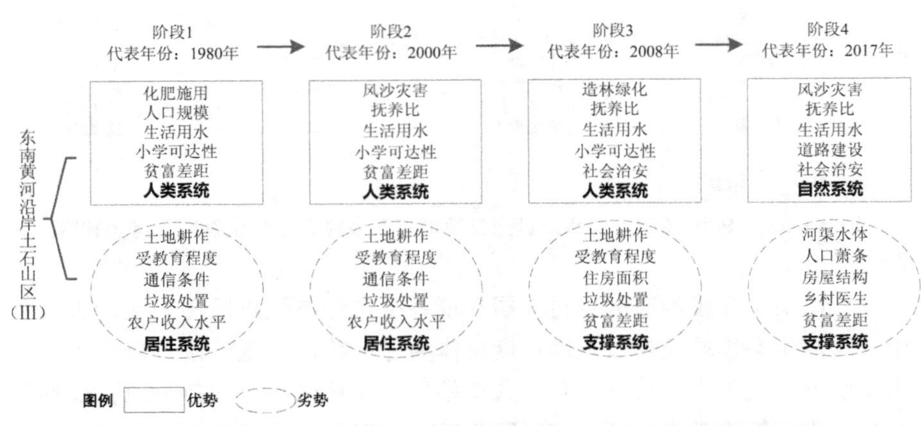

图6－11　1980—2017年东南黄河沿岸乡村人居环境系统优劣势转换

东南黄河沿岸土石山区乡村人居环境系统的劣势领域已由居住系统转变为支撑系统，该过程发生于阶段2向阶段3演进的过程中。乡村人居环境系统主要领域内部优势、劣势特征演变如下：自然生态领域、乡村人口领域、住房环境领域劣势特征转变的过程均与西南黄土丘陵沟壑区保持一致；基础设施与公共服务领域则长期以农村生活垃圾缺乏妥善处置为劣势特征，至阶段4更替为以乡村医生缺乏为劣势特征；社会经济领域在阶段1、阶段2以农村居民收入水平低为劣势特征，在阶段3、阶段4更替为以贫富差距突出为劣势特征。

第六节　小　　结

北部风沙区、东南黄河沿岸土石山区、西南黄土丘陵沟壑区乡村人居环境系统因子的优劣势特征均经历了阶段性的转变，其转变过程既有相同之处又有异质之处。本章运用贡献度与障碍度模型诊断了乡村人居环境系统脆弱性的功能子系统/因子，解析了功能子系统/因子的分布变化。主要结论有三点。

（1）分布最广的贡献子系统已由居住系统转变为支撑系统，而分布最广的抵抗子系统已由人类系统转变为居住系统。

（2）从全区域来看，案例区乡村人居环境系统始终以垃圾处置欠缺为劣势，以生活取水相对方便为优势。历史时期的劣势主要为土地耕作比重大、人口受教育程度低、通信条件差、农户收入水平低，优势为化肥施用量较少、乡村人口充足、小学可达性良好、贫富差距较小等方面。2017年，乡村人居环境系统以河渠水体质量较差、乡村人口萧条、贫富差距较大、房屋结构脆弱及居住面积拥挤为劣势，以风沙灾害减轻、人口抚养比低、农村道路系统较发达、社会治安良好为优势。

（3）从分区域来看，北部风沙区、东南黄河沿岸土石山区优势系统已由人类系统分别转向居住系统与自然系统，劣势系统则由居住系统分别转向自然系统与支撑系统；西南黄土丘陵沟壑区优势系统已由人类系统转向居住系统、自然系统，劣势系统则由居住系统转向支撑系统。三类地貌片区五大子系统的优势与劣势特征同样经历了阶段性的转换，转换过程既有相同之处又有不同之处。

第七章

乡村生计转型

乡村转型是指在内外部自然与人文作用的推动下，乡村地域空间重构与社会经济演变的过程，包括村镇空间组织结构、农村产业发展模式、就业方式、消费结构、工农关系、城乡关系等多方面主体的转变。

自 1980 年以来，以佳县为代表的黄土高原半干旱区的乡村人居环境系统的状态不断演变，进而支持或倒逼乡村转型。在国家政策、城市化冲击、气候与市场变化的合力作用下，耕作行为经历了过度开荒—退耕还林—广植枣林—外出务工与弃林弃耕的过程，在这一过程中，农户收入水平增加、居住环境得到改善、乡村劳动力流失，农户生计方式也随之不断演变或与之互动。例如乡村劳动力老弱化、生产公路畅通继而促使耕作方式发生改变，如半机械化的普及；可观的务工收入显著改善了家庭居住环境，但又形成了乡村萧条、留守人口增加等无法逆转的状态，乡村务农人口规模逐渐缩小；乡村小学撤并倒逼农户外出务工以保障家庭儿童接触更好的教育资源；气候变化致枣果生计不可持续，农户因过度依赖枣果生计而陷入困境，农户被迫转向传统种植或务工。

基于此背景，本章将以佳县为案例区，系统探讨 1980—2017 年黄土高原半干旱区三大典型地貌类型区乡村人居环境演变下的乡村生计转型历程。

第一节　生计分类与研究方法

一、生计结构与生计活动的类型

本章的数据来自 2018 年 7 月份开展的问卷调查与关键人物访谈，问卷调查的样本家庭量共 451 户，其中，北部风沙区（Ⅰ）97 户，西南黄土丘陵沟壑区（Ⅱ）234 户，东南黄河沿岸土石山区（Ⅲ）120 户。本章所需的微观农户问卷数据主要为土地利用、生计来源与收入情况。将案例区的研究时间分为四个阶段：阶段 1 为 1980—1995 年；阶段 2 为 1996—2005 年；阶段 3 为 2006—2009 年；阶段 4 为 2010—2017 年。本章以 1980 年作为阶段 1 的代表年份，以 2000 年作为阶段 2 的代表年份，以 2008 年作为阶段 3 的代表年份，以 2017 年作为阶段 4 的代表年份。以各代表年份的生计、土地利用等数据作为各个阶段的统计数值。访谈询问时选择关键事件作为回忆引导词。在关键人物的访谈文本中，回忆性描述具有明显的时间（年份或阶段）特征，因此按研究所需提炼关键内容，归档至对应阶段的相应领域。

从三类地貌片区农户生计结构、生计活动、生计多样性的阶段性变化出发，探讨黄土高原半干旱区乡村生计转型过程。

（1）考量当地农户的可持续收入主要来源枣果生计、传统农牧生计、非农生计（不含打零工）三种生计活动。此外，可获得收入的生计活动还有打零工活动、依赖社会保障支持、生态补偿等，打零工活动的可持续性、稳定性差，后两者均有年限限制且收入较低、仅能维持最低生活消费，因此将其均归为其他生计活动类型。本章将探讨这三种主要生计活动及其他生计活动农户拥有情况及阶段性变化。

（2）将枣果生计、传统农牧生计、非农生计（不含打零工）三类可获得持续收入的生计活动进行组合，形成以生计缺乏型、主导型、均衡型、全面型为特征的八类农户生计结构，每类生计结构都有相应的生计活动。其中，生计缺乏型指样本农户缺乏可持续收入的生计活动，仅通过自给自足、打零工或依赖社会保障支持、生态补偿支持家庭运转；生计全面型指样本农户同时有枣果生计、传统农牧生计、非农生计三种可获得持续收入的生计活动。

（3）对当地农户可获得收入的生计活动进行细分，探讨典型地貌区农户生计多样性的阶段性演变。其中，传统农牧生计类分为农业种植、林业采摘、畜牧业养殖活动，以突出所依赖自然资源的差异；非农生计类分为务工生计（含常年务工）、事业性生计（就职于政府机关或事业单位）、个体经营生计活动，以体现对劳动力自身能力、资本条件要求的差异；无生计类则为无上述生计活动，仅依靠社会保障支持、生态补偿支持或亲友援助。生计活动类型与生计结构的指标名称及说明见表7－1。

表7－1　研究使用的生计活动类型与生计结构的表征识别

生计类型		描述
生计活动类型	传统农牧生计	种植豆类、玉米、小米、高粱等粮食作物或从事传统畜牧业活动
	特色枣果生计	经营枣林并出售枣果
	非农生计	从事可持续就业或商业活动
	其他生计	打零工收入、社会保障补贴收入、生态补偿收入

续表 7－1

生计类型		描述
生计结构类型	生计缺乏型	Code 1 收入只依靠打零工或社会保障支持、生态补偿或自给自足维持生活
	枣果生计主导型	Code 2 收入主要来自专业生计活动
	传统农牧生计主导型	Code 3 收入主要来自传统的农业生计
	非农生计主导型	Code 4 收入主要来自非农业生计
	枣果与非农生计均衡型	Code 5 收入渠道包括枣果、非农生计活动
	传统农牧与非农生计均衡型	Code 6 收入渠道包括传统农牧、非农生计活动
	传统农牧与枣果生计均衡型	Code 7 收入渠道包括传统农牧、枣果生计活动
	生计全面型	Code 8 收入渠道包括枣果、传统农牧和非农生计活动

二、轨迹追踪方法

基于轨迹的时间序列检测可以通过数字或字母形式的编码对矢量层中的每个单元进行描述，以跟踪状态变化（Wang et al.，2012，2013；Yang et al.，2015）。由于 ArcGIS 软件中轨迹计算模型采用数值代码的形式便于操作和计算，本书将采用数字编码得到生计结构的变化轨迹，使用数字 1～8 依次表示轨迹分析中每个时间层节点的 Code 1 到 Code 8 类型。每个样本的轨迹编码计算如下：

$$Y_i = (G_1)_i \times 10^{n-1} + (G_2)_i \times 10^{n-2} + \cdots + (G_n)_i \times 10^{n-n} \quad (7-1)$$

式（7－1）中，Y_i 为基于轨迹的检测层中样本 i 的计算代码；n 为时间节点个数；$(G_1)_i$、$(G_2)_i$、$(G_n)_i$ 分别表示给定采样户的每个时间节点上的生计结构类型代码。自动计算每个抽样家庭的轨迹编码，如 3333 和 1224。“3333” 意味着给定样本的家庭生计结构从 1980 年到 2017 年一直保持 3 型。而 “1224” 意味着给定样本的家庭生计结构在 1980 年为第 1 型，2000 年变为第 2 型，2008 年保持在第 2 型，2017 年最终变为第 4 型。

三、民族志研究

本书借鉴了 2017 年 10 月至 2018 年 8 月在佳县 75 个样本村庄进行的民

族志研究。通过半结构化访谈（Bernard，2005）和口述历史访谈（Ritchie，2003）对农民、村长、农村精英等关键人物进行访谈和记录，共采访了113位关键人物。由村主任协助提供关键人物名单，然后由研究人员从每个样本村的名单中随机抽取1～2名受访者进行访谈。每次访谈时长约为0.5～1小时，并对访谈录音进行保存和分析。采访主要涉及三个问题：第一，自1980年以来，村庄或住宅在自然环境、土地利用和生计来源方面发生了什么变化？第二，关于造成变化的原因，是农民还是地方政府促成了上述变化？第三，农村家庭如何适应上述变化？如何应对不利的变化？

第二节　生计结构类型变迁

一、家庭生计结构的演变轨迹

采用轨迹计算方法，从1980年到2017年，家庭生计结构共有1680种可能的演变轨迹，实际案例区存在260种（如图7-1所示）。结果表明，451户家庭中只有7.98%的家庭生计结构没有变化，其中21户家庭维持了传统农牧生计主导型结构。在生计结构变化的轨迹中，最大的类别是轨迹3336，为由传统农牧生计主导型转向传统农牧与非农生计均衡型，有17户家庭的生计结构变化属于该轨迹。轨迹1224和轨迹3373都有7户，分别是由生计缺乏型转向枣果生计主导型进而转向非农生计主导型生计结构，由传统农牧生计主导转向传统农牧与枣果生计均衡型，后又重新返回至传统农牧生计主导型生计结构。而轨迹1154、轨迹1554、轨迹3376、轨迹3776和轨迹4554都有6户。图7-1为451户样本家庭生计结构变化的桑基图，各阶段选10个轨迹。

1980—2000年，44.79%的乡村家庭保持了原有的生计结构。其中，保持传统农牧生计主导型或缺乏型生计结构的家庭数最多，分别为96户和37户。传统农牧生计主导型转向传统农牧与枣果均衡型的家庭数达到35户。此外，多数家庭均由缺乏型生计结构转向了枣果生计主导型（28户）、传统农牧生计主导型（22户）、枣果与非农生计均衡型（19户）、传统农牧与枣果生计均衡型（19户）等生计结构，或是由非农生计主导型转向枣果与非农生计均衡型的生计结构。

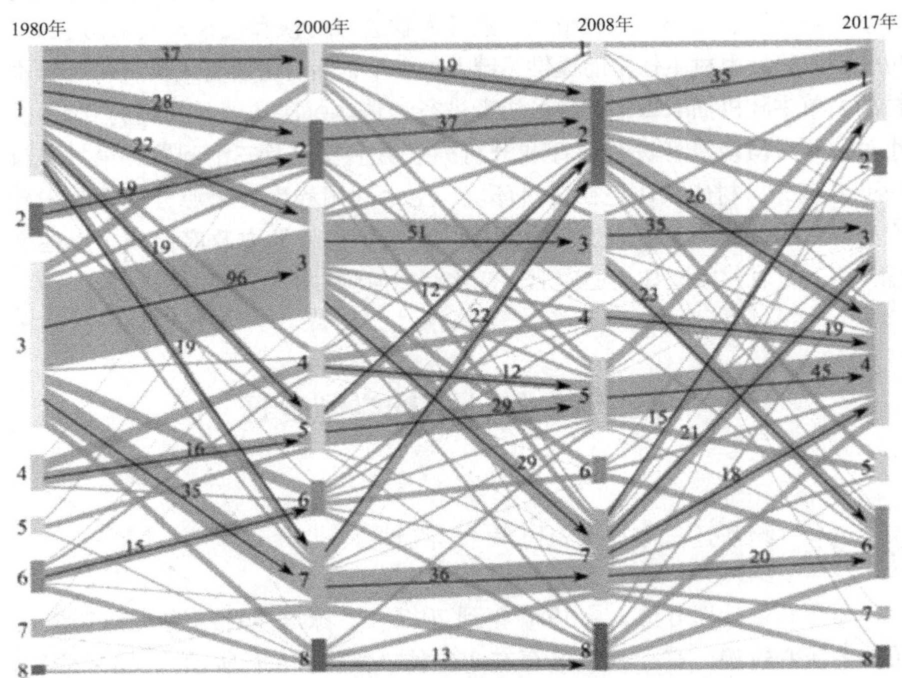

图7－1　1980—2017年451户样本家庭生计结构演变桑基图

2001—2008年，42.13%的乡村家庭保持了2000年的生计结构，主要为保持传统农牧生计主导型（51户）、枣果生计主导型（37户）、传统农牧与枣果生计均衡型（36户）、枣果与非农生计均衡型（29户）、全面型（13户）的家庭生计结构。而生计结构发生转变的家庭主要为由传统农牧生计主导型转向枣果与传统农牧均衡型（29户），或是由传统农牧与枣果生计均衡型转向枣果生计主导型（22户），生计缺乏型转向枣果生计主导型（19户），枣果与非农生计均衡型转向枣果生计主导型（12户），非农生计主导转向枣果与非农生计均衡型（12户）。

2009—2017年，仅23.95%的家庭保持了2008年的生计结构，其中保持传统农牧生计主导型（35户）、非农生计主导型（19户）生计结构的家庭相对更多。而超过四分之三的乡村家庭生计结构发生转变，转变过程主要有：由枣果与非农生计均衡型转向非农主导型（45户），由枣果生计主导型分别转向生计缺乏型（35户）和非农生计主导型（26户），由传统农牧生计主导型转向传统农牧与非农生计均衡型（23户），由传统农牧与枣果生计均衡型分别转向传统农牧生计主导型（21户）、传统农牧与非农生计均衡型（20户）、非农主导型（18户）、缺乏型（15户）。

二、区域生计结构变化的总体特征

生计结构转变的家庭比重随时间逐渐增多，在阶段3高达76.05%的家庭发生了生计结构的转变，见表7-2。

表7-2 四个年份不同生计结构的家庭数量和占比

农户生计结构类型		1980年		2000年		2008年		2017年	
		户数	占比/%	户数	占比/%	户数	占比/%	户数	占比/%
1	生计缺乏型	139	30.82	52	11.53	15	3.33	88	19.51
2	枣果生计主导型	32	7.10	59	13.08	104	23.06	21	4.66
3	传统农牧生计主导型	179	39.69	120	26.61	67	14.86	79	17.52
4	非农生计主导型	35	7.76	31	6.87	27	5.99	131	29.05
5	枣果与非农生计均衡型	13	2.88	49	10.86	76	16.85	27	5.99
6	传统农牧与非农生计均衡型	32	7.10	35	7.76	21	4.66	75	16.63
7	传统农牧与枣果生计均衡型	15	3.33	75	16.63	96	21.29	9	2.00
8	生计全面型	6	1.33	30	6.65	45	9.98	21	4.66

20世纪80年代，主要的生计结构类型是传统农牧生计主导型（39.69%）和生计缺乏型（30.82%）。

20世纪80年代至1999年，44.79%的家庭维持了原有的生计结构，其中大部分家庭保持了传统农牧型或贫瘠型生计结构。此外，绝大多数家庭增加了枣果、非农或传统农牧的生计活动，而缺乏型家庭的数量显著减少。在此阶段，生计缺乏型家庭的份额减少了19.29%，传统农牧与枣果生计均衡型家庭的份额增加了13.3%。因此，在2000年，传统农牧生计主导型仍然是所占份额最大的生计结构类型，其次是传统农牧与枣果生计均衡型。

2000—2008 年，42.13% 的家庭维持了 2000 年的生计结构。此外，家庭的枣果生计活动普遍增加，从而从传统农牧生计主导类型或非农生计主导型转变为传统农牧与枣果生计均衡型或枣果与非农生计均衡型。与此同时，部分家庭从生计均衡型、生计缺乏型向枣果生计主导型转变。因此，到 2008 年，枣果生计主导型所占份额最大，其次是传统农牧与枣果均衡型。

2009—2017 年，只有 23.95% 的家庭维持了 2008 年的生计结构，其中更多的家庭维持了传统农牧生计主导型和非农生计主导型，大多数家庭减少了枣果活动或增加了非农活动。值得注意的是，有 35 户由枣果生计主导型转变为生计缺乏型，有 15 户由传统农牧与枣果生计均衡型转变为缺乏型。到 2017 年，非农生计主导类型占生计结构的比重最大，而在 20 世纪 80 年代和 2008 年这一比例还不到 8%。生计缺乏型结构占比上升到第二位，比 2008 年上升了 16%，而生计全面型结构占比下降了 5%。

综上所述，1980—2000 年，绝大多数家庭增加了枣果生计活动或非农生计活动、传统农牧生计活动，生计缺乏型家庭数量显著减少。2001—2008 年，案例区家庭普遍增加了枣果生计活动，由传统农牧生计主导型或非农生计主导型转为传统农牧与枣果生计均衡型或枣果与非农生计均衡型。同时，部分家庭由生计均衡型或生计缺乏型转变为枣果生计主导型。2009—2017 年，大部分家庭减少了枣果生计活动或增加了非农生计活动（如图 7-2 所示）。值得注意的是，有 35 户家庭由枣果生计主导型结构转向生计缺乏型，有 15 户家庭由传统农牧与枣果生计均衡型转向生计缺乏型。

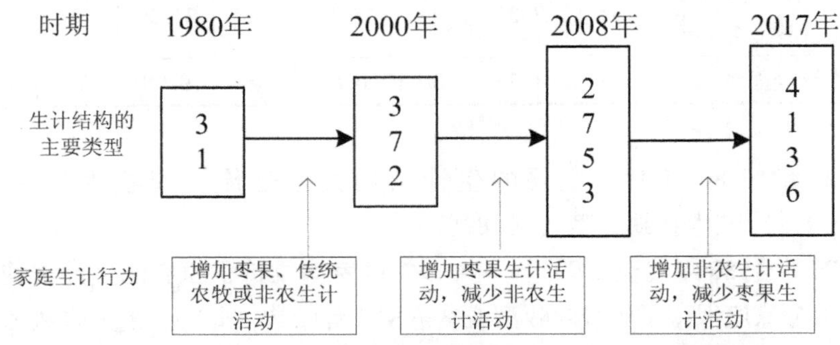

图 7-2　1980—2017 年由生计行为引起的家庭生计结构转型

（注：数字 1～7 依次代表生计缺乏型、枣果生计主导型、传统农牧生计主导型、非农生计主导型、枣果与非农生计均衡型、传统农牧与非农生计均衡型、传统农牧与枣果生计均衡型）

三、分地貌区生计结构的变化

图7－3展示了自1980年以来，北部风沙区、西南黄土丘陵沟壑区、东南黄河沿岸土石山区三类地貌片区生计缺乏型、主导型、均衡型、全面型等农户生计结构类型的变迁过程。

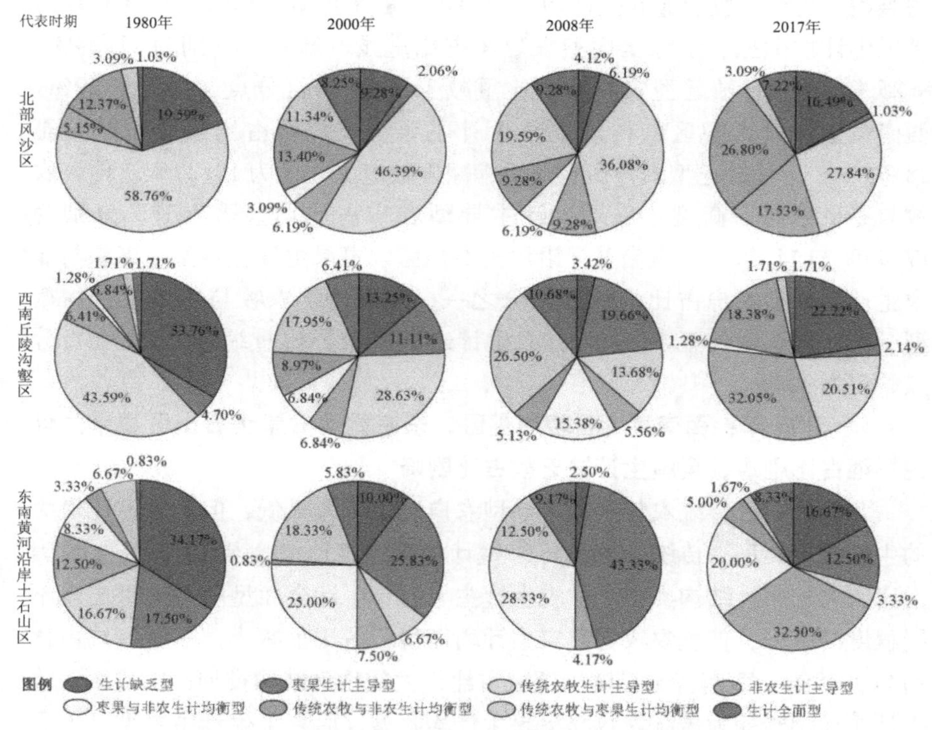

图7－3 典型地貌区农户生计结构类型分布阶段性变迁

（注：彩图见附录）

1. 1980年：以传统农牧生计主导型与生计缺乏型为典型生计结构

北部风沙区占比较大的生计结构类型为传统农牧生计主导型，其占比过半，生计缺乏型农户占比为19.59%，传统农牧与非农生计均衡型占比为12.37%；西南黄土丘陵沟壑区占比最大的农户生计结构类型同样为传统农牧生计主导型（43.59%），其次为生计缺乏型，占比达到33.76%；

东南黄河沿岸土石山区以生计缺乏型为占比最大（34.17%）的生计结构类型，枣果生计主导型（17.50%）、传统农牧生计主导型（16.67%）、非农生计主导型（12.50%）三类生计结构类型占比依次减少。

2. 2000 年：北部风沙区、西南黄土丘陵沟壑区主要为传统农牧生计主导型，东南黄河沿岸土石山区主要为枣果生计主导型

北部风沙区传统农牧生计主导型农户所占比重减少，但仍为占比最大的类型。传统农牧与非农生计均衡型农户所占比重略有增长，传统农牧与枣果生计均衡型、生计全面型农户所占比重显著增长，分别为11.34%、8.25%。而生计缺乏型农户所占比重减少了10个百分点，仅为9.29%。西南黄土丘陵沟壑区的传统农牧生计主导型农户所占比重显著减少至28.63%，生计缺乏型农户所占比重缩减半数以上，仅为13.25%。传统农牧与枣果生计均衡型、枣果生计主导型农户占比均显著上升，分别为17.95%与11.11%。东南黄河沿岸土石山区以枣果生计主导型、枣果与非农生计主导型农户占比均约为四分之一，其次传统农牧与枣果生计均衡型，占比显著增长至18.33%，而生计缺乏型农户比重缩减了24个百分点，仅为10%。

3. 2008 年：西南黄土丘陵沟壑区、东南黄河沿岸土石山区枣果生计主导型占比剧增，全境生计缺乏型占比剧降

北部风沙区传统农牧生计主导型农户比重持续降低，但仍为占比最大的生计结构类型，传统农牧与枣果生计均衡型占比增大至19.59%，成为占比次之的生计结构类型。非农生计主导型与生计全面型所占比重出现不同程度的增加，传统农牧与非农生计均衡型所占比重减小，三者农户占比均为9.28%。西南黄土丘陵沟壑区占比最大的生计结构类型已由传统农牧生计主导型转变为传统农牧与枣果生计均衡型，而枣果生计主导型已上升为占比次之的类型，枣果与非农生计均衡型占比翻了一番，达到15.38%，取代生计缺乏型成为占比规模第三的生计结构类型。而在2000年具有较大占比的传统农牧生计主导型规模已缩减至13.68%，生计缺乏型农户占比规模缩减至3.42%。在东南黄河沿岸土石山区，枣果生计主导型、枣果与非农生计均衡型、传统农牧与枣果生计均衡型仍依次为占比规模前三的生计结构类型，其中枣果生计主导型、枣果与非农生计均衡型占比规模较2000年分别增大了17个百分点与3个百分点，传统农牧与枣果生计均衡型占比规模则缩小了近6个百分点。此外，生计全面型农户占比规模进一步扩大至9.17%，生计缺乏型进一步缩小至2.5%，农户可持续生计能力有所增强。

4. 2017年：含枣果生计活动的生计结构类型所占比重骤降，生计缺乏型生计结构所占比重骤升

在气候与市场变化双重扰动之下，枣果减产与滞销并存，县境内农户大规模地舍弃枣果生计方式。北部风沙区形成了以是否有枣果生计活动为分割特征，将片区八类生计结构划分为两大阵营：一类是占比较大的无枣果生计活动的生计结构类型；另一类是占比过低的含枣果生计活动的生计结构类型。前者仍以传统农牧生计主导型为农户占比最大的生计结构类型，但占比规模为27.84%，已较2008年下降近10个百分点，较1980年下降近30个百分点。传统农牧与非农生计均衡型农户所占比重大幅扩大至26.80%，较2008年增长超17个百分点。非农生计主导型与生计缺乏型均具有较大的占比规模。生计缺乏型占比规模较2008年增长超12个百分点，达到16.49%，占比规模仅低于1980年，主要归因于枣果滞销以及人口老龄化导致农户枣果生计、传统农户生计方式的大规模退出。后者含枣果生计活动的生计结构类型，占比规模显著缩小，且已不存在枣果与非农生计均衡型。

西南黄土丘陵沟壑区与北部风沙区的生计结构分布情况相似，同样形成了两大阵营：一类是无枣果生计活动的生计结构类型，即非农生计主导型（32.05%）、生计缺乏型（22.22%）、传统农牧生计主导型（20.51%）、传统农牧与非农生计均衡型（18.35%）四种占比规模较大的生计结构，其中生计缺乏型、非农生计主导型占比规模翻了近三番，传统农牧与非农生计均衡型翻了近两番，传统农牧生计主导型翻了一番；另一类是含枣果生计活动的生计结构类型，占比规模下降至2.14%及以下。

东南黄河沿岸土石山区占比规模前三的生计结构类型依次为非农生计主导型（32.5%）、枣果与非农生计均衡型（20%）、生计缺乏型（16.67%），其中非农生计主导型较2008年上升28个百分点，而在2000年、2008年农户占比最大的枣果生计主导型占比规模已缩减至12.5%，较2008年下降超30个百分点，表明农户生计结构已大规模地由枣果生计主导型向非农生计主导型转变。而2008年已消失的传统农牧生计主导型又重新出现，农户占比规模为3.33%，这可归因于东南黄河沿岸土石山区人均耕地面积少，枣果生计断裂下，少数农户自发退林还耕、砍伐枣林改种粮食。

第三节　生计活动变化

一、区域生计活动变化的总体特征

1980—2017 年，从事枣果生计、传统农牧生计、非农生计以及其他生计的农村家庭户数变化见表 7－3。从 1980 年到 2017 年，生计活动的变化可以分为三个时期。

表 7－3　案例区 451 户被调查农户参与生计活动的户数及占比

生计活动类型	1980 年		2000 年		2008 年		2017 年	
	户数	占比/%	户数	占比/%	户数	占比/%	户数	占比/%
枣果生计	66	14. 63	213	47. 23	321	71. 18	78	17. 29
传统农牧生计	232	51. 44	260	57. 65	229	50. 78	184	40. 80
非农生计	86	19. 07	145	32. 15	169	37. 47	254	56. 32
其他生计	139	30. 82	52	11. 53	15	3. 33	88	19. 51

1980—2000 年，参与枣果生计活动的农户所占比重由 14. 63% 上升至 47. 23%；参与传统农牧生计活动的农户所占比重由 51. 44% 上升至 57. 65%；参与非农生计活动的农户比重由 19. 07% 上升至 32. 15%；参与其他生计活动的农户所占比重由 30. 82% 下降至 11. 53%。

2000—2008 年，参与枣果生计活动的农户和参与非农生计活动的农户，其所占比重持续上升至 71. 18% 和 37. 47%；参与其他生计活动的农户所占比重持续下降至 3. 33%。然而，参与传统农牧生计活动的农户所占比重由 57. 65% 下降至 50. 78%。

2008—2017 年，农户参与生计活动的情况发生了较大变化。参与枣果生计活动的农户所占比重由 71. 18% 大幅下降至 17. 29%，参与其他生计活动农户所占比重由 3. 33% 激增至 19. 51%。参与传统农牧生计与非农生计的农户比重延续上一阶段的变化趋势，分别持续下降至 40. 80% 和持续上升至 56. 32%。

根据表 7－3 以及分地貌类型区的情况，本书绘制了生计活动变化的时序轨迹图（如图 7－4 所示）。由图可知，生计活动的时空变化具有以下特点：

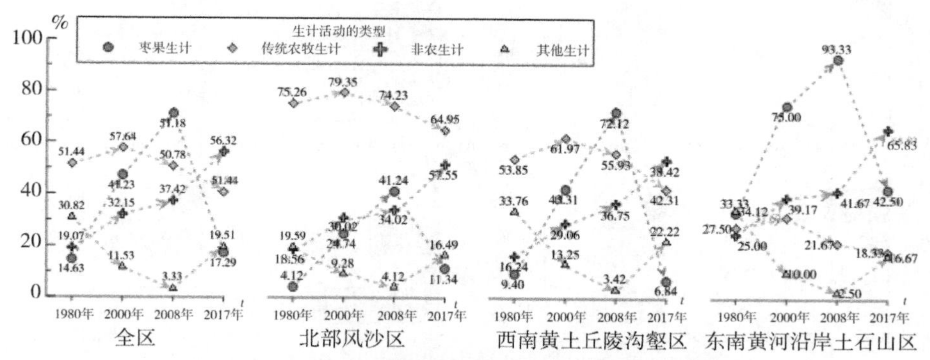

图 7－4　不同地区参与生计活动的家庭比例变化轨迹

首先，1980—2017 年，全区和三个不同区域的生计活动轨迹相似。枣果生计比例持续上升，在 2008 年达到最高点，然后急剧下降。传统农牧生计占比在 1980—2000 年有所上升，此后一直下降。非农生计占比在 1980—2017 年呈逐渐上升趋势，2017 年各地区家庭比例均超过一半。其他生计占比也经历了一个先下降后上升的轨迹。

其次，生计活动份额的空间分布差异较大。在全区及西南黄土丘陵沟壑区，传统农牧生计活动在 1980 年和 2000 年始终保持最高的份额。其后，枣果生计和非农生计分别在 2008 年和 2017 年占据了最高的份额。在北部风沙区，传统农牧生计始终保持最高份额，非农生计最终上升到第二位，而在西南黄土丘陵沟壑区和东南黄河沿岸土石山区中，非农生计最终上升到第一位。在东南黄河沿岸土石山区，枣果生计活动一直占据较大的份额，特别是 2017 年，枣果生计活动仍占 42.5%，而北部风沙区和西南黄土丘陵沟壑区的份额极低。这是由于东南黄河沿岸土石山区农田资源极度匮乏，双老人家庭只能依靠枣果为生。

二、分地貌区生计活动的变化及情景

图 7－5 展示了三类地貌片区枣果生计、传统农牧生计、非农生计及其他生计类等生计活动分布情况的阶段性变化过程。

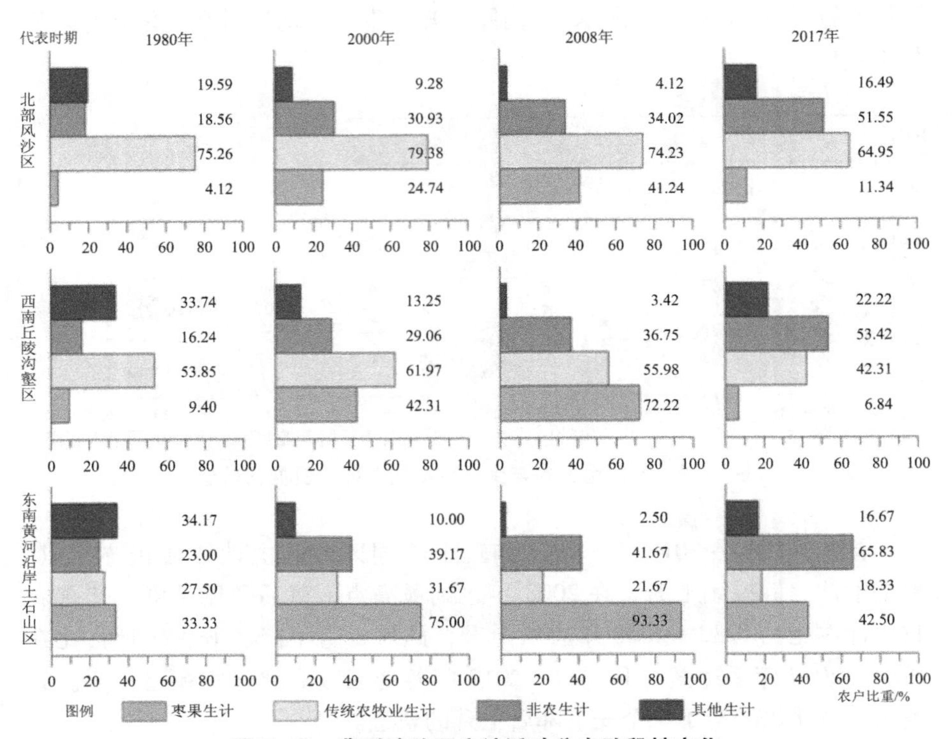

图7－5　典型地貌区生计活动分布阶段性变化

1. 1980 年：非农生计低占比，北部、西南部传统农牧生计高占比

图7－5 显示，北部风沙区以传统农牧生计活动占据绝对优势，75.26% 的农户有该类生计活动，仅 4.12% 的农户有枣果生计活动方式，而非农生计与其他生计农户占比分别为 18.56%、19.59%。归因于北部风沙区地势较高，水蚀较轻，山大坡缓，宜耕宜牧，其山区农户多以种植五谷杂粮、养殖畜牧作为家庭收入来源，佳芦河谷平坝地区农户除种植五谷杂粮外，还以种植一定比重的西瓜、蔬菜等经济作物作为家庭收入来源。

西南黄土丘陵沟壑区同样以传统农牧生计为分布最广的生计活动，非农生计与枣果生计活动的农户占比与北部风沙区相近，但其他生计活动类的农户占比达到 33.76%。这主要归因于西南黄土丘陵沟壑区沟、梁、峁纵横交错，耕地破碎且以坡度大于 15 度的耕地为主。据农户回忆，“80 年代，交通不好，自己吃的都要种，黑豆、高粱、玉米、小米等陕北地区常见的五谷杂粮都种植，人口又多，基本都不卖，卖的少”，因此该阶段西南黄土丘陵沟壑区农户粮食种植品种丰富，但仅能自给自足，无法成为可持续的收入来源。

东南黄河沿岸土石山区其他生计活动农户所占比重与西南片区相近，且略高于枣果生计等可提供持续收入的生计活动。该片区为土石山地貌，土壤贫瘠，当地农户描述，“就只能在坡顶，有土壤覆盖的地方种粮食，一般刚够自己吃”。这归因于黄河沿岸地区历史长期以来的种枣传统，该片区有枣果生计活动的农户占比远高于北部、西南片区，比重达到33.33%。当然，仍有27.5%的农户以传统农牧生计活动作为家庭收入来源之一。实地调查显示，该部分农户分布于黄河沿线的村落，以黄河滩地等平整肥沃、可灌溉地为耕地，种植粮食作物或西瓜等经济作物获得收入，如木头峪村。

2. 2000年：非农、枣果生计所占比重均升高，东南部枣果生计高占比

20世纪80年代后期，特别是进入90年代，随着农村商品生产的发展，中共佳县县委、县政府把红枣生产列为全县商品经济的重要支柱产业，大力发展。1995年，中共佳县县委、县政府决定在全县建设53万亩红枣商品基地，使其成为全县人民脱贫致富奔小康的翻身工程。此后，依托退耕还林工程，全县枣树栽植面积以每年平均2万亩的速度递增。到2005年年底，境内红枣栽植面积达到48万亩，年产量达5.5万吨，红枣产业已由黄河沿岸迅速发展到全县各地。农户提到，自栽植枣苗起，需要10年的时间才能挂果，15年后才能有产量。因此该阶段仅栽植枣果、推广较早的东南黄河沿岸土石山区以枣果生计为农户占比最高的生计活动，农户占比达75%，西南黄土丘陵沟壑区枣果生计农户占比为42.31%。有农户描述，“市场价好，就是产量少，还卖过万来块钱”，“种枣有补贴，退耕补贴，退耕还林项目以外地也都跟着栽上了枣……（农民）都是看着现在收益高，枣树苗又免费发，跟风为主”。

北部风沙区枣树多于该阶段依托退耕还林项目栽植，暂时无法获得收益，因此拥有枣果生计活动的农户所占比重仅为24.74%，但也较1980年上升了20%。北部风沙区、西南黄土丘陵沟壑区仍以传统农牧生计为分布最广的生计活动类型，有农户谈到，“枣树苗栽植不久，还很小，都会在枣林地内套种粮食”；还有农户表示，“交通方便了，有些粮食都可以买到、商品交换，就不需要五谷杂粮都种全，选择种主要的几样，能卖钱”。同样，归因于此，北部风沙区无可持续收入的其他生计活动农户所占比重大幅度降低，至少降低了10个百分点，西南黄土丘陵沟壑区则降低了20个百分点。归因于交通环境改善，农村富余劳动力向第二、第三产业大幅转移，三片区农户有非农生计活动占比均显著上升，较1980年至少上升12个百分点。据农户描述，该时期村庄劳动力主要前往神木、府谷等能源大县从事煤矿开采工作。

3. 2008年：全境枣果生计占比大幅增长，传统农牧生计占比不同幅度缩减

农户有枣果生计、非农生计活动类的情况，以及无可持续收入来源的其他生计活动类农户占比情况延续了上一时期的发展趋势。①农户于1980年、2000年栽植的枣树开始挂果或量产，全境三片区有枣果生计活动的农户所占比重显著增长。②非农生计活动农户占比三片区均有不同幅度增长，以西南黄土丘陵沟壑区增长幅度最大，增长超7个百分点。③无可持续收入来源的其他生计活动类所占比重大幅度下降，北部风沙区降低至4.12%，东南黄河沿岸土石山区下降至2.5%。

此外，与1980—2000年发展趋势不同的是，三片区传统农牧生计活动的农户占比不同幅度降低，实际调查中得知该变化趋势一方面归因于劳动力向第二、第三产业流转；另一方面则是由于枣树增高、挂果后，已无法大规模在枣树下套种粮食作物。其中，北部风沙区内传统农牧生计活动占比降低了5个百分点，但仍为分布最广泛的生计活动类型，农户占比为74.23%；西南黄土丘陵沟壑区传统农牧生计的农户占比已低于枣果生计活动农户占比，枣果生计农户占比达到72.22%，成为分布最广泛的类型；东南黄河沿岸土石山区仅有21.67%的农户有传统农牧生计活动，较1980年下降了6个百分点，而高达93.33%的农户有枣果生计活动，据该地区农户描述，“退耕还林以后，几乎家家都有枣树，2010年以前，枣子卖的价格最好，最高能上两三元一斤，最低也能卖一元多一斤，我们这带卖个18万元、20来万元都有，卖两三万元都是普遍……年轻的出去打工，秋天就回来帮着收枣卖枣”。

4. 2017年：全境枣果生计不可持续，非农生计占比激增

长期以来，红枣产业已成为佳县奔小康的支柱产业，也是当地农户家庭主要收入来源。但至2017年，在气候变化、市场竞争的双重扰动之下，佳县红枣产业发展严重受挫，农户种枣的信心几近丧失。2010年以来，当地气候由干转湿，降水量增多，尤其以秋季降水增多。农户频繁提到，

"一年枣树来了，一晃卖不成钱，雨多了，枣子也烂了，不烂的也只卖2、3毛钱（一斤），2、3毛（一斤）卖不来多少钱"，"枣子没收益了，质量不好，收也没人收，甜度都够，主要是到秋天一下雨，枣子就烂了，发霉"，"到秋季，三天两头（下雨），雨多了，红枣就烂了，产量是大，都烂完了"。林业局分管领导同样强调，"佳县的枣品种可以，大部分是油枣，就是受到气候变化影响，雨季来的时候，枣子烂，导致减产。另外就是收购商都到新疆那边去了，对我们也产生了比较大的影响"。图7-5显示，2017年有枣果生计的农户所占比重已大幅度降低，北部风沙区由2008年的41.24%降至11.34%；西南黄土丘陵沟壑区由72.22%降至6.84%；东南黄河沿岸土石山区虽然降了一番，但由于黄河沿岸大棚式枣林试点推行以及耕地缺乏、对枣果生计的严重依赖，仍有42.50%的农户有枣果生计活动，其中半数以上农户年均枣果收入仅为300元左右。2017年10月，研究团队通过实地调研发现，枣果遍地散落或烂在树上，有枣果生计活动的多为老弱病者，农户提到，"地上、树上都是枣……不烂也卖不出去"，"一毛五（一斤），成本都不止，有能力的谁还务枣树，一年下来枣子捡都不捡，七老八十的才会捡枣卖个100块不到"，"靠枣子，其他的没有了……去年卖了三百块，今年连三百块都卖不到，一百块"。

由于枣果生计活动无法持续，县内农户几乎均放弃了耕作枣林，加之对外交通较为便利，年轻劳动力持续向非农行业转移，"年轻人出门打工了""年轻人都走了，只有老人了""村子百分之八十的人都在外打工"成为受访者对村庄最深刻的印象之一。图7-5显示，2017年三类地貌片区有非农生计活动的农户比重显著增长，增长幅度均在20个百分点左右，其中归因于黄河沿岸古村落旅游业发展对劳动力的吸收以及沿黄旅游公路的开通，一改往日土石山区交通不便、对外交通需翻山越岭的局面，农户表示，"外出做生意、打工都方便了"，东南黄河沿岸土石山区有非农生计的农户比重已升到65.83%。

虽然枣果收益无法持续，有枣果生计活动的农户（仍能通过枣果采摘、出售获得收入）大幅减少，但传统农牧业生计所占比重仍出现不同幅度降低。农户提到，"30多年了，而今枣树不行了，林业局不让砍，也不知道再种什么。辛辛苦苦种这么大，而今又想刨，又没能力刨，刨了也不知道种什么"，林业局分管人员提到，"枣树已经长起来，一般要几十年才能长这么大一根树，林业周期长"。这表明农户无法从枣果生计活动向传统农牧生计大规模回迁的原因有四个方面：①枣林地因枣树长大已无法套种粮食；②退耕还林政策下，枣林地受保护，农户无法私自刨掉；③务农、务枣的几乎均为老年劳动力，退枣林还耕地需要投入过大的成本；④生计迷茫，无法预估未来的气候变化，刨掉枣树，也不知道改植什么。

但调研发现，北部风沙区、西南黄土丘陵沟壑区仍有部分农户已将退耕还林政策以外的枣林地改植，将枣树刨掉改种高粱、小米等庄稼。因此，在非农生计所占比重大幅增加的情况下，北部风沙区仍以传统农牧生计为分布最广的生计活动类型，农户比重为64.95%。西南黄土丘陵沟壑区有传统农牧生计的农户比重为42.31%，其中上官寨、金明寺两镇的农户几乎均将枣林地改植五谷杂粮。同时，多数农户强调近几年卖牛羊肉收入好，风调雨顺、庄稼长得好且市场价可观，收种粮食便利性增大。农户表示，“这几年，（羊）卖的价格最好，毛重一斤十二块半，一头羊千来块”，“（农业）半机械化了，除草翻地都用刨刨机”，“生产公路通了，运豆子的而今都是摩托车、三轮车”。

县境内三大地貌片区无可持续收入来源的其他生计活动类农户占比大幅增大，逼近1980年的水平。这主要归因于两个方面：①县域人口结构的显著变化，老龄化严重，“双老人”家庭开始占据较大比重，缺乏劳动能力，仅依靠社会保障与子女资助维持基本生活需求；②部分农户对枣果生计形成了严重的依赖，枣果生计消失后，缺乏替补型生计方式，始终处于生计缺乏陷阱中。该类农户以西南黄土丘陵沟壑区分布最多，农户所占比重达22.22%，东南黄河沿岸土山石区次之，农户所占比重达到16.67%，北部风沙区的该类型农户占比为16.49%。

第四节　生计多样性变化

一、生计多样性指数计算

将当地农户可获得收入的生计活动进一步细分为六种生计活动，探讨典型地貌区农户生计多样性的阶段性演变。其中，农牧业生计类分为农业种植、林业采摘、畜牧业养殖三类生计活动以突出所依赖自然资源的差异；非农生计类分为务工生计（含常年务工与打零工）、事业性生计（就职于政府机关或事业单位）、个体经营生计三类生计活动以体现对劳动力自身能力、资本条件要求的差异；无生计类则为无上述生计活动，仅依靠社会保障支持、生态补偿支持或亲友援助，将其生计活动个数认定为“0”。经统计分析，自1980年以来案例区农户有生计活动最大值为“5”，最小值为“0”。以农户拥有的生计活动数为生计多样性指数，分区域户均生计多样性指数变化见表7－4。农户生计多样性的阶段性演变如图7－6所示。

表7－4　分区域户均生计多样性指数阶段性变化

区域	1980年	2000年	2008年	2017年
北部风沙（Ⅰ）区	1.38	1.98	2.15	1.75
西南黄土丘陵沟壑（Ⅱ）区	1.16	1.91	2.15	1.25
东南黄河沿岸土石山（Ⅲ）区	1.18	1.82	1.86	1.48
县域	1.22	1.90	2.07	1.42

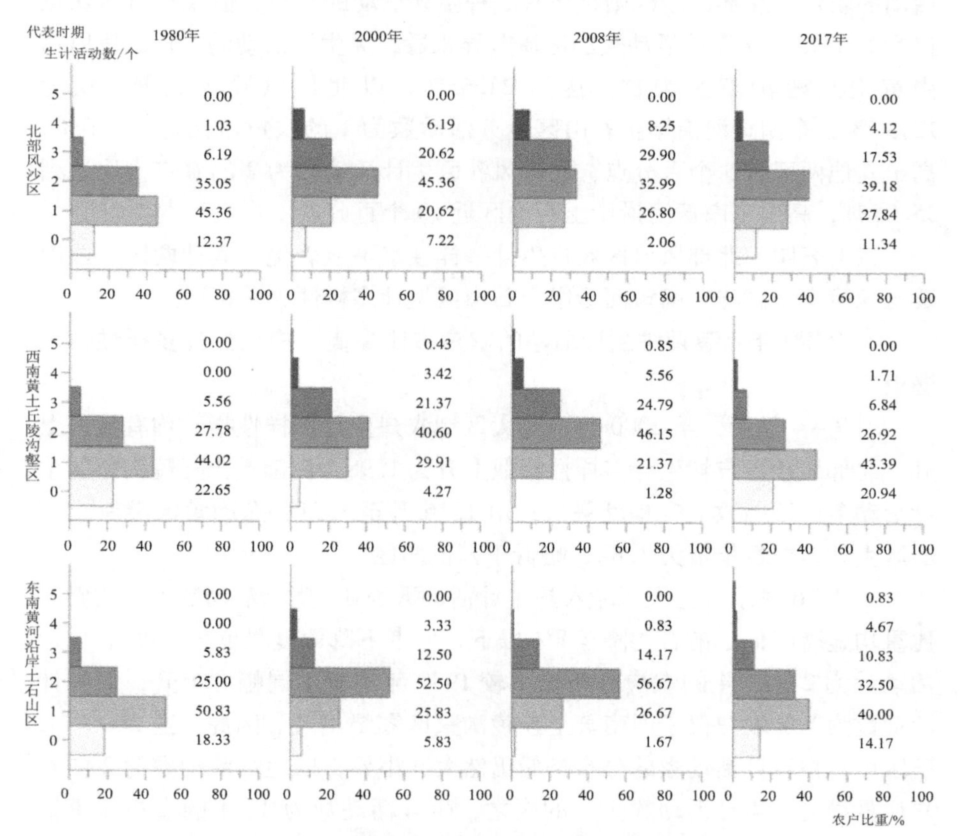

图7－6　典型地貌区农户生计活动个数分布及阶段性演变

二、分地貌区生计多样性的变化

1. 1980 年：仅有一种生计活动的农户占比最高，北部风沙区农户生计多样性更佳

表 7－4 显示，1980 年北部风沙区户均生计活动多样性指数为 1.38，西南黄土丘陵沟壑区与东南黄河沿岸土石山区分别为 1.16 与 1.18。

由图 7－6 可知，三类地貌片区农户生计多样性的占比格局基本一致，均以生计活动数为 1 的农户所占比重最大，占比次之的为生计活动数为 2 的农户，再者为无生计活动的农户，生计活动数为 3 的农户所占比重排名第四。西南黄土丘陵沟壑区、东南黄河沿岸土石山区均不存在有四种生计活动的农户，北部风沙区则存在有四种生计活动的农户，但农户所占比重仅为 1.03%。从生计活动数的区域差异来看，无生计活动的农户占比以西南黄土丘陵沟壑区为首，达到 22.65%，以北部风沙区最低，仅为 12.37%；东南黄河沿岸土石山区生计活动数为 1 的农户占比为 50.83%，高出其他两区近 5 个百分点；北部风沙区生计活动数为 2 的农户占比达到 35.05%，高出东南黄河沿岸土石山区近 10 个百分点。

以上表明，北部风沙区农户生计多样性水平显著优于其他两区，西南黄土丘陵沟壑区与东南黄河沿岸土石山区生计多样性水平相近。

2. 2000 年：有两种生计活动的农户占比最高，户均生计多样性指数逼近 2

表 7－4 显示，至 2000 年，三大区域农户生计多样性指数均有显著上升，北部风沙区户均生计多样性指数上升为 1.98，西南黄土丘陵沟壑区生计活动多样性指数上升幅度最大，由 1.16 升至 1.91，东南黄河沿岸土石山区生计多样性指数为 1.82，略低于其他两区。

图 7－6 显示，三大区域农户生计活动数为 0、生计活动数为 1 的农户比重均显著降低，前者均降至 8% 以下，后者下降幅度最低为 15%。生计活动数为 2、3、4 的农户分布比重较 1980 年均有不同幅度上升，而生计活动数为 5 的农户仅于西南黄土丘陵沟壑区零星出现。因此，至 2000 年，三区域农户生计活动数的分布格局仍然大同小异，以生计活动数为 2 的农户比重最高，生计活动数为 1 的次之，生计活动数为 3、4 的农户比重依次降低。

分区域来看，北部风沙区生计活动数为2的农户比重达到45.36%，生计活动数为1、生计活动数为3的农户比重均为20.62%。该地区生计活动数为0、生计活动数为4的农户占比均高于其他两区相应农户占比。西南黄土丘陵沟壑区生计活动数为1、2、3的农户占比差距较小，农户占比最高者的生计活动数为2（40.6%），最低者的生计活动数为3（21.37%）。但区域内生计活动数为1、生计活动数为3的农户占比明显高于其他两区。东南黄河沿岸土石山区半数以上农户的生计活动数为2，农户占比显著高于其他生计活动数的农户占比，且明显高于其他两区相应生计活动数的农户比重。

3. 2008年：无生计活动与有三种生计活动的农户占比分别呈缩小与扩大趋势

三大地貌区的户均生计多样性指数均有不同幅度上升。北部风沙区与西南黄土丘陵沟壑区户均生计多样性指数上升幅度较大，其值均为2.15；东南黄河沿岸土石山区户均生计多样性指数上升幅度极小，仅由1.82升至1.86。这主要得益于富余劳动力向第二、第三产业的持续转移以及枣果生计方式的全面增加。

图7-6显示，三类地貌片区无生计活动的农户比重均较2000年有所缩减，有三种生计活动的农户规模较2000年均有不同幅度增加，增长幅度最大的是北部风沙区，较2000年增长超9个百分点。有五种生计活动的农户规模基本与2000年保持一致，即北部风沙区与东南黄河沿岸土石山区仍无该类型农户出现，西南黄土丘陵沟壑区则零星出现。除此之外，其他生计活动数农户占比格局呈现不同的发展态势。其中，仅有一种生计活动的农户规模变化为：西南黄土丘陵沟壑区大幅缩小至21.37%，缩小幅度达8个百分点，其他两区均有不同幅度的增加，北部风沙区增长超6个百分点，东南黄河沿岸土石山区增长幅度不到1个百分点。有两种生计活动的农户仍为三大地貌区占比最大的类型，不同地貌区较2000年呈现了不同的发展趋势，北部风沙区缩小13个百分点，西南黄土丘陵沟壑区、东南黄河沿岸土石山区增长超4个百分点。有四种生计活动的农户规模仍偏小，远低于有一种、两种、三种生计活动的农户规模。且东南黄河沿岸土石山区该类型农户比重较2000年仍有下降，占比仅为0.83%，其他两区均有小幅度上升，增长2个百分点。

分区域来看，北部风沙区有一种、两种、三种生计活动的农户规模相近，其占比均在25%以上，且有三种生计活动的农户占比规模远高于其他两区同类型生计活动数，有一种生计活动的农户占比规模高于其他两区同类型生计活动数，有四种生计活动的农户比重远低于前三类，仅为8.25%，但仍高于其他两区的相应类型生计活动数，无生计活动的农户类型占比仅为2.06%，略高于其他两区的相应类型生计活动数。西南黄土丘陵沟壑区有一种生计活动的农户与有三种生计活动的农户占比规模相近，均较有两种生计活动的农户占比规模小出20个百分点，此外样本户内仅该地貌区存在有五种生计活动的农户。东南黄河沿岸土石山区有两种生计活动的农户数超过半数，农户比重达到56.67%，远高于其他生计活动数类型，远高于其他两大地貌区的相应生计活动类型生计活动数。

4. 2017年：户均生计多样性指数大跌，生计多样性低值农户规模大幅增长

归因于覆盖面广的枣果生计方式的无法持续，三类地貌片区户均生计多样性指数均大幅降低，即将跌至1980年的水平。其中，以西南黄土丘陵沟壑区下降幅度最大，已由2008年的2.15降至1.25。

图7－6显示，2017年三类地貌片区低生计指数的农户规模比重较2008年均呈现显著增长，无生计活动的农户所占比重大幅增长，即将与1980年的数值持平。有一种生计活动的农户规模所占比重均有不同幅度的增长，西南黄土丘陵沟壑区与东南黄河沿岸土石山区分别增长约22个百分点与14个百分点，同时该类农户均为两大片区分布所占比重最大的类型。而有三种生计活动的农户规模较2008年大幅降低，北部风沙区、西南黄土丘陵沟壑区分别降低约12个百分点与18个百分点，东南黄河沿岸土石山区该类农户2008年的占比较小，仅为14.17%，至2017年下降近4个百分点。除此之外，其他生计活动数农户规模格局呈现不同的发展态势。有两种生计活动的农户占比规模仅于北部风沙区有超7个百分点的增幅，成为该片区分布比重最大的类型，而西南黄土丘陵沟壑区以及东南黄河沿岸土石山区该类农户占比大幅降低20个百分点左右，均下降成为该两片区分布所占比重第二的类型。有四种生计活动的农户除东南黄河沿岸土石山区有零星增长至占比规模达到1.67%外，其他两区占比规模均降了一番。北部风沙区始终缺乏有五种生计活动的农户，西南黄土丘陵沟壑区有五种生计活动的农户已不存在，而东南黄河沿岸土石山区首次显现该生计多样高值农户，但农户规模占比仅为0.83%。

分区域来看，北部风沙区有一种、两种、三种生计活动的农户占比差距增大，仍以有两种生计活动的农户规模最大，有三种生计活动的农户规模降至第三，而有一种生计活动的农户规模升至第二位，无生计活动的农户占比已远超有四种生计活动的农户占比。西南黄土丘陵沟壑区生计活动数为 2 及以上生计多样性高值类型的农户占比均有不同幅度的缩减，生计多样性低值类型的农户占比均大幅增长。其中，以有一种生计活动的农户类型占比规模最大，达到 43.59%；而有两种生计活动的农户类型占比规模降至第二位，仅为 26.92%；其次为无生计活动的类型，农户占比规模由 2008 年的 1.28% 激增至 20.94%；有三种生计活动的农户占比由 2008 年的 24.79% 剧烈下降至 6.84%。东南黄河沿岸土石山区生计活动数为 1 及以下的生计多样性低值类型的农户占比均大幅增长，其中有一种生计活动的农户类型占比规模升至第一，达到 40%，无生计活动的农户类型占比规模由 2008 年的 1.67% 上升至 14.17%；生计多样性极高值类型，即生计活动个数为 4 或 5 的类型，农户占比略有上升但比重极低；有两种生计活动的农户类型占比大幅缩减至 32.5%，占比规模降至第二位；有三种生计活动的农户类型占比同样缩减至 10.83%，占比规模略低于无生计活动类型。

第五节　小　结

本章从生计视角剖析了案例区及不同地貌区乡村人居环境变化下的乡村转型历程，总体特征显示，各类区域生计转型的轨迹具有一致性，但不同阶段的生计活动占比因资源基础不同而存在空间差异。

一、生计转型过程中的一致性

生计转型过程中的一致性表现为主导的生计结构由传统农牧主导型过渡至特色枣果主导型，最后转向非农生计主导型的转型过程。传统农牧生计活动占比逐渐降低，非农生计活动占比逐渐增加，特色枣果生计活动占比经历陡升—陡降的过程。

1980—2017年，各类地貌区四类生计活动的变化轨迹相似。针对枣果生计活动，农户参与的比重呈现先持续上升，2008年达到最高值，之后骤降的轨迹。东南黄河沿岸土石山区参与枣果生计的农户的比重显著高于其他两类片区。2008年，东南黄河沿岸土石山区、西南黄土丘陵沟壑区、北部风沙区从事枣果生计活动的农户占比分别为93.33%、72.22%、41.24%。2008—2017年，三类地貌片区枣果生计活动农户占比骤降，其中西南黄土丘陵沟壑区枣果生计农户占比下降幅度最大，由72.22%骤降至6.84%。针对传统农牧业生计活动，农户参与比重均呈现1980—2000年上升、2000—2017年持续下降的轨迹。其中，北部风沙区域从事农牧业生计的农户始终占有较高比重，2017年达到64.95%。东南黄河沿岸土石山区农户比重始终较低，2017年仅为18.33%。针对非农生计活动，1980—2017年农户参与的比重均呈现逐渐上升的轨迹，2017年超过二分之一的农户从事非农业生计活动，东南黄河沿岸土石山区达到65.83%。这可归因于沿黄旅游专线公路开通使得土石山地区交通便利性增强，以及沿岸古村落旅游开发对当地劳动力的吸引，因此2008—2017年东南黄河沿岸土石山区非农生计活动上升幅度最大。针对三类地貌片区无可持续收入来源的其他生计活动，农户参与的比重经历了先下降后上升的轨迹，东南黄河沿岸土石山区、西南黄土丘陵沟壑区变化轨迹更为剧烈。

二、生计转型过程中的异质性

生计转型过程中的异质性表现为不同地貌区域因土地资源基础、政策干预等的不同，生计活动的占比结构等仍保持稳定的分异特征。分时期来看，1980年和2000年，北部风沙区和西南黄土丘陵沟壑区，农户参与比重最高的生计活动为传统农牧业生计。东南黄河沿岸土石山区农户参与比重最高的生计活动为枣果生计。2008年和2017年，北部风沙区仍以传统农牧业生计活动的农户比重最高。但在2008年，西南黄土丘陵沟壑区和东南黄河沿岸土石山区则以枣果生计的农户比重最高，在2017年以非农生计活动的农户比重最高。

从各类生计活动的变化轨迹来看，北部风沙区经历了非农生计活动比重持续上升，枣果生计活动比重激增后骤降，生计均衡型比重略有增加的过程；西南黄土丘陵沟壑区生计活动由传统农牧生计向枣果生计过渡，进而转向非农生计；东南黄河沿岸土石山区生计活动经历了由以其他生计活动为主导转向以枣果生计活动为主导，最后以非农生计活动为主导的过程。此外，三类地貌片区生计缺乏型结构呈现了分布缩小又扩大的历程，而生计全面型结构则与之相反。生计多样性指数均呈现持续上升后又下降的过程。

第八章 乡村土地利用转型

自 1980 年以来，乡村人居自然系统由以干旱扰动为主转至以雨涝扰动为主，生计来源由传统种植与放养牧业转向枣果采摘、圈养畜牧，继而趋向务工，与此相适应的是乡村土地利用持续转型。如乡村土地由过度耕种转向广植枣林，以弃耕地的广泛出现为标志性特征，森林植被随之呈现由过度破坏演变至自然恢复的历程。

第一节　家庭土地利用类型的界定与划分

以实行家庭联产承包责任制以来乡村家庭所承包土地的实际使用方式来划分土地利用类型，即以粮食作物、经济作物用地为耕地，以枣林等经济林和生态林用地为林地，而弃耕地指放弃耕作、撂荒的土地，主要为生态林（草）地、放弃耕作的经济林地、废弃的农作物用地。弃耕地有利于土壤植被的自然恢复，曾被频繁耕作的土地可逐渐演变为涵养水源、保持水土的森林或灌草地，为区域整体生态环境的改善提供基本条件。

在研究不同片区土地利用类型的阶段性演变时，本书将基于样本户土地利用类型统计，考量各类型土地利用比重的变化以达到土地利用方式演变在横向、纵向均可比较的目的。从耕地比重、林地比重、弃耕地比重的阶段性变化出发，剖析不同地貌类型区乡村土地利用转型过程。本书鉴于案例区林下套种农作物这一土地双重利用类型以及农户回忆性数据的有限性，定义耕地比重即为耕地面积与林地、耕地面积之和的比值，林地比重为林地面积与林地、耕地面积之和的比值，而弃耕地比重为弃耕地面积与农户登记在册的土地面积的比值。基于家庭土地用途的土地利用分类见表 8－1。表 8－2 展示了 1980—2017 年 451 户样本家庭承包土地的各类土地利用方式的面积和比重。

表 8－1　研究使用的土地利用类型指标

土地利用类型	说明
耕地	用于种植谷物、油料或蔬菜作物
林地	包括经济林地（如枣果林地）和生态林地。生态林是受政策管制、禁止农牧的森林，具有防风固沙、水土保持的生态功能

续表 8－1

土地利用类型	说明
弃耕地	指停止耕作与经营活动的土地，包括生态林地、弃耕的经济林地和撂荒农田

表 8－2　案例区 1980—2017 年 451 户样本家庭土地利用类型面积及占比

土地利用类型		1980 年		2000 年		2008 年		2017 年	
		面积/公顷	占比/%	面积/公顷	占比/%	面积/公顷	占比/%	面积/公顷	占比/%
林地	枣林	81.43	16.58	213.96	38.11	247.67	44.23	242.94	43.70
	生态林	0	0	39.30	7.00	63.25	11.30	63.12	11.35
耕地		409.75	83.42	307.47	54.76	248.01	44.29	244.49	43.98
弃耕地	撂荒农田	0	0	6.20	1.10	23.01	4.11	73.19	13.16
	弃耕的枣林	0	0	2.73	0.49	6.03	1.08	136.17	24.49
	生态林	0	0	39.30	7.00	63.25	11.30	63.12	11.35

第二节　林地与耕地结构变化

一、耕地与林地的转变过程

图 8－1 展示了案例区基于农户土地利用方式的全区及三类地貌片区林地与耕地的转换过程。耕地指农户种植粮食作物、经济作物的土地，林地则指农户栽植（退还）经济林、生态林的用地。

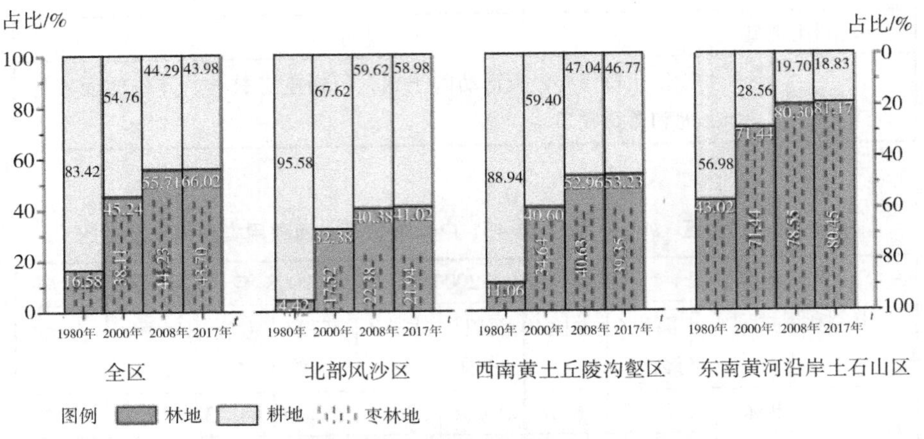

图8－1　典型地貌区林地与耕地类型的阶段性演变

1. 全区耕地、林地的转变特征

1980年，案例区林地所占比重仅为16.58%，耕地所占比重为83.42%。农户指出，该时期主要种植粮食作物，经济枣树为当地农户基于对市场环境的预判自发栽植的，但栽植面积较小。至2000年，林地占家庭承包地的比重增长至45.24%，增长近30个百分点，其中枣林地比重达38.11%。林地新增树种主要为经济枣树，以及栽植在北部风沙区交通主干道沿线，承担防风固沙生态功能的针叶林。2000—2008年，林地所占的比重持续上升，耕地向林地转换了10个百分点，其中经济枣林地增长6.12个百分点。自此，林地与耕地的占比结构基本稳定，全区林地所占比重达到55.71%，高于耕地比重11个百分点。至2017年，林地所占比重仅增长0.3个百分点。该阶段，耕地向林地转换的原因来自案例区继续实施的退耕还林项目。而林地转向耕地转换主要为枣林地退还为耕地，该期间枣林地减少了0.53个百分点。

2. 林地、耕地转变的区域差异

案例区内三类地貌片区林地、耕地转换的趋势保持同步。1980—2000年，耕地向林地转换约30个百分点。2001—2008年，耕地向林地转换约10个百分点。2009—2017年，耕地向林地转换约1个百分点。

但是三类地貌片区各时期林地与耕地的占比差异较大，北部风沙区在四个时期耕地所占比重始终高于林地比重，在1980年耕地所占比重达到了95.58%，林地所占比重仅为4.42%。自2008年始，三类地貌片区林地所占比重均超过40%，其中二分之一为枣林地。西南黄土丘陵沟壑区在1980年、2000年两个时期，耕地比重均高于林地比重，在2008年、2017年两个时期，该地貌片区林地比重略高于耕地比重，林地以枣林地为主。当地农户提到，“以前种的庄稼样数多，高粱、玉米、洋芋、谷子、芝麻，反正乱七八糟都有……枣树（一九）八几年开始栽，慢慢地扩展的”。东南黄河沿岸土石山区因为黄土层稀薄、历来有种枣传统，林地比重始终远高于其他两类地貌片区。虽然该地貌区在1980年的耕地比重高于林地比重，但林地比重同样高达43.02%，至2008年，该地貌区林地比重已高达80.30%，其中枣林地比重达到了78.55%。朱家坬泥河沟村村委会主任说：“80年代就是粮食、土豆……村子很早就种上红枣了，比其他地方都早。”现阶段，三类地貌片区林地与耕地格局基本稳定，其中北部风沙区林地与耕地之比约为2：3，西南黄土丘陵沟壑区林地与耕地之比略高于1：1，东南黄河沿岸土石山区林地与耕地之比约为4：1。

二、分地貌区的林地与耕地转变及情景

1. 1980年：北部风沙区、西南黄土丘陵沟壑区耕地类型占比极高，东南黄河沿岸土石山区拥有较高占比的林地

1980年，三类地貌片区土地利用方式均以耕地为主导。其中，北部风沙区耕地占比达到95.58%，为耕地比重最高的地貌片区，其林地占比仅为4.42%。村民表示，“原先谷子、糜子、土豆都种……枣树都是自己栽的，就是人家都说，枣发展得可以，八几年开始栽的少”（刘国具镇水湾沟村）。西南部丘陵沟壑区耕地类型占比达88.94%，林地类型仅占比11.06%。农户对该阶段的印象几乎均为“90年代山上没有树，全部都是种地，种玉米、谷子”（店镇石家沟村），“以前这里都是耕地，种些谷子、豆子……原先山上光秃秃的，没有树，就是80年代那会儿”（通镇马新庄村），“老枣树也有，不太多，收入最好的时候是1982年、1983年”（店镇贺家沟村），“以前种的庄稼样数多，高粱、玉米、洋芋、谷子、芝麻，反正乱七八糟都有……枣树（一九）八几年开始栽，慢慢的扩展的”。东南部东南黄河沿岸土石山区黄土层稀薄，历有种枣传统，在20世纪80年代虽仍以耕地（比重为56.98%）为主要的土地利用方式，但林

地占比高达43.02%，远高于其他两类地貌片区，受访者表示，“（20世纪）80年代至90年代，这个村是种粮食的”（坑镇张家岩村），“（20世纪）80年代就种粮食、土豆……村子很早就种上红枣了，比其他地方都早”（朱家坬泥河沟村村委会主任），“那会儿枣林税比较高了，枣树还没有现在多”（峪口乡枣树条村）。

2. 2000年：耕地向林地大幅转换，林地类型面积占比均上涨近30个百分点

至2000年，得益于退耕还林国家项目的实施以及物资购买便捷性的提高，三类地貌片区林地面积比重均大幅上升近30个百分点。县林业局专技人员指出，“1999年开始，全县都有退耕还林……北边退的生态林多，榆林到佳县公路旁边的生态林，那个（水土流失防治）效果好，南边有退核桃树，更多的是退还枣树”。农户则指出交通方便利于物资买卖，不需要过多的耕地以保障食品安全，一名56岁的村民指出，“小时候交通不好怕饿着，所以没有种枣树，后来交通方便，可以方便买到吃的，不需要那么多地了，就种枣树”（佳芦镇神泉堡村）。

其中，北部风沙区林地面积比重达到32.38%，耕地面积比重仍占据绝对主导地位，其占比为67.62%。刘国具镇复盛湾村农户提到，“退耕还林是2003年开始的。枣树退耕还林项目也有，自已栽的也有，先是自己栽，后来才有退耕还林项目。那会儿枣子价格可以”。王家坬村、前郑家沟村农户同样表示，“退耕还林后栽得可多了，国家号召栽枣树，也指望枣树盈利。我最早种枣是2001年，后来2003年就搞退耕还林”，“一九八几年开始栽的少，后批栽的多，大概就是2003年那会儿”。而王家砭镇的村庄多位于佳芦河河川带，长期以来农户土地利用类型几乎均为耕地类型，打火店村村主任指出，“农民土地利用方式没多大变化，以前种杂粮，家庭联产承包以来就开始种西瓜、香瓜、蔬菜等经济作物了，生活来源都靠那个东西”，旧寨村农户同样指出，“没有变化，（20世纪）80年代至90年代主要种玉米，西瓜一直种着”。西南黄土丘陵沟壑区耕地面积比重大幅下降至59.4%，但仍高出林地比重近20个百分点。农户回忆到，“一九八几年那会种的庄稼不少，后来基本成片都成枣树了”（通镇小里旺村），“原先我们山上光秃秃的，没有树……自此退耕还林以后，山都绿了”（通镇马新庄村）。东南黄河沿岸土石山区林地类型已占据绝对主导地位，占比达到71.44%，成为三类地貌片区中林地面积占比最高的片区。

该片区农户提到，“种谷子、洋芋，少种，基本自己吃，地都退耕还林了，换枣树了”（木头峪镇刘家沟村），“……（一九）九几年开始就都种枣、退耕还林，你不退的话也不强迫你，但是你如果不退，你一个人一小块地就隔在那儿了，种庄稼也不方便了”（佳芦镇神泉堡村）。

3. 2008 年：林地类型占比持续上升，林地与耕地转换幅度处于 10% 左右

至2008 年，三类地貌片区林地比重在上阶段的基础上继续上升，耕地比重下降，林地、耕地转换幅度在10% 左右，至此林地与耕地利用格局基本稳定。该期间林地比重的上升有两个方面的原因：一是得益于农户对政府造林绿化、栽植枣树政策的响应；二是因枣果收益可观农户在宜林地主动退还枣林。北部风沙区王家砭镇雷家坬村的农户回忆到，“原先其他地方枣树盈利了，我们这儿才开始栽……大概十年以前开始栽，都栽，国家一株株枣树苗苗给补签，两三块钱”。西南黄土丘陵沟壑区朱家坬镇前吕岩村农户指出，“没有享受退耕还林政策的，为了盈利也跟着种枣树”。东南黄河沿岸土石山区坑镇张家岩村农户则明确指出，“种枣的原因一是退耕还林；二是看着收益高，就都跟着种”。

在该阶段中，北部风沙区仍以耕地占比高出林地比重约 20 个百分点，成为三类地貌片区耕地比重最大的区域。西南黄土丘陵沟壑区林地占比（52. 96%）首次超过耕地占比（47. 04%），由 2000 年的落后 9 个百分点转变为超 5 个百分点，形成了林地利用与耕地利用比重基本相当的格局。东南黄河沿岸土石山区林地利用呈压倒式局面，其占比高出耕地面积占比约 60 个百分点，为三类地貌片区中林地比重最大的区域。坑镇张家岩村农户指出，“现在村庄基本都种枣树，七八年以前也是种枣树，十多年以前收入还是靠枣树。(20 世纪）80 年代、90 年代这个村是种粮食的”。

4. 2017 年：林地与耕地利用格局保持稳定，转换幅度仅约 1 个百分点

2017 年，三类地貌片区林地与耕地利用格局保持稳定，与 2008 年的林地与耕地利用格局一致，林地占比增长、耕地占比下降，转换幅度约 1 个百分点。林地利用增长的动力来自继续实施的退耕还林项目，受访者表示，“退耕还林从 1999 年开始一直到 2017 年持续进行……后面这几年（2013 年、2014 年、2015 年、2017 年）退的有常绿树种，有云松、侧柏”。

耕地利用增长的动力主要有以下三个方面。

（1）在气候与市场变化冲击下，枣果减产、滞销，因枣林收益低，农户被迫砍伐枣林还耕，农户表示，“没办法，就是自然灾害，枣子烂的……我家已经改种一部分粮食了”，“我们村的枣树陆陆续续都刨了，到现在都刨完了……现在给药材种子了，红麻、黄芪，都是给补贴。明年就都种药材，有这个打算”。

（2）雨水增多，粮食作物生长良好，收益符合预期，农户称，“而今种玉米还能长，年年能收，现在种庄稼还比较好，比枣果收益好一些”。

（3）作物种植条件得到改善，如贯通生产公路，普及家用小型生产机械、交通工具，建设标准化农田。这些变化也是农户感触最深、频繁提及的方面，“原先运豆子都是人工背，或用拉车、牛车。而今生产公路通了，都开摩托车、三轮车”，“种地的路都是山路，基本上现在这个摩托车、三轮车都能到地里，就是这两年才能到”，“2010 年开始就有一部分机械进来了，现在还只是半机械化”，“现在这个河旁边的土地正在统一平整化……山地、坡地政府都给平整了，这个是很满意的”，“有地膜了，有机械化了，地是刨刨机给刨。以前产量低，现在地膜一拉，产量就好了，还有就是化肥用得多”。北部风沙区方塌镇谢家沟村于 2014 年进行了整村移民搬迁，移民搬迁后农业生产条件大为改善，除退耕还林地之外，农田均种植粮食、经济作物。村委会主任强调，“移民搬迁前后，每家每户土地面积基本没有变化，但土地上了平整项目，都变平了，有利于机械化作业，以前是牛耕地。土地平整项目、建设高标准农田，从 2013 年开始一共 6 年了，一直搞着。机械基本都上了，种类也很丰富……机械化后，现在种的地多了，收入也上去了”。

由以上可知，现阶段林地利用增长动力仅仅为退耕还林项目，而致使林地利用面积减少的动力因素则较多，在此背景下，林地面积占比仍然增长约 1 个百分点的原因在于大部分农户在枣果收益中断的情况下选择撂荒枣林地，而非砍伐。该行为主要是基于以下两方面的考量：①生计转型，劳动力由务农生计活动向非农生计活动流转。农户称，“年轻人出去打工，老年人在村庄里种枣树，（无收益）也没法种”，“外面打工的多，地都豁了”。②不被允许且没有能力砍伐，缺乏砍伐后的规划，处于生计迷茫陷阱。农户表示，“林业周期太长，不同于农业，枣树已经长起来了，一般都要几十年才能长起来这么大一根树”，“枣树不行了，林业局不让砍，也不知道再种什么。辛辛苦苦种这么大，而今又想刨，又没能力刨，刨了也不知道种什么”。退枣林改植其他作物需要统一规划实施。农户说，“刨掉枣树要国家出面，每个人一小块地，我刨你不刨，地还是不能种庄稼，我想改种庄稼，你在外打工不管枣树，这地就没法进三轮、机械”。

第三节　弃耕地及其构成的变化

一、弃耕地及其来源的时空差异

弃耕地指放弃耕作、撂荒的土地，主要为生态林（草）地、放弃耕作的经济林地、废弃的农作物用地。除耕地的撂荒变化之外，案例区经济林地主要为枣林，长期以来当地财政以及农户均以枣果收入为主要收入来源。枣树盈利时期，农户则持续地耕作枣林，比如除草、施肥、打药。农户表示，“枣树下面一长草，枣就长得不好。要想枣长得好就要不断地务草”。枣果滞销后，当地农户放弃耕作枣林，如停止施肥、放弃除草，即弃耕、撂荒枣林地。图 8－2 展示了弃耕地分布比重的阶段性变化。

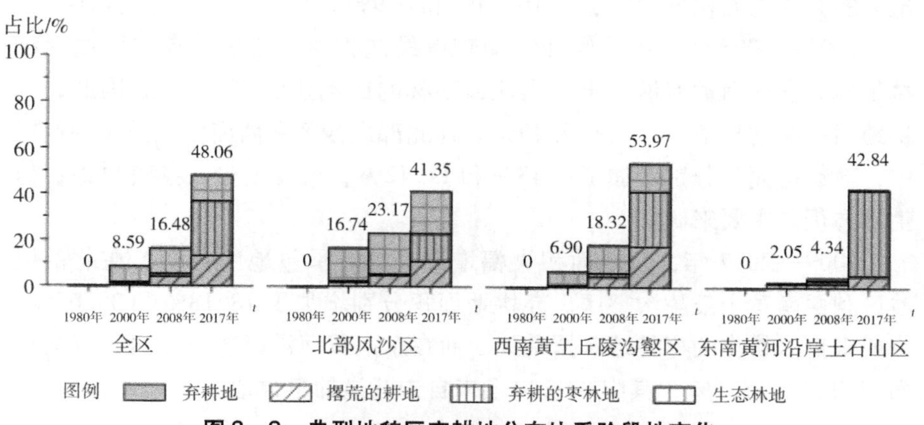

图 8－2　典型地貌区弃耕地分布比重阶段性变化

1. 全区弃耕地变化的特征

20 世纪 80 年代，案例区不存在弃耕地。2000 年，该时期弃耕地占比达到 8.59%，主要由于退耕还林（草）政策，全县范围内退耕还生态林，生态林占比达到7.00%。2001—2008年，弃耕地占比从8.59%增加到16.48%，其中生态林占比增加了4.30个百分点，撂荒耕地占比增加了3.01个百分点。该时期，归因于21世纪初实施的“村村通”工程，区域交通条件得到改善，劳动力转移规模增大，受访者多次提到外出经商、工作方便。因此，该期间的弃耕地不仅来自退耕还林（生态林草）项目，还来自农业生计向非农生计转变所导致的撂荒耕地。

2009—2017年，一方面，劳动力大规模转移，村内人口“空心化”，家庭承包地大规模撂荒；另一方面，受气候和市场变化的影响，枣果收入断崖式下降，90%以上的农户均有放弃耕作枣林、撂荒枣林的行为。因此，截至2017年，耕地面积大幅增加，占农户承包地面积的近一半，达到48.06%，其中撂荒耕地面积增加9%，未开垦枣林面积增加23.41%。

2. 弃耕地变化的区域差异

从图8-2可以看出，三类地貌片区的弃耕地面积都有明显的增长，但其构成差异较大。

1980—2000年，东南黄河沿岸土石山区的弃耕地仅增加了2.05%。得益于1980年国家启动的三北防护林工程，北部风沙区和西南黄土丘陵沟壑区的交通道路沿线建设了生态防护林，北部风沙区和西南黄土丘陵沟壑区的弃耕地面积分别增加了16.74%和6.9%，且几乎全部为生态林。

2001—2008年，枣果生计活动获得最佳收益，几乎没有农民放弃种植枣林。在东南黄河沿岸土石山区，枣林的比例达到78.55%，因此，弃耕地面积的增长很小，只有2.29%。在北部风沙区和西南黄土丘陵沟壑区中，弃耕地面积分别增加了6.43%和11.42%，出现了少量撂荒耕地，但生态林仍是主要来源。

2009—2017年，耕地面积大幅增加，约占承包地的一半。在北部风沙区和西南黄土丘陵沟壑区，弃耕地面积分别增加了18.18%和35.65%，主要来自未耕作的枣林地和撂荒地。而在东南黄河沿岸土石山区，弃耕地面积增加了38.5%，其中80%以上来自未开垦的枣林地。

二、分地貌区的弃耕地变化与情景

1. 1980 年：三类地貌片区均无弃耕地分布

1980 年，三类地貌片区无弃耕地。农户对该阶段的印象几乎均为“90 年代山上没有树，全部都是种地，种玉米、谷子”（店镇石家沟村），“那时候交通不好，买东西、外出都不方便，地都全部种着，自己吃的都种。几乎不卖，自己吃还不够。靠天吃饭，天一旱就没收成了”。

2. 2000 年：北部风沙区弃耕地面积占比最高

至2000 年，三类地貌片区不同程度地出现一定比重的弃耕地，主要得益于退耕还林（草）政策，全县范围内退耕还生态林，种植树种主要为经济树种、生态经济兼用树种，林下套种苜蓿，禁耕禁牧，以防治水土、凸显生态修复功能。北部风沙区弃耕地面积占比最高，达到 16. 74%，此时弃耕地主要来源于三北防护林工程的生态林地。

3. 2008 年：弃耕地面积持续增长，西南黄土丘陵沟壑上升幅度最大

至2008 年，三类地貌片区弃耕地面积占比较 2000 年均有不同程度的上涨，以西南黄土丘陵沟壑区上升幅度最为显著，由 2000 年的 6. 9% 上升至 18. 32%。这主要得益于“村村通”工程实施以来，西南黄土丘陵沟壑区交通条件显著改善，劳动力转移规模增大，农户表示，“出外做生意、打工都方便了”。而东南黄河沿岸土石山区弃耕地面积占比极低，仅增长 1. 84 个百分点。这主要归因于该时期为枣果收入最高的时期，坑镇张家岩村农户指出，“七八年以前（收入来源）也是枣树，那会儿打工的不多”，因此需要持续不断地打理枣林，如除草、上肥等。北部风沙区弃耕地面积占比仍最高，其主要构成为生态林地与少量撂荒的耕地，增长幅度达 6. 43%。

4. 2017 年：弃耕地面积大幅增长，弃耕地面积占比接近农户承包地面积的一半

至2017 年，三类地貌片区弃耕地面积大幅增长，弃耕地面积占比已接近农户承包土地面积的一半，其中西南黄土丘陵沟壑区弃耕地面积占比达到 53. 97%，东南黄河沿岸土石山区弃耕地面积占比骤升至 42. 84%，增长 38. 5 个百分点，增长幅度最大。究其原因，主要有以下三个方面。

（1）劳动力转移，村庄人口“空心化”，土地大规模撂荒。农户表示，“村子80%的人都在外面打工”，“村里打工的人都不种地”。

（2）农村常住人口严重老弱化。农户说，“地分得太零散，远的都荒着了，年轻的都出去打工了，老的都走不动了”。

（3）在气候与市场变化冲击下，枣果收益中断，90%以上的农户均有放弃耕作枣林的行为。农户称，“枣子一点钱都卖不了，我就不种枣树了。赔本的就是枣树，我辛辛苦苦种枣树，眼瞅着能卖一万块到一万五千块，到秋天，枣子开始熟了，每天下雨，每天下雨，下得枣都烂了”，“原先枣树地都是盈利的，而今的枣树地盈不上利也就不管理了，枣树要管理才结果，不管理，草也长了，（枣树）都死了”，“这二年这个雨季（秋季）到的时候，枣子开始成熟了，一下雨，枣子变烂了，一般人的信心都被打倒了”。

第四节　小　　结

与生计转型类似，案例区乡村土地利用转型存在清晰的转型路径以及一致的变化轨迹。区域土地利用转型呈现耕地向林地大幅转换，后又保持稳定格局的过程。

一、不同地貌区的一致性

不同地貌区的一致性表现为弃耕地逐渐增加，耕地逐渐向林地转变，林地与耕地由1980—2000年的大幅转变转向2001—2008年的小幅转变，直至林地与耕地格局在2009—2017年的趋于稳定。

乡村家庭自1980年通过家庭联产承包责任制获得自主经营的土地以来，种粮热情高涨，普遍投入传统农牧业生计活动。从1998年开始，黄土高原地区实施退耕还林、天然林保护工程等重大生态修复国家战略。一方面，农户被动地适应封山禁牧等生态政策，退耕还林并停止耕作行为，将生产耕地转向生态林地；另一方面，农户在当地政府号召、政策性补贴、市场收益可观的情况下主动退耕或跟随其他家庭退耕。在农用耕地减少、城市就业机会与薪水吸引的多重影响下，一部分农户调整耕作与就业行为，弃耕农用地，并且家庭主要劳动力进入城市从事非农工作。在农户退耕还林、外出务工的行为下，生态林地面积增长了7%，枣林地面积增加了21.53%，弃耕的农用地面积增长至1.1%。

2001—2008年，前期栽植的枣林开始挂果或产量增大，家庭可以通过枣林获得可观收入，枣果市场价格可观，以及农户之间跟随行为共同引导农户进一步将家庭农用耕地更改为枣林用地。在此期间，枣林地增加6.12%，几乎没有枣林地弃耕，参与枣果生计活动的农户比重增加23.95%，因为枣果生计收益可观，这一阶段增加非农生计活动的家庭比重仅上升5.32%，弃耕的农用地上升3.01%。在此阶段，案例区主导的生计结构转变为枣果生计主导型。

自2009年始，交通条件改善、乡村基础教育学校缩减共同促使乡村劳动力流向城镇从事非农工作。同时，受气候变化与市场疲软的影响，枣果滞销，绝大部分家庭弃耕枣林地，调整就业与耕作行为。非农生计活动参与占比增加18.85%，枣果生计活动参与占比减少53.89%。弃耕枣林地由1.08%上升至24.49%，枣林地面积减少0.53%，弃耕农用地面积增长9.05%。

二、土石山区、风沙区、丘陵沟壑区的土地利用类型构成存在区域差异

笔者在调研过程中发现，自2018年始当地政府已开始实施农业分区引导政策，包括引导北部风沙区农户由种植粮食作物转向种植经济作物，对种植经济作物发放补贴、免费发放中药材种子。政策帮扶枣林主产区之黄河沿岸地带的枣树种植，包括引导对枣树进行品种改良，以市场收购价1元/千克进行枣果收购补贴。因此，案例区土地利用的格局将进一步清晰，未来将形成北部为农牧交错区，主要种植粮食、经济作物，土地利用以规模化生产的耕地为主，东南黄河沿岸保持特色枣林区，西南或将成为以生态修复、水土保持为主导的生态涵养区。

第九章 乡村空间结构转型

在乡村人口、资本持续流失的背景下，涵盖社会交往、交通路网、公共服务供给等要素的乡村人居环境系统持续演变，以服务设施点、社会交往网络、行政单元为代表的乡村社会空间结构转型，如乡村人口流失导致商业网点撤离、公共服务设施点撤并、村级行政区范围调整；而家庭收入提高、家庭低等级交通工具普及、交通系统渐趋发达促进了社会交往轴线的变化，小学等网点撤并则倒逼农户日常出行半径增大，社会交往结构转型。

本章将按照“点—线—面”结构剖析1980—2017年乡村空间结构的转型发展过程。其中，“点”要素主要关注乡村服务设施及站点的空间分布演变过程，如小学、杂货铺、医疗机构等服务设施的分布结构；“线”主要依托社会交往、交通道路轴线的发展，探讨乡村地域居民活动空间的演变；“面”主要探讨基于行政区划调整的行政村、乡镇范围的演变。

第一节　点的变化

一、乡村的点要素及空间展示

在乡村空间结构点要素演变过程中，本书主要考量1980—2017年分布于村域或镇域范围内的村民委员会驻地、乡（镇）行政中心、小学及初中、医疗卫生机构、商店、垃圾收集站、居民房屋等服务设施及站点的空间分布阶段变化过程。图9－1展示了各服务设施及站点要素的空间分布情况。其中，村委会驻地及乡（镇）行政中心空间变化较小，基本与行政区划调整保持一致，即每个行政村设置一个村委会驻地，每个乡（镇）设置一个乡（镇）行政中心。由于撤乡设镇、行政村撤并调整幅度较大，原乡政府驻地改为乡级行政中心，但仍具备辖区行政事务处理功能，如峪口乡、官庄乡、上高寨乡等7个乡。2001年，神泉乡、西山乡、下高寨乡、楼家坪乡则完全撤销了办事机构。作为公共服务的站点，其配置与乡镇、行政村的撤并，社会经济的发展，政策导向均密切相关。

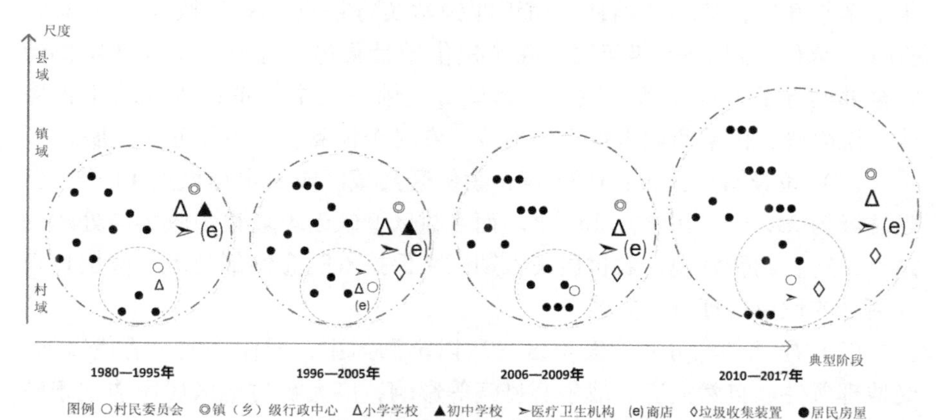

图 9－1　1980—2017 年案例区乡村空间点要素的空间配置

二、站点空间配置的演变

1. 1980—1995 年：教学站点密布，乡村住宅分散分布

1984 年 7 月，案例区 23 个公社管理委员会均改为乡（镇）人民政府，生产大队改称村民委员会，全县辖 23 个乡（镇），653 个村民委员会。

（1）小学及初中分布：1980 年，案例区有小学 551 所，中学 108 所；1995 年，小学上升至 632 所，初中有 12 所，高中有 2 所。20 世纪 80 年代，几乎每个村均分布有小学，镇域均分布有初中。“那个时候读书方便一些，村村都有小学”，是农户对该阶段印象最深刻之处。

（2）卫生机构分布：中华人民共和国成立后，境内医疗卫生事业迅速发展，20 世纪 70 年代，全县 653 个行政村（生产大队）几乎村村有卫生室，农村医疗卫生工作进入高潮。自 1980—2017 年，农村医疗卫生工作滑坡，村办卫生室相继解体，1989 年前乡（镇）卫生院数始终保持为 22 所，之后基层医院改全额拨款为差额拨款，基本建设投资少，设备简单、老化，技术力量薄弱，经营状况差，部分乡卫生院停业，乡村居民“看病难”的问题突出。

（3）零售商店分布：1940 年春，峪口乡办起了第一个供销合作社。1976 年，按照人民公社的设置，案例区相应设置了 23 个供销社。从 1992

年下半年开始，基层供销社、通镇购销站实行带资（商品按60%～80%折价）承包。到1995年年底，除坑镇供销社集体经营外，其他基层供销社全部实行了带资经营，城关、峪口、大佛寺三个供销社因经营不善停业。该阶段，供销商业占据主导地位，农村个体商业开始复苏与发展。

（4）垃圾站点分布：1982年，案例区县城区域划定垃圾点14个，新建垃圾箱215个、污水缸262个。而乡村区域缺乏垃圾集中收集与处理的站点，笔者调研发现，农村居民长期以来保持着随意倾倒垃圾、倾倒垃圾入河渠的垃圾处理行为方式。

（5）居民住宅分布：案例区民居以窑洞为主，居住分散。清代以前，受地理条件、自然灾害、战争和疫病等影响，广大乡村地区居民居住于破烂窑房。20世纪70年代后期，农户选择开阔、向阳、近水之处修建新窑，农村住房条件始有改观。背靠山、前临开阔地是窑洞最主要和关键的地形条件。理想的土壤则是质地坚硬而又细腻的黄土，否则挖窑洞就不太安全，这是黄土高原地区窑洞居住者的基本选址原则（于希贤，2016）。该阶段案例区民居多靠取土掏挖成窑，以靠崖式窑洞类型为主，包括靠山式与沿沟式。该类型窑洞的不足之处有两点：一是布局松散单一，一般沿山展开，不利于节约土地；二是沟道内窑居村落空间不紧凑，群落分散（周庆华，2009）。至1989年年底，案例区各村庄新修石窑共82510孔，主要为独立式窑洞类型，包括砖石窑洞与土基窑洞。黄河沿岸因取石材方便而多采用砖石窑洞，如峪口乡。佳芦河河川带因人口密集、地貌平缓而多采用土基窑洞。综上，该阶段乡村住房呈现星罗棋布、分散点状结构，仅个别地区乡村住房分布集中。

2. 1996—2005年：村卫生室重建，零售网点数激增后骤降

至2000年，案例区佳县辖8镇16乡，有6个居民委员会、653个村民委员会。2001年年底撤乡并镇，至2005年，佳县辖8镇12乡。1995—2005年小学与零售业网点数量变化如图9－2所示。

（1）小学及初中分布：1996年，案例区共有小学631所，中学18所。2002年，佳县政府确立了“以县为主”的农村义务教育管理体制和以政府投入为主的经费保障机制，制定了《佳县中小学布局调整方案》，积极稳妥地调整学校布局，至2005年全县共有小学302所，中学12所。因此，该阶段平均每两个行政村拥有一所小学，每两个（乡）镇拥有一所中学。

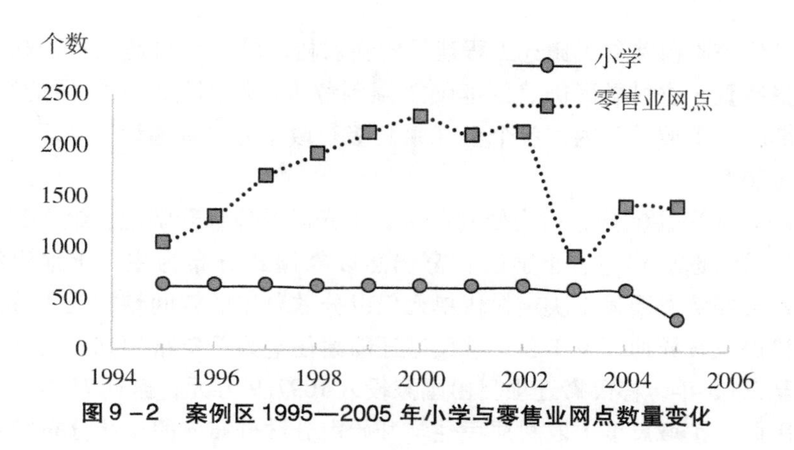

图 9－2　案例区 1995—2005 年小学与零售业网点数量变化

（2）卫生机构分布：1995 年，地段医院更名为中心卫生院，乡医院更名为乡卫生院。2000 年，通镇、坑镇、店镇、王家砭中心卫生院，刘家山、大佛寺乡卫生院由个人承包经营。2002 年后，政府逐步加大农村医疗卫生设施投资，乡镇卫生院基础设施有所改善，至 2005 年，全县共有 8 所中心卫生院、11 所乡卫生院，平均每个乡（镇）分布有一所医疗机构。此外，自 1996 年开始，在世界银行贷款“疾病预防项目——计划免疫子项目”的支持下，案例区重新整建村卫生室。至 2005 年，全县挂牌的村卫生室共有 276 个，兼职医务人员 400 多人，其中认定资格的有 241 人。因此在该阶段，镇域及近半数村域单元均有医疗机构点的分布。

（3）零售商店分布：进入 20 世纪 90 年代，随着市场经济的不断发展，指令性计划分配物资被基本取消，指导性计划分配和管理物资的范围也逐渐缩小，1996 年后过渡为完全由市场调节，物资管理实行市场化。到 2005 年，除化肥、民用爆破产品、卷烟和部分医药外，其余商品均实行个体自主经营。由图 9－2 零售业网点数变化可知，2000 年，零售业网点数量最多，达到 2288 家，此时村域或镇域范围内均分布有一家及以上的零售店。2002 年后，归因于《佳县中小学布局调整方案》的实施，当年小学撤并 64 所，依附于学校市场的农村小卖部、杂货铺等零售网点撤离。2003 年，零售业网点数量骤减一半，仅剩 923 家。

（4）垃圾站点分布：自 2001 年以来，在方塌镇杨塌村、苗圪台村，上高寨乡上高寨村、顺义峁村，佳芦镇张庄村，官庄乡天池花界村共修建双瓮漏斗式卫生厕所 300 座，卫生公厕 10 座，农村卫生条件进一步得到改善。但该阶段除移民搬迁工程建设的新农村以外，乡村地区依旧缺乏垃圾收集装置，农村居民仍然延续随意倾倒垃圾、倾倒垃圾入河渠的行为。但该期间，镇域单元内，各个乡（镇）级行政中心已普遍设置垃圾池、垃圾桶等装置。

（5）居民住宅分布：为便利取水、采光以及前临开阔地，绝大部分村域农户重新选址建宅、土窑改石窑仍然以靠崖式分布为主，土地资源分散、社会经济发展程度决定村域单元仍以分散分布的空间结构为主导。得益于移民扶贫异地开发工程，移民搬迁新建住宅为石砖窑洞和石砖平房类型，至2005年，移民搬迁项目由国家投入1097.9万元，搬迁71村、1244户。因此，镇域尺度上农村居民住宅开始由分散分布向团块状分布发展。

3. 2006—2009年：住宅分布趋于集中化，村卫生室倒闭

2008年，镇域单元数缩减至20个，村域单元数调整为660个。

（1）小学及初中分布：在农村学校布局调整与适龄儿童生源流失的双重影响下，案例区小学由2006年的278所持续降为2009年的64所，至此小学仅分布于乡（镇）中心或少数人口密集行政村。大部分村庄的受访农户表示，“村上十几年没有小学了，我们乡大概有3到4个教学点”，“现在没有学校，得去镇上，费钱还不方便”。初中只有4～7所，仅分布于人口规模较大、交通便利的片区中心城镇，如通镇、坑镇。

（2）卫生机构分布：该阶段卫生院（中心卫生院与乡卫生院）的数量始终保持为20所，村卫生室在无持续经费支持以及农村人口流失的影响下纷纷倒闭，乡村优秀医生资源向城市转移，农户表示，“有卫生室，没有医生，关门很久了”。

（3）零售商店分布：该阶段全县的零售业网点数量与2000年末持平，浮动于1400家上下，主要分布于城镇区域。归因于乡村人口流失，乡村商品市场需求规模持续缩减，乡村区域的零售商店浮动于300家上下，且多分布于集镇或道路干线沿线，仅少数人口密集行政村有零售商店分布。

（4）垃圾站点分布：垃圾站点的分布情况仍与2000年保持一致，即仅各乡（镇）级行政中心、移民搬迁乡村、新农村设置有垃圾收集站点。

（5）居民住宅分布：一方面，得益于道路、电力、饮水“村村通”系统工程，农村居民建宅选址偏好发生变化，由传统人居风水观向追求生活生产便利、社会交往的观念转变。除移民搬迁、新农村建设乡村住房呈团块状分布外，北部风沙山区农户在政策或选址观念转变的引导下也陆续由沟底迁往坡顶建造平房或石砖窑洞，呈团块状分布。道路沿线村庄农户自发地沿道路线延伸建造住宅，呈带状分布，如佳吴路沿线店镇至螅镇段住房分布。另一方面，靠崖式窑洞为黄土高原半干旱区的主要住宅类型，案例区西南黄土丘陵沟壑区的传统、偏远乡村住宅分布仍为随山就势，错落有致，分散分布。综上所述，该阶段居民住宅在镇域尺度上集中分布的村庄增多，住宅分散分布的村庄数量始终占据一定比重，在村域尺度上，案例区住宅分布开始以集中分布为主要特征。

4. 2010—2017 年：标准化村卫生室全覆盖，垃圾收集装置沿线普及

2018 年 7 月，佳县完成小村并大村及乡镇行政区划调整工作，将全县 653 个行政村撤并为 324 个，调整后保留 12 个镇、1 个街道办事处和 7 个便民服务中心。

（1）小学及初中分布：在城市化集聚效应以及农户择校观念改变的背景下，农村劳动力及适龄儿童逐渐向城镇转移，为适应适龄儿童生源大规模缩减现象，地方政府继续实施撤校并点、优化教育资源。至 2017 年，案例区小学持续降至 22 所，仅分布于镇中心或乡级行政中心所在地；幼儿园有 56 所；初中仅有 6 所（含九年一贯制学校 1 所），仅分布于片区中心镇。空间结构图绘制为：镇域单元拥有小学站点，无初中站点，村域单元无教学站点。

（2）卫生机构分布：卫生院的数量仍然保持为 20 所。2008 年，陕西省卫生厅颁布了《陕西省卫生厅关于建设标准化示范村卫生室的通知》，至 2016 年年底，案例区拥有标准化村卫生室 326 个、乡村医生 376 名，即每个行政村均配备了一个标准化村卫生室。因此，空间结构图显示，镇域、村域单元均有卫生机构站点分布。

（3）零售商店分布：该时期乡村区域零售网点数量为 310 个，实地调研发现零售商店集中分布于集镇（原乡级政府驻地村），如上高寨、官庄、大佛寺集镇均分布有 10 家以上的杂货铺。此外，仅个别中心村拥有 1～2 家销售米面粮油、零食等的零售店，如坑镇下墕村。因此，空间结构图仅以镇域单元显示分布有零售网点。

（4）垃圾站点分布：得益于地方政府实施的乡村人居环境改善项目，垃圾收集装置开始由点至线普及，即由前期的仅设置于城镇、集镇、移民搬迁乡村，向交通干线沿线、河流沿线乡村（如沿黄公路沿线村庄）。实地调研发现，该阶段村庄农户垃圾处理行为发生明显变化，已由最初的无意识倾倒垃圾行为向集中堆积焚烧、倾倒入垃圾池的行为转变。受访群众均意识到农村卫生环境污染现状，“河里的水没有以前清，就是因为倒的垃圾多了”。虽然垃圾站点暂未全面覆盖，但较上阶段已有了显著变化，因此空间结构图显示村域单元有垃圾站点分布。

（5）居民住宅分布：与2008年类似，在农户建宅选址行为偏好变迁与移民搬迁工程推动下，农村居民住宅继续由分散分布向集中分布演变。但归因于处于乡村主体周围的零星散户，以及黄土高原沟壑地貌区乡村临山建宅的存在，分散分布的形态将在相当长的时期内始终存在。

第二节　线的变化

一、乡村的线要素及空间展示

“线”主要依托社会交往、交通道路轴线的发展，探讨乡村地域居民活动空间的演变。在绘制空间结构图的同时，将绘制各阶段社会活动、交通道路网络轴线的分布，如图9－3所示。

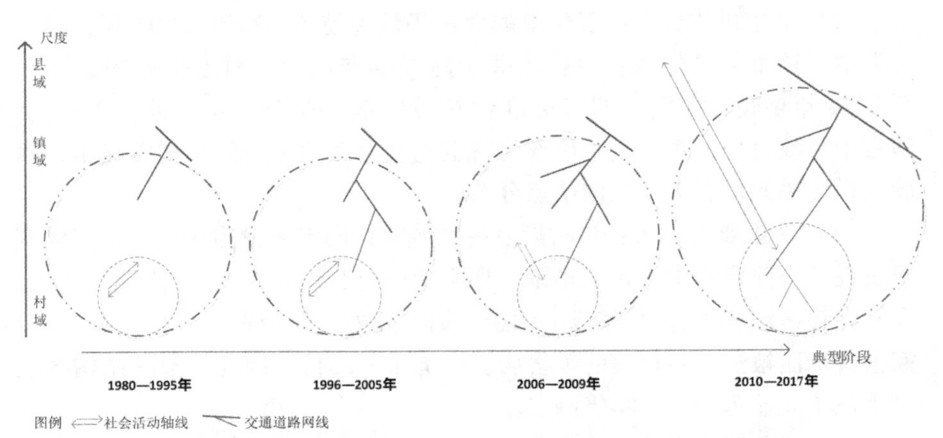

图9－3　案例区1980—2017年乡村空间线要素的空间配置

二、交往轴线的空间分布演变

1. 1980—1995 年：简易村道，居民交往活动局限于村域

佳县地处偏僻，自古交通不便。20 世纪 50 年代至 70 年代初，佳县拓修了佳米公路、佳榆公路、佳吴公路，全县初步形成了“丁”字形公路交通干线。1978 年中共十一届三中全会后，交通事业率先发展。1980 年，各乡镇至县城公路全部贯通。乡村道路建设始于 20 世纪 70 年代，至 1980 年已修通乡村简易公路 27 条，共 266.6 千米。至 1995 年，佳县有 474 条通村公路，多为简易路，通车里程 709 千米，即每平方千米土地的通车里程仅为 0.35 千米。

1980 年，由于道路条件差、交通工具缺乏，案例区乡村居民的社会交往局限于村庄范围内，村庄范围内的农户也因交通阻隔导致交往活动很少。刘国具镇前郑家沟村的农户表示，在移民搬迁前乡村居民均沿沟线山体居住，邻里来往较少，“以前沟底下见面不方便……隔得远，不好叫”。

2. 1996—2005 年：农村道路“村村通”，居民交往活动仍集中于村域

依托 1998 年实施的公路“村村通”国家工程，2003 年，佳县基本实现公路“村村通”。但由于该县山大沟深，公路质量不高、养护困难、毁坏严重，通村公路经常出现断路现象，故部分村庄开始改建水泥、沥青路面。这一时期的村庄道路硬化的经费主要来自外出务工人员与村民赞助支持。如 2005 年，上高寨乡政府动员该乡籍的外出务工人员、村民捐款，投资 416 万元，给该乡 7 个村修通水泥路、柏油路共 16.3 千米。至 2005 年，全县形成了以县城为中心，以 9 条省县道路、13 条乡镇公路为干线的扇形公路网。

社会交往活动范围也随着道路“村村通”而扩大。另外，虽然居民交通条件有所改善，但交通工具仍然缺乏，农户描述为“沿河的这条路没有修好，去镇上需要翻山越岭”。此外，该阶段仍然村村分布有小学，供销社解体后，私营商业迅猛发展，村庄内小卖部、杂货店相继邻近学校开设，居民走亲访友、接送儿童、采买等社会交往活动仍多于村域范围内进行。

3. 2006—2009 年：农村公路硬化率低，居民交往活动拓展至镇域范围

2006 年，国民经济和社会发展第十一个五年规划（2006—2010 年）正式实施。至 2008 年年底，案例区在财政极为薄弱的情况下，公路建设仍然实现了跨越式发展，县通达里程达 1014 千米，占总里程的 55%，通畅里程达 520 千米，占总里程的 28%。在该期间，案例区交通干线健壮程度增强，县乡公路硬化，农村公路呈树枝状延伸，但公路硬化程度低，脆弱程度高，其中已通畅建制村 188 个，仅占建制村总数的 29%，晴雨通车里程为 837.9 千米，占农村公路总里程的 44.96%，硬化路面占总里程的 40%，无路面里程达 773.8 千米，占总里程的 41.52%。

乡村交通路网条件得到显著改善，在公共交通供给不足的情况下，私人客运普遍出现，成为居民社会交往的载体，而在劳动力流动、撤校并点、小卖部品种单一甚至倒闭的背景之下，乡村居民主要社会交往活动如儿童就读、物资交换拓展至镇域范围。在实地调研中，农户描述当时已需要前往乡（镇）中心接送小孩上学，“条件差的在村里（教学点）念书”。打零工生计活动由最初的在村内“帮着建窑、帮着放羊，基本不跑远”，拓展至村周围，“当时零工活多，建窑的、修路的到处都要人，基本都在村周围干活”。

4. 2010—2017 年：农村道路“户户通”，居民交往活动拓展至县域范围

《佳县“十二五”农村公路建设规划》提出到 2015 年，农村公路实现等级化、舒适化，形成层次分明、网络完善的农村公路交通体系，满足农村经济发展和农民生产生活的需求。因此，该阶段案例区乡村交通放射状路网逐渐形成。目前，农村交通建设成效突出的表现有两点：一是为全县境内所有公路购买了灾害损毁保险；二是推进道路“户户通”工程，即以政府提供砖材、经费等的方式硬化农户入户道路。因此，图 9 – 3 显示了 2010—2017 年道路交通轴线在村域范围内延伸并继续产生新的分支。通镇马新庄的农户表示，“道路硬化有七八年了，交通方便了，户户通砖路，入户的铺砖是政府给的项目，自己找人砌的”，当然，目前仍有近半数的村庄未达到“户户通”的水平。其中王家砭镇打火店村的村民表示，“进村大道通了，但道路没有入户，所以天一下雨车就难行，泥土给人胡一身。就是大路通了，家家户户门前还是泥土”。这是村民对村庄环境最

不满意的地方之一。

当前，乡村居民交往活动范围继续拓展，社会交往尺度拓展至县域空间。自2010年始，家用三轮电动车逐渐普及，农户交通出行能力得到显著提高。这是社会交往活动尺度拓展的基础条件。社会交往活动拓展至县域尺度的主要表现是适龄儿童就读、非农生计活动的范围拓展。前者归因于两点：一是行政村以及农村学校大规模撤并，仅个别乡村设有低年级教学点，村民表示，“村里小学早就倒闭了，现在（教学点）只有一个老师、几个学生……乡里（学校）也不行，没条件的都在那”。二是并乡设镇，镇级行政区划大幅度调整，地处乡级行政中心的小学的教学质量远落后于地处镇中心、县城的标准化小学。实地调研发现，多数农户为追求教学质量将小孩送至城镇标准化小学或让小孩跟随务工父母进城就读，县城周边乡镇家庭每日接送往返，偏远地区家庭则采用在县城租房子陪读，周末再返回村庄照看老人的陪读模式。邻近县城的原峪口乡枣树条村农户表示，“以前在隔壁村子上（小学），现在村里根本没有学校，小学都在县城了。就在县城租的房子，陪读，早送晚接，开三马子（三轮电动车）。县城租房子每月花400元”。后者归因于现阶段县域范围内零工活明显减少，劳动力在县域范围内流动性增大。“到处跑，哪里有活去哪里，活少多了，比2008、2009年少了七八成”，一名道路维护零工说，“跟着道路线跑，哪里要加固就去哪里”。

第三节　面的变化

一、乡村的面要素与空间展示

佳县属陕西省榆林市，地处黄土高原东部、黄河西岸、毛乌素沙漠南缘，土地总面积为2029.3平方千米。本书将乡（镇）域、村域抽象化为圆形，镇域面要素的面积即为乡（镇）域的平均面积，村域面要素的面积即为行政村（社区）的平均面积，依次以关键年份1980年、2000年、2008年、2017年的行政区划内容作为1980—2017年行政单元的面要素表征。乡、镇、村行政区划的调整虽然是国家政策直接干预的结果，但其本质原因是乡村人口流失与时空压缩下社会要素交流范围的扩大，而行政区划调整的结果促使了乡、镇、村行政服务以及其他公共服务半径的调整。结合上述两节点、线要素，绘制而成乡村空间“点—线—面”要素空间配置图，如图9－4所示。

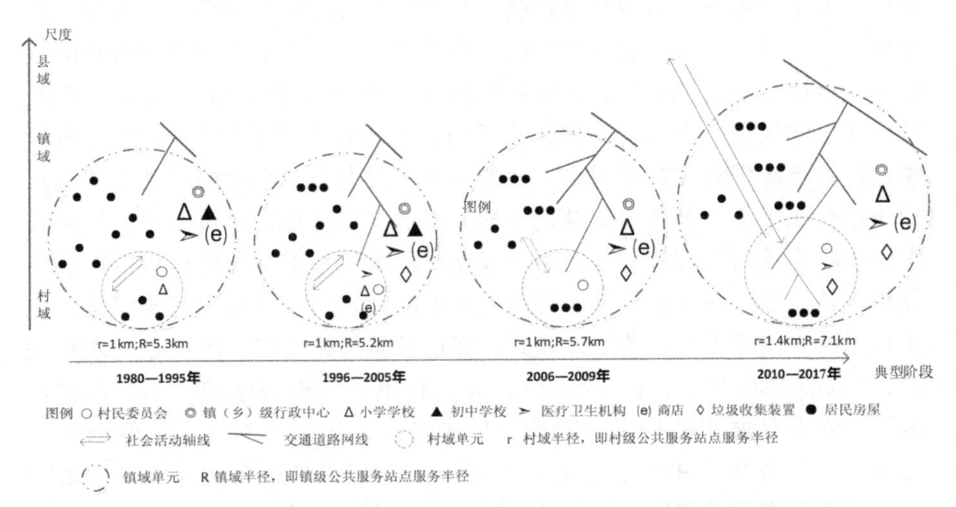

图9－4　案例区1980—2017年乡村空间“点—线—面”要素的空间配置

二、行政与社会交往域的扩张

1. 1980—1995年：县辖镇域单元23个，村域单元653个

1980年12月27日，案例区撤销县革命委员会，复设县人民政府。23个公社革命委员会于1980年10月25日统一改为公社管理委员会，辖653个生产大队。1984年7月，23个公社管理委员会均改为乡（镇）人民政府，生产大队改称为村民委员会，全县辖653个村民委员会。因此，该时期镇域单元数为23个，村域单元数为653个，镇域单元平均面积为88.2平方千米，村域单元平均面积为3.1平方千米，村级公共服务站点的服务半径约为1千米，镇级公共服务站点的服务半径约为5.3千米。该时期，居民社会交往活动局限于行政村，甚至自然村范围内。

2. 1996—2005年：镇域单元面积略有缩小，村域单元面积保持稳定

农村道路“村村通”，人口、社会经济要素流动增大，由于交通工具有限，居民交往活动仍集中于村域范围内。在该背景下，行政村范围几乎没有发生变化，镇域单元面积根据政策调整略有缩小。至2000年，案例区佳县辖8镇16乡、6个居民委员会、653个村民委员会。至此，以2000年作为代表年份的该阶段镇域单元数增长为24个，村域单元数增长为659个，镇域单元平均面积为84.6平方千米，村域单元平均面积约为3.1平方千米，村级、镇级公共服务站点的服务半径几乎无变化。

3. 2006—2009年：镇域单元面积扩张，村域单元面积保持稳定

该阶段农村道路已经“村村通”，交通干线健壮程度增强，县乡公路硬化，农村公路呈树枝状延伸，居民交往活动拓展至镇域范围。因此在路网建设、居民交往活动范围拓宽的条件下，镇级行政区范围开始大幅调整，实施撤乡并镇。至2008年年底，案例区佳县辖8镇12乡、7个居民委员会、653个村民委员会。至此，该阶段的镇域单元数缩减至20个，村域单元数调整为660个，镇域单元平均面积显著扩大为101.5平方千米，村域单元平均面积约为3.1平方千米，村级公共服务站点的服务半径不变，镇级公共服务站点的服务半径扩大为5.7千米。

4. 2010—2017年：行政区划大幅调整，村域及镇域单元面积显著扩张

由于乡村人口向城镇转移、劳动力外出务工等，经实地调研发现，现阶段各村庄常住人口为户籍人口的四分之一左右，部分村庄“空心化”严重。在此背景下，撤乡设镇、行政村撤并调整幅度加大，以2017年作为代表年份的现阶段镇域单元数缩减至13个，村域单元数缩减至338个，镇域单元平均面积显著扩大为156.1平方千米，村域单元平均面积约为6.0平方千米，村级、镇级公共服务站点的服务半径均显著扩大，其中村级公共服务站点的服务半径扩大为1.4千米，镇级公共服务站点的服务半径扩大为7.1千米。

行政区划调整历程如下：2011年，撤销兴隆寺乡、朱官寨乡，合并设立朱官寨镇；撤销官庄乡，并入金明寺镇；撤销刘家山乡，并入乌镇；撤销峪口乡，并入佳芦镇；撤销朱家坬乡，设立朱家坬镇；撤销螅镇乡，设立螅镇。调整后，2012年年末，佳县辖11个镇、5个乡、8个社区、652个行政村。2015年，撤销佳芦镇，设立佳州街道；撤销上高寨乡、刘国具乡，合并设立刘国具镇；撤销大佛寺乡，并入坑镇；撤销康家港乡，并入螅镇；撤销木头峪乡，设立木头峪镇。调整后，佳县辖12个镇、1个街道办。2018 年 7 月，佳县完成小村并大村及乡镇行政区划调整工作，将全县 653 个行政村撤并为 324 个，调整后保留 12 个镇、1 个街道办事处和 7 个便民服务中心。

第四节 小 结

本章选择案例区具有代表性的点、线、面要素来展示乡村基础的空间结构转型的过程。结果显示，商业服务与公共服务站点经历覆盖村域单元，之后又撤离村域单元的过程；乡村居民住宅由分散分布持续向集中团块式分布发展；交通道路轴线呈现由简易村道拓展至“村村通”，继而延伸至“户户通”的放射状结构，社会交往尺度随之由村域逐级突破至县域；村镇行政单元经历轻微调整至大幅调整、半径显著增大的过程。

第十章

乡村人居环境系统演变与乡村转型的路径、影响因素与机制

基于县域、村域尺度的乡村人居环境系统脆弱性时空演变、典型地貌类型人居环境优劣势转换，以及基于“生计—土地—空间结构”视角乡村转型的解析，采用梳理归纳法剖析乡村人居环境系统演变与乡村转型机制，步骤如下：首先，梳理自然、居住、人类、支撑、社会五大子系统脆弱性演变路径，以及基于“生计—土地—空间结构”视角的乡村转型历程；其次，归纳演变阶段间的主导驱动因素；再次，探讨促使乡村人居环境持续演变与乡村转型的驱动力；最后，系统梳理涵盖乡村人居环境系统脆弱性过程、乡村转型历程的乡村人居环境与乡村转型演变机制。

第一节　乡村人居环境系统脆弱性演变路径

一、自然系统脆弱性演变路径

1. 阶段1（1980—1995年）

在阶段1（1980—1995年），案例区以干旱突出、沙尘暴频现、森林比重极低为自然系统突出脆弱特征。在造林绿化、防风固沙、小流域治理等生态保护与修护国家工程，以及水土保持等世界银行贷款项目的实施下，在农户对国家政策或地方政府号召的积极响应下，森林开始重建，水土保持取得重要成效。通镇马新庄农户指出，“原先我们山上光秃秃的，没有树，就是80年代那会儿，自从退耕还林以后，山都绿了”。王家砭雷家坬镇农户提道，“大概十来年以前开始栽（枣树），都栽，国家一株株枣树苗苗都给钱，两三块钱”。坑镇张家岩村的农户明确指出，“现在村庄基本都是枣树……（20世纪）80年代至90年代，我们这个村是种粮食的，种枣树的原因一是退耕还林，二是看着收益高，都种”。

2. 阶段2和阶段3（1996—2009年）

而后，枣果市场发展较佳，受市场鼓舞，农户开始过度耕种枣林地，主要表现为频繁施用化肥、农药、除草剂。因此，至阶段3（2006—2009年），化肥农药泛滥、草甸植被被破坏的问题突出。当然，在持续的造林绿化之下，风沙灾害逐渐减轻。

3. 阶段4（2010—2017年）

至阶段4（2010—2017年），气候变化、降水显著增多，雨涝灾害已成为自然系统的主要灾害，而干旱、风沙灾害几近消失，农户的生产生活中已无干旱、风沙灾害的受灾经历，多位农户表示造林绿化是当地气候变化、降水增多的重要原因之一，“温度高、雨水多，主要就是树木多，山里豁[①]的多，雨水就多了”。此外，在气候变化与枣果市场规模缩小的双重扰动之下，农户的适应行为主要有两种：①弃耕弃肥，撂荒枣林地，年轻劳动力向非农产业转移。农户称，“（一九）八几年那会儿种庄稼的还不少，后来基本成片成片都成枣树了……枣树最近价格不行，没人要，成片成片的没人管理了”，“年轻人都出去打工，老年人在庄里种枣树，也没法种，地基本都豁了”。②砍伐枣林，改植粮食作物或经济作物。农户表示，“枣树陆陆续续都刨了，到现在刨完了……明年就都种药材，有这个打算”。由于农户适应行为的不同，自然系统也出现植被恢复与枣林砍伐这一特殊现象。

二、居住系统脆弱性演变路径

1. 阶段1（1980—1995年）

住房以结构高度脆弱的土窑为主，石窑主要存在于石材资源丰富的东南黄河沿岸土石山区。窑洞多为靠崖式窑洞，包括靠山式与沿沟式（周庆华，2009）。窑洞布局松散单一，一般沿山展开，村落空间结构不紧凑。在该阶段，农户收入水平极低，多为自给自足的生活方式，因此住房设施基本处于空白状态。

2. 阶段2和阶段3（1996—2009年）

在移民搬迁国家工程与农户住房主动重建行为的影响下，案例区以大范围的土窑改石砖窑、分散居住走向团块状居住为典型特征。在该期间，劳动力向非农行业转移，交通改善促使家电向农村市场普及，农户收入增加、物资采购便利，农村家庭家用设施逐渐丰富，比如彩电、洗衣机、电风扇、摩托车成为家庭必备品。

---

① 豁，指撂荒。

3. 阶段 4（2010—2017 年）

一方面，案例区大力实施饮水安全工程，农户持续进行住宅更新，居住系统以自来（井）水入户为特征，但不具备自来水入户条件的村庄或农户仍面临季节性饮水困难，农户称，“埋水管的地方太危险，就是很高的崖，从那里抽下来，抽到家里，但有时石头掉下来就把水管打坏了，冬天上冻也喝水难”。另一方面，为适应气候变化、降水增多的影响，农户由政府资助或自发地进行窑顶硬化处理，即将被草甸植被覆盖的窑顶硬化为水泥顶或者钢材顶。木头峪村村主任指出，“村庄树木植被遭到严重破坏，气候转变，雨水增多，过去家家房顶都长草，站在山坡上看绿油油的一片，现在由于雨水增多，家家被迫无奈做房顶硬化，都成光秃秃的了”。因此，当前，居住系统脆弱性已大大降低，区域性饮水困难，以及居住空间绿化环境被破坏的问题成为居住系统脆弱特征。

三、人类系统脆弱性演变路径

1. 阶段 1（1980—1995 年）

乡村人类系统脆弱性以家庭规模大、农村劳动力过剩为特征，在城市化、工业化集聚的作用下，城市地区就业机会增多，乡村富余劳动力向城市转移。在计划生育政策的严格实施下，出生率骤降，家庭规模呈缩小趋势。受重男轻女传统思想的持续干预，农户生育行为始终存在性别偏好，计划生育政策的严格推行加重了性别偏好，性别选择行为普遍存在。

2. 阶段 2 和阶段 3（1996—2009 年）

乡村人类系统脆弱性特征表现为出生率骤降、性别严重失衡以及年轻人口流失。在城市化集聚效应与农户生计非农转型的影响下，农村人口不断地向城市迁移，婚恋文化的变化以及乡村适婚青年性别比例严重失衡致使农户描述的“娃娃成家最费钱，要房要车难解决”的情况出现，与意外、疾病共同成为乡村家庭的主要致困、致贫因素。

3. 阶段 4（2010—2017 年）

乡村人类系统演变为以人口“空心化”、留守人口问题、农村“光棍”数量增多为典型脆弱特征。

四、支撑系统脆弱性演变路径

1. 阶段1（1980—1995年）

在此期间，支撑系统脆弱性的典型特征为供销社解体、个体商业开始兴起，基础设施和服务均十分落后。

2. 阶段2和阶段3（1996—2009年）

至阶段2（1996—2005年），乡村支撑系统脆弱性降低，以基础设施改善、村卫生室重建为特征。

1996年，佳县制定并实施“乡乡通”油路规划及“村村通”公路规划。1998年10月，国务院下发文件，批准了国家计划委员会关于农村电网建设与改造的请示，之后涵盖公路、电力、饮用水、电话网、有线电视网等基础设施的“村村通”国家系统工程大力推进，案例区基础设施环境得到改善。至2003年，案例区实现了“村村通”公路。2004年，移动、联通网络已覆盖全县各个乡镇村，手机用户达3万余户。建成农村饮水工程239处，解决了10万人的饮用水问题，饮水卫生状况逐步得到改善。

1996年，依托防疫站VII项目（世界银行贷款“疾病预防项目——计划免疫子项目”的简称）的实施，重新整建村卫生室。2002年后，政府逐步加大农村医疗卫生设施投资。2004年，乡镇卫生院固定资产建设投资145万元，基础设施有所改善。至2005年，全县挂牌的村卫生室共有276个，兼职医务人员400多人。[①] 截至2005年，依据《佳县中小学布局调整方案》，已撤并农村小学271所、九年一贯制学校13所，保留各类学校共319所，学校布局、资源配置逐步优化。

至2009年，佳县各类学校总数仅剩下82所。在学校撤并与劳动力持续向城市转移的背景下，乡村“空心化”、老弱化问题日益凸显，农村商业市场规模缩小，服务于学校师生的零售店、杂货铺相继倒闭，农村客运市场规模缩减，客运线路因无法盈利而被撤销。综上，至阶段3（2006—2009年），乡村支撑系统以学校撤并、商业网点关闭、客运线路撤销为突出的脆弱特征。

在城市资源集聚效应的持续作用下，学校布局调整与生源流失两者形

① 参见佳县地方志编纂委员会《佳县志》，陕西旅游出版社2008年版，第912－915页。

成恶性循环，农村学校撤并或仅保留低年级教学点。农户称，“镇上连个初中都没有，现在上学很不方便”，“学校倒塌（撤销），孙子不在村里，在县城读书，陪读要租房，一年要花两三万”。适龄儿童生源的家长出于对教学质量、就读便利性的考量向城市转移，或让孩子跟随务工父母进城，或在县城租房陪读，最终使得乡村优质的师资、医资、劳动力等人力资源向城镇转移或流向县外，支撑系统脆弱性的分异突出，面向乡村居民的公共服务供给高度脆弱。

3. 阶段 4（2010—2017 年）

乡村支撑系统的脆弱特征为人力资源流失，脆弱性空间分异凸显，村庄道路硬化，交通脆弱性降低。以村庄道路硬化为代表的乡村基础设施建设持续推进，至 2018 年，案例区农村公路晴雨通车里程占总里程的 78.64%，混凝土和简易铺装路面里程占比高达 66%，无路面公路里程占比仅为 5.34%。

五、社会系统脆弱性演变路径

1. 阶段 1（1980—1995 年）

案例区农户多以广种薄收的雨养农业活动为生计活动，由于家庭人口众多，雨养农业抗旱能力弱，该阶段农户多为自给自足的传统农业生计方式，以打零工收入为家庭主要收入来源，农户称，“80 年代、90 年代，都是地……自己都不够吃，不卖”。部分栽植枣树较早的地区，以枣果收入为家庭主要收入来源，但农户表示，“那个时候枣林税、地方税高了，那会儿枣树还没这么多，一户要上 1000 多的税”。因此，该时期案例区乡村家庭收入极低，仅能维持基本生活，在干旱灾年，加之缺乏面对乡村居民的社会保障系统，农户需要依赖政府发放救灾款、救济粮来生活。

2. 阶段 2 和阶段 3（1996—2009 年）

一方面，城市化进程加快，城市建设需要大量的劳动力，就业机会增多，农村富余劳动力开始外出务工，农户生计行为转型，由务农活动转向非农活动。另一方面，农业生产方式开始发生变化，开始迈入半机械化时期。2002 年，农村税费改革开始实行，2004 年、2005 年，农业特产税、农业税相继被取消，务农收益显著增加。至阶段 2（1996—2005 年），社会系统脆弱性降低，以农业半机械化、生计多样化、收入增加为特征。

2006年，得益于枣果市场需求大，供小于求，枣果经济效益显著，农户一致认为该阶段“枣子卖的价格最好”，“枣子能收上一些钱”。依赖枣果销售致使农业比重于2007年出现反弹。因此，在阶段3（2006—2009年），社会系统的典型特征为枣果收益可观、非农产业发展滞后。

3. 阶段4（2010—2017年）

自2010年开始，在气候与市场变化的双重扰动之下，降水增多、枣果市场竞争增大，导致枣果减产与滞销并存，枣果生计方式已无法持续，农户称，“前年我们还卖了一毛五（一斤），去年、今年就不管了，不卖了。一毛五，成本都不止（这个价）”。随着扶贫攻坚、民生项目的落地，国家财政转移支付额度逐年大幅增加，农村社会保障脆弱性值陡降，已逐步构建成健壮的农村社会保障体系，受访者对地方政府、基层干部的满意度有所提高，“乡村干部也比以前好，也常常照顾贫困户”。

此外，社会系统脆弱性的空间分异、群体分异增大，表现在三个方面：①在精准扶贫、农村社会保障政策的实施下，老年群体、建档立卡的贫困户对政策满意度极高，但未享受政策关怀的收入较低人群，则表示出对贫困户评选的质疑与不满。②移民搬迁、新农村建设乡村，其社会关系网络更为开放，机械化程度更高。对于山区传统村落，农户表示，“村子基本就这样了，住得太分散，我们大队，一个人一条线，没啥发展了”。③依赖于枣果经济的农户收入骤降，信心丧失，砍伐枣林对生态建设成效形成威胁，而拥有多样生计的农户适应变化能力较强，弃耕有利于生态环境的自然恢复。因此，现阶段社会系统脆弱性减轻的表现为农村社会保障体系建立、政府管理与服务态度显著改善；脆弱性增强的表现为枣果生计不可持续、脆弱性空间分异增大。

六、乡村人居环境系统关键演变路径的归纳

根据县域尺度、村域尺度乡村人居环境系统脆弱性的时空演变，典型地貌区乡村人居环境系统优劣势的转换过程，笔者梳理了自然、居住、人类、支撑及社会五大子系统脆弱性的演变路径，其驱动力、关键影响事件以及脆弱性状态演变过程如图10-1所示。

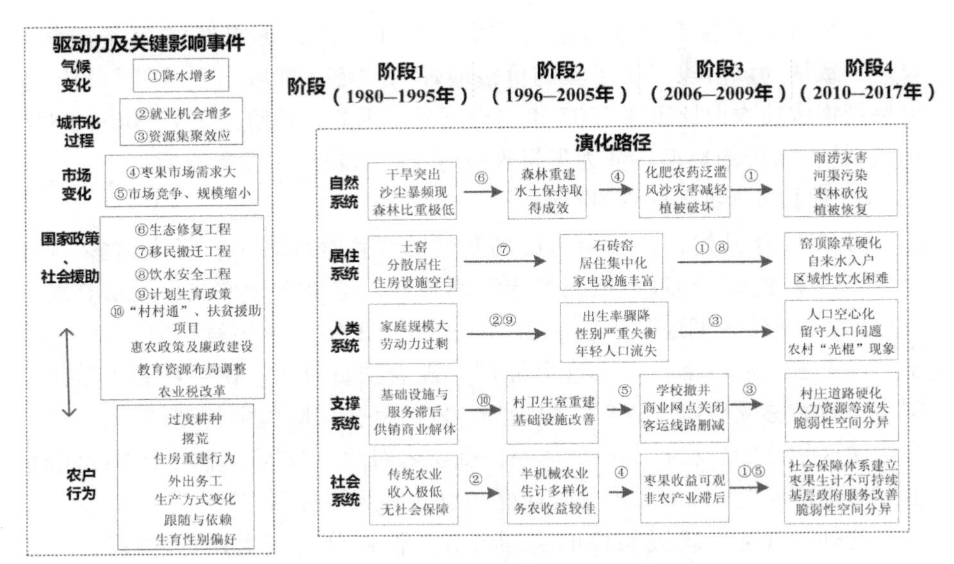

图10－1　乡村人居环境系统脆弱性演变路径

第二节　乡村"生计—土地—空间结构"转型历程

一、生计方式转型历程

初始时期（代表年份为1980年），案例区非农生计活动比重极低，北部风沙区、西南黄土丘陵沟壑区均以传统农牧生计活动分布最广泛。农户生计结构则以传统农牧生计主导型与生计缺乏型为典型类型，县域范围内农户生计多样性指数为1.22，三大地貌类型片区内均为有单一生计活动的农户比重最高。

之后，针对黄土高原地区自然系统生态脆弱、沙尘暴频发等问题，退耕还林、天然林保护等国家生态修复工程相继实施，农户主动或被动地适应政策变化，农户间的跟随与模仿行为等共同促进了农户生计活动由传统农牧业转向特色枣果生计。乡村劳动力在地方政策的鼓励下积极进行劳务输出，农村富余劳动力开始由农业转向非农行业。因此，至2000年，从生计活动分布看，传统农牧型生计活动占比降低，枣果生计活动占比显著上升，有非农生计活动的农户比重也有较大幅度的上升。但从农户生计结构区域差异看，北部、西南片区传统农牧生计主导型仍为广泛分布的类型，东南片区以枣果生计主导型、枣果与非农生计均衡型为高占比类型。而生计多样性指数较阶段1有明显上升，已达到1.90，三片区均为有两种生计活动的农户占比最高。

此后，一方面，枣果市场需求增大，传统农牧业生计活动大幅转向枣果生计活动。在如火如荼的城市化、工业化进程中，众多的就业机会涌现，对农村劳动力吸引力增大，非农生计活动数量大幅上升。另一方面，农村劳动力通过跟随、模仿行为，推动生计活动、生计结构进一步转变。有农户表示，“看着别人都栽枣了，村子就普遍栽上了”，“通过进城打工邻居、亲戚朋友给介绍到城里”。2008年，枣果生计活动的占比在2000年的基础上持续激增，成为西南部、东南部分布最广泛的生计活动类型，非农生计活动分布比重均有一定幅度的上升。生计结构的区域差异增大，东南、西南、北部片区分别以枣果生计主导型、枣果与传统农牧生计均衡型、传统农牧生计主导型为分布最广的生计结构类型，而生计缺乏型结构类型分布占比均持续降至5%以下。此外，三类地貌片区无生计活动、有三种生计活动的农户占比分别缩小、扩大，县域生计多样性指数增加为2.07。

自2010年始，在全球气候环境变化的影响下，案例区降水明显偏多，雨涝灾害加重。同时，因枣果供需失衡、市场竞争增大，案例区枣果生计已不可持续，枣果生计活动比重骤降。全球金融危机之后，城市就业市场逐渐复苏趋暖，受城市就业机会多、打工收益大的吸引，乡村劳动力外出务工规模增大。综上，有枣果生计活动的一部分农户向非农生计转变，而另一部分农户因个人适应能力、风险应对能力的缺乏则陷入生计困境，即无主要生计来源，依赖政策性补贴或打零工收入。在以上因素的主要作用下，2017年生计活动表现为枣果生计活动占比骤降，传统农牧生计占比大幅下降，非农生计占比大幅上升；生计结构表现为生计缺乏型农户已占据较大比重，西南、东南片区以非农生计主导型生计结构分布最广；生计多样性指数陡降至1.42，无生计活动与拥有单一生计活动的农户占比规模大幅增长。

二、土地利用方式转型历程

1980年，农户土地利用类型以耕地类型为主，其中北部、西南片区耕地利用类型占比极高。同时，由于人居环境系统、社会系统建设水平低，物资采购不便，家庭人口众多且几乎无收入，广种薄收的雨养农业生产模式等一系列因素，县域范围内几乎无弃耕地的出现。本书以此为乡村土地利用方式转型的初始状态。

针对黄土高原脆弱的生态环境，政府实施退耕还林（草）等国家项目，政策性引导农户利用土地类型由耕地向林地转换，由耕地向生态林（即弃耕地）转换。此外，得益于人居系统、社会系统的建设，乡村居民交通出行、个体零售业迅速发展，物资购买便捷性提高。农户认为物资采购便利，不需要过多的耕地以保障食品安全，因此陆续自发或“跟风”将偏远的耕地栽植当时收益可观的枣树。至 2000 年，三类地貌片区林地面积占比均大幅上升近 30 个百分点，同时不同程度地出现一定比重的弃耕地。

一方面，枣果市场环境较佳，市场价格高，枣果生计收益可观，农户在市场吸引下自发地退耕地栽植枣树，或依赖政府对枣树苗的补贴将耕地转变为枣林地，或跟随因枣致富的农户、栽植枣树的亲朋而改变土地利用类型。另一方面，在地方政策的引导与鼓励下，以及在村镇交通条件显著改善的情况下，劳动力转移规模增大，农户称，“出外做生意、打工都方便了”，在此过程中出现了一部分弃耕地。因此，2008 年的土地利用方式延续了 2000 年的趋势，继续由耕地向林地、已耕地向弃耕地转变，但耕地向林地转换幅度仅为 10 个百分点。

退耕还林项目持续进行推动了农村耕地向林地转变。但受降水增多、秋季淫雨灾害、市场价格骤降的影响，案例区枣果减产、品质下降与滞销并存，农户因丧失对枣果生计的信心而大幅撂荒枣林地，更有甚者出现砍伐枣林改植粮食或经济作物的现象。与此同时，城市就业机会增多，城乡一体化、交通网络化的发展进一步促进了农村劳动力流入城市，而乡村常住人口老弱化，乡村“空心化”，土地出现大规模撂荒。综上，2017 年林地与耕地利用格局与 2008 年保持一致，但弃耕地占比剧增，三类地貌片区乡村弃耕土地占比均在 40% 以上。

三、空间结构转型历程

1980—2017 年，乡村社会交往、交通路网、公共服务供给等要素的社会空间结构逐渐重组。与第九章保持一致，本章将从“点—线—面”结构梳理乡村空间结构的转型历程。笔者以阶段1（1980—1995年）的空间结构为乡村转型的初始状态，村域、镇域单元的半径分别为1千米、5.3千米，交通轴线为“丁”字形的县道、乡道，通村公路缺乏，居民交往活动局限于村域，村内分布有小学，其他服务设施分布于乡镇范围，居民住宅则呈现星罗棋布、分散点状结构。

至阶段2（1996—2005年），行政区划调整幅度较小，村域、镇域单元的半径基本无变化。此外，公路“村村通”国家工程促使乡村交通环境显著改善，扇形公路网形成、村村通公路，由于交通工具缺乏、村域服务设施站点的覆盖，社会交往活动仍集中于村域范围。在世界银行贷款“疾病预防项目——计划免疫子项目”的援助下，案例区村域重新设立卫生室。[①] 计划经济向市场经济快速转变，商品由统购统销基本转向实行个体自主经营，零售商店于大部分村域均有分布。此时，镇域单元较阶段1（1980—1995年）增加了垃圾收集装置的布置。土地资源分散、社会经济发展程度决定了村域单元仍以分散分布的空间结构为主导，得益于移民搬迁工程，在镇域尺度上的农村居民住宅开始由分散分布向团块状分布发展。

行政区划调整、撤乡并镇直接促使镇域单元的半径增加至5.7千米。乡村交通路网条件的改善，以及村级服务站点的撤离，促使居民社会交往空间扩大。小学、零售商店、村卫生室（诊所）等村级服务站点的撤离可归因于学校布局调整政策的实施以及适龄儿童生源向城镇转移，乡村人口流失，乡村商品市场、医疗市场需求规模缩减等多种因素。乡村住宅由分散走向集中，得益于道路、电力、饮水“村村通”系统工程，以及农村居民建宅选址偏好发生变化（由传统人居风水观向追求生活生产、社会交往便利的观念转变）。综上，至阶段3（2006—2009年），乡村“线”与“点”空间结构已有显著转变，主要表现在三个方面：①社会交往活动由村域拓展至镇域范围；②村域仅保留村级行政中心站点，镇域取消对初中站点的普遍设置，仅设置于片区中心镇；③乡村居民住宅趋于集中分布。

在城市化“虹吸效应”的影响下，乡村人口及其他要素持续流失，乡村“空心化”、老弱化问题严重。在此背景下，推进实施撤乡并镇、撤并行政村等行政区划调整工作，迫使镇级、村级行政中心的服务半径扩大。乡村

① 参见佳县地方志编纂委员会《佳县志》，陕西旅游出版社2008年版，第915页。

道路建设成效显著，道路向“户户通”深入，由于家用三轮电动车的普及，大部分农户交通出行能力显著提高。同时，适龄儿童就读、非农生计活动范围的扩大，使乡村社会交往范围继而由镇域拓展至县域空间。得益于村卫生室建设国家项目，村域单元内已布置了卫生站点；得益于农村环境综合整治工程，垃圾收集装置逐渐以交通干线、河流沿线村进行扩张。受西南黄土丘陵沟壑区地形地貌所限，乡村主体周围的零星散户、乡村临山建宅的存在，使得乡村居民住宅分散分布的范围虽持续缩小，但该形态将在相当长的时期内始终存在。综上，至阶段 4（2010—2017 年），村域、镇域单元半径分别增至 1.4 千米、7.1 千米；道路交通轴线在村域范围内延伸并继续产生新的分支，社会交往尺度拓展至县域空间；标准化村卫生室全覆盖，垃圾收集装置沿线普及。

四、乡村转型主要历程的归纳

基于对 1980—2017 年黄土高原半干旱区三大典型地貌类型区人居环境演变下的乡村“生计—土地—空间结构”转型历程的剖析，以阶段 1 为乡村转型的初始阶段，提炼各主体领域代表性要素的转变，识别关键影响事件，最后形成乡村“生计—土地—空间结构”转型历程图，如图 10－2 所示。

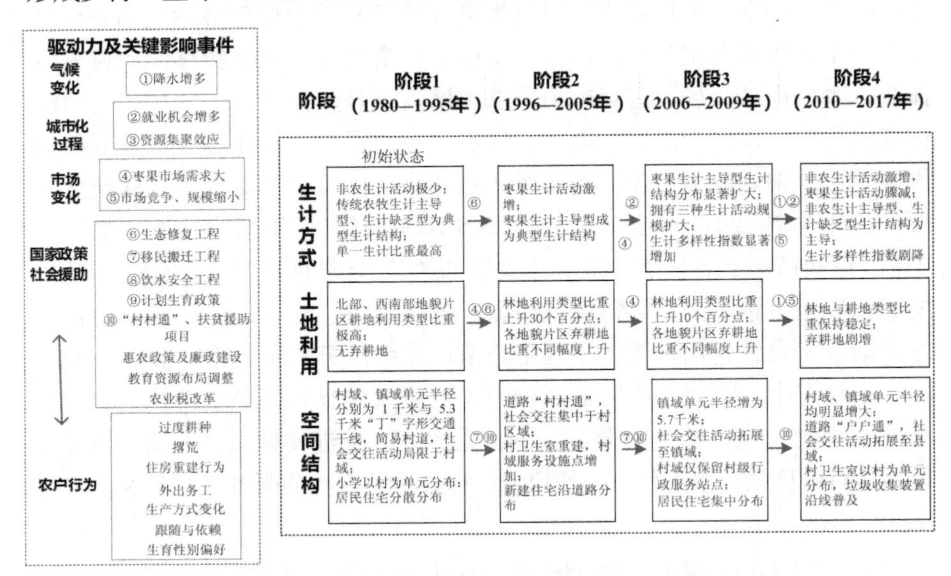

图 10－2　乡村“生计—土地—空间结构”转型历程

第三节　各阶段演变的主导驱动因素

一、阶段1至阶段2演变的主导驱动因素

由图10－1、图10－2可知，在阶段1至阶段2的演进中，乡村人居环境系统脆弱性由顽固高脆弱的情景向不受控制的脆弱情景演进；生计方式由传统农牧型向非农型、枣果型生计转变；土地利用方式由耕地向林地转换；空间结构的转变呈现沿道路轴线延伸、集中分布的居民点零星出现的格局。这一过程主要受到城市化过程、国家政策与农户行为因素的驱动作用。

其中，城市化过程的驱动作用体现在以就业机会增多来吸引农村富余劳动力向城市转移，一方面，农村家庭生计趋于多样化，非农生计比重增加，生计结构开始转型；另一方面，乡村区域年轻人口开始流失，人类系统脆弱性增强。国家政策干预、国际社会援助作用体现在通过造林绿化、水土保持等生态保护与修复工程，移民搬迁、“村村通”等民心工程，农业税改革等农村政策，世界银行贷款项目驱动人居环境子五大子系统脆弱性减轻，继而促使乡村社会空间结构转变。农户行为体现在通过住房重建、外出务工、生产方式变化，促使居住系统及社会系统脆弱性减轻；或积极响应退耕还林政策、主动改植经济枣林助力重建森林，直接引导耕地向林地利用方式转变，但加重了农户对枣林经济的依赖。计划生育政策与农户生育性别偏好因素共同加重了人类系统脆弱性，主要表现为出生率骤降、性别比例严重失衡。

二、阶段2至阶段3演变的主导驱动因素

阶段2至阶段3的演变是乡村人居环境系统从不受控制的脆弱情景走向顽固低脆弱的情景状态；乡村转型表现为枣果生计主导型结构激增，农户生计多样性提高，弃耕地增加，镇域单元半径增大，社会交往活动尺度拓展至镇域空间以及村域单元仅覆盖行政服务中心。

该过程主要受到市场变化、城市化冲击的扰动，以及农户行为与国家政策对环境变化优动的适应与响应作用。其中，市场变化以枣果市场需求大为主要影响，一方面，这促进枣农收益增加、农业产业规模扩大，传统农牧生计向枣果生计转变，耕地向林地转换；另一方面，通过促使农户过度耕种，以乡村农药化肥泛滥、林下植被破坏、依赖枣果生计为主要表现，自然系统脆弱性反弹。国家政策干预表现为在教育资源布局调整下案例区农村中小学大规模撤并，学校撤并与生源流失形成恶性循环。此外，由于生源及人口流失，佳县客运市场、零售市场规模缩小，进而导致农村商业网点陆续关闭、客运线路撤销，村域单元服务设施点撤离，仅覆盖行政服务中心。此外，居住系统和人类系统脆弱特征保持稳定，在前阶段驱动因素的作用下，脆弱程度分别呈现减轻和加重状态，乡村居民住宅向集中分布发展。

三、阶段 3 至阶段 4 演变的主导驱动因素

阶段 3 至阶段 4 演变是乡村人居环境系统由顽固低脆弱的情景演进至不受控制的脆弱情景，乡村生计非农化、弃耕地比重骤升、社会交往尺度与行政中心服务半径扩大等的转型过程均受到了气候与市场变化、城市化过程、国家政策、农户行为的共同驱动作用。

其中，气候变化扰动主要表现为降水量增多致使夏季洪涝灾害频发，成熟期枣果因秋季淫雨而大规模开裂腐烂。此外，前期大规模退耕还枣林使佳县枣林挂果规模突增，加之新疆优质枣果产区形成市场竞争，导致案例区枣果严重滞销。在气候与市场变化的影响下，务农型农户严重依赖的枣果生计已无法持续，枣果生计方式向非农生计转变，退变为传统务农型生计，更多的农户则是陷入无稳定生计的困境中，以依赖政策补贴资助、打零工为生，间接促进了弃耕地比重显著上升。城市化仍以“虹吸效应”成为城乡二元结构、乡村萧条的推手。案例区在乡村人口、教育、医疗等资源要素持续流失的现状之下，农村留守老人与儿童、婚嫁彩礼、乡村“空心化”、公共服务网点撤并等成为重点关注的社会问题。在此背景下，镇级、村级行政区划大幅调整，村域、镇域半径明显扩增，服务设施点布局调整。国家政策以“户户通”公路、安全饮水工程、惠农政策、廉政建设等促使居住系统与社会系统脆弱性显著减轻，乡村道路轴线呈放射状、

社会交往尺度拓展至县域空间。但教育资源布局调整、精准扶贫等针对特定空间、特定人群的政策却促使案例区支撑系统与社会系统脆弱性空间分异加剧。农户行为体现在对气候及市场变化、城市化过程、政策干预做出适应响应，主要表现为农户因枣果经济效益过低而出现砍伐枣林与放弃施肥耕作行为。前者导致森林被破坏，枣果生计向传统务农生计转变，林地退变为耕地利用类型。后者则有利于弃耕地增加，有利于森林自然恢复；劳动力大规模外出务工拓宽了生计渠道，弃耕行为也使得生态系统得以自然恢复，促进了生计非农化、生计多样性的进程。

第四节 主要的驱动力剖析

一、气候变化

气候变化为自然系统演变的表征，即案例区经历了从以干旱为主导到转干与趋湿并存的过程，自2010年始夏季暴雨、秋季淫雨灾害更为突出，成为居住系统、支撑系统、社会系统演变以及乡村转型的外生因素。洪涝威胁农户居住生活，暴雨冲击对窑洞结构造成实质性伤害，窑顶漏水问题频现。因此，在当地政府的资金支持下，农户开始对窑顶进行加固，即进行窑顶除草硬化。

秋季淫雨带来的灾害主要表现在：①河流两岸、沟壑谷底区的村庄易受到洪涝灾害的侵扰。②秋季雨水增多，特色枣果品质与产量骤降，案例区农户的主要生计来源受到严重威胁，收入骤减，生计多样性降低，生计方式由特色枣果生计转向非农生计、传统农牧生计类型。缺乏生计型农户与非农生计型农户比重的升高，使得土地由耕地大幅度向弃耕地转换。

二、城市化过程

自1978年改革开放以来，快速剧烈的中国城市化促使乡村生产方式、生活方式、聚落形态等积极发展，如生计非农化、农业机械化，交通便利、社会交往活动空间日益扩大，居民住宅由分散向团块状发展。城市化的“虹吸效应”成为城乡二元结构、乡村萧条的推手。

在乡村人口、教育、医疗等资源要素持续流失的现状之下，案例区农村留守老人与儿童、婚嫁彩礼、乡村“空心化”等乡村衰败现象陆续出现，村镇行政区划调整，村域单元服务设施站点相继撤离，已有的公共服务设施点的服务半径被迫增大，但服务能力仍有限。此外，在劳动力流失与乡村老龄化背景下，乡村土地荒废、弃耕成为普遍现象，其积极意义在于促进弃耕地的出现，使土壤、植被得到自然恢复，黄土高原地区自然系统脆弱性得以减轻。

三、市场变化

市场竞争对农业发展、农户生计的直接影响最为显著，市场需求规模的变化直接导致市场导向型服务设施的调整。枣果收购市场状态良好时期，农户收入增加。在退耕还林政策的支持下，农户大规模、自发地退耕还枣林，开荒林为枣林，促进农村土地利用格局转变。在外部竞争、产能过剩的影响下，枣果严重滞销，枣果生计严重依赖型农户生计受到重创，信心丧失，或调整生计方式适应市场变化，或放弃耕作陷入贫困。

此外，人口流失与留守人口老龄化导致农村消费需求剧降，杂货铺倒闭、私人诊所停业、客运线路缩减、乡村商业服务设施点撤离，社会空间结构调整。农户基础设施与公共服务可达性降低，老弱群体多局限于从流动商贩处购买无质量保障的物资，食品安全受到威胁，支撑系统、社会系统脆弱性加剧。

四、国家政策、社会援助调控

以佳县为代表的黄土高原半干旱区乡村人居环境演变具有强烈的政策依赖性。佳县经济基础薄弱，长期以来依赖上级财政补贴开展经济建设。1998 年起，该县开始享受国家财政一般转移支付，确保了教科文卫、农林水牧等事业的发展，减轻了短期内的乡村人居环境系统脆弱性。如 1980 年以来相继实施的生态修复、基础设施“村村通”、移民搬迁及新农村建设、新型农村医疗及养老保险政策、精准扶贫等国家项目，有效地优化了乡村人居环境。世界银行贷款“中国黄土高原水土保持项目”“疾病预防项目——计划免疫子项目”，以及亚洲开发银行日本扶贫基金赠款“沿黄河贫困农户参与式洪水控制项目”的实施促进了乡村人居环境自然系统、支撑系统、社会系统脆弱性的降低，为乡村转型培育了良好的基础支撑条件。

但是，县域发展依赖转移支付，缺乏“造血”能力，加重了乡村系统长期的脆弱性。村庄建设对民生工程的依赖导致政策型空间不均衡突出，移民搬迁村、新农村建设、整村推进等项目支撑的村庄的居住系统、支撑系统、社会系统脆弱性显著减轻，乡村转型按政策引导方向推进。非政策型的传统山区村庄转型困难，村庄建设缓慢，新农村住宅团块状分布、厨卧空间分离与传统乡村住宅沿山线分散分布、简易旱厕为二者之间的标志性差异。农户生计方式转型依赖扶持性政策，贫困群体出现政策型分化，未享受政策扶持的贫困农户发展积极性受挫，社会不和谐现象开始显现。产业扶持型农户已逐渐摆脱枣果滞销的不利影响，而其他务农型农户生计转型困难。

五、农户适应行为

农户采取主动或被动的适应行为应对乡村人居环境系统状态及影响因素的不断演变，生计、居住地选址、消费、社会交往等行为的变迁又反馈于乡村人居环境系统，共同驱动各子系统脆弱性演变、乡村“生计—土地—空间结构”转型发展。

（1）农户生计行为经历了过度开荒—退耕还林—广植枣林—外出务工与弃林弃耕的过程。农户生产行为变迁驱动着自然系统、人类系统、社会系统脆弱性发生演变，直接或间接推动了乡村生计方式、土地利用方式的转型。例如过度开荒耕种导致严重的水土流失，单一的农林结构、高强度的枣林耕作导致生态脆弱性、生计多样性程度降低，劳动力转移拓宽了生计渠道，促进了非农生计的转变，增加了生计多样性，但加重了人类系统脆弱性。枣果经济效益过低导致枣林被砍伐与放弃施肥耕作行为并存，林地退变为耕地或耕作的林地变为弃耕地。劳动力不足引发的弃耕行为又使得生态系统得以自然恢复。

（2）居住地选址行为经历了传统择水向阳—邻路集中—多因素考量的选择过程，逐渐推动居住系统脆弱性降低与居民住宅分布结构转型。例如分散分布于沟底的土窑民居虽取水便利，但难以抵抗雨涝、滑坡等灾害，农户从而自发将居住选址转向梁卯平地、道路沿线，或被动适应政策性搬迁工程，农户尺度居住系统、支撑系统、社会系统脆弱性得到全面降低，道路、取水、用电等基础设施的改善，使得住宅选址不再局限于传统的临水、临耕地、靠山的偏好，从而趋向团块状发展。

（3）随着居住行为的变迁，农户社会交往空间从传统亲缘网络中得到拓宽，邻里交往行为更加密切。交通逐渐便利，公共服务站点布局得到调整，社会交往活动尺度逐级拓宽。此外，学校撤并、杂货铺倒闭、交通客运线路缩减等支撑领域的剧烈变化促使农户行为发生迅速转变，如教育出现子女随务工父母进城、长辈陪读或接送等不同适应行为，交通出行由依赖公共客运转向独立出行。被动适应或无法应对的弱势农户通常会陷入依赖政府救济与子女接济的极端脆弱境地。

第五节　乡村人居环境系统脆弱性演变与乡村转型机制

气候与市场变化、城市化冲击除了直接导致乡村人居环境系统脆弱性发生变化外，还将通过影响政府政策、农户行为，间接地推动乡村人居环境系统演变与乡村转型，乡村人居环境系统脆弱性的演变继而推动乡村转型进程。一方面，乡村人居环境系统的完善以及恢复力的提高为乡村转型提供了支撑条件，如人居交通环境日趋便利、乡村经济水平的发展为社会交往空间结构的变化提供支撑。另一方面，乡村人居环境系统脆弱性的加重又阻碍了乡村转型进程或迫使其调整转型方向，如枣果生计的不可持续不利的一面为直接导致农户生计多样性降低、枣果生计向传统农牧生计退变、林地向耕地退变等，从而阻碍乡村健康转型现象出现，而村庄“空心化”、老弱化以及乡村市场规模降低则促使村镇行政区划结构调整、公共服务设施点布局调整等。

此外，乡村人居环境系统变化、乡村转型过程又将反馈于扰动体系，或成为扰动源，降低或增强扰动大小。国际社会、国家政府与农户行为继而进行响应与适应，并针对乡村人居环境系统状态形成应对策略，而应对策略作为“双刃剑”将进一步干预乡村人居环境系统与乡村转型。笔者基于对乡村人居环境系统脆弱性演变路径、乡村“生计—土地—空间结构”转型历程的梳理，以及对阶段间关键驱动事件的提炼与驱动力的剖析，构建了乡村人居环境系统脆弱性演变路径与乡村转型机制图，如图10－3所示。

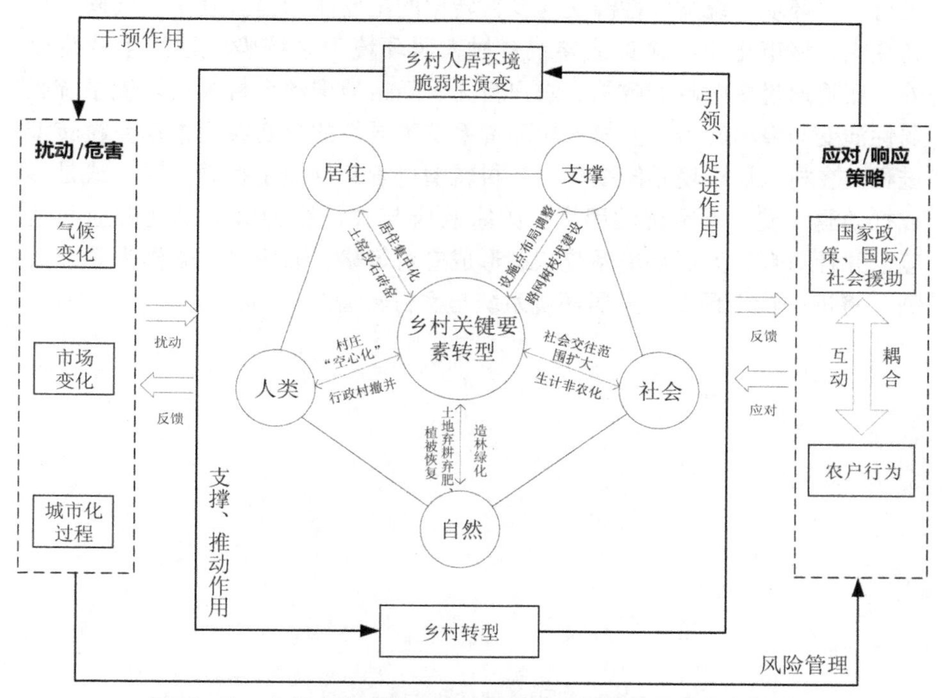

图10－3　乡村人居环境系统脆弱性演变路径及乡村转型机制

第六节　小　　结

本章系统梳理了乡村人居环境系统脆弱性演变与乡村转型机制。

本章梳理了自然、人类、社会、居住、支撑五大子系统脆弱性演变路径，涵盖致使脆弱性演变的20件关键影响事件。其中，阶段1至阶段2演进过程以国家政策干预与农户行为适应为主导驱动因素；阶段2至阶段3演进过程以国家政策、市场变化为主导驱动因素；阶段3至阶段4演进过程以气候变化、城市化集聚效应、市场变化为初始驱动因素，国家政策干预与农户行为对初始驱动因素进行响应，共同驱动乡村人居环境系统脆弱性继续演变。

气候变化、城市化“虹吸效应”、市场变化、国家政策、农户行为是乡村人居环境系统脆弱性演变与乡村转型的主要驱动力。其中，气候与市场变化、城市化冲击除直接导致乡村人居环境子系统脆弱性发生变化以外，还将通过影响政府政策、农户行为，间接地推动乡村人居环境系统脆弱性演变与乡村转型，乡村人居环境系统脆弱性的演变继而推动乡村转型进程。乡村人居环境系统变化、乡村转型过程又反馈于扰动体系，或是形成扰动源，或是干预扰动因素。国家政府与农户行为继而迅速响应与适应，并针对乡村人居环境系统状态形成应对策略，而应对策略作为“双刃剑”将进一步干预乡村人居环境系统与乡村转型。

第十一章 结论与展望

第一节 结 论

本书以人地关系理论为指导，遵循“评估框架构建—情景阶段识别—时空过程剖析—功能因子诊断—演变机制解析”的研究主线，以陕西省榆林市佳县为案例区，从人地系统脆弱性视角对黄土高原半干旱地区乡村人居环境系统脆弱性以及功能因子的演变过程进行刻画，从乡村“生计—土地—空间结构”视角分析典型地貌区人居环境变化下的乡村转型过程。最后，基于对乡村人居环境系统脆弱性演变轴线、乡村转型历程的梳理，构建了乡村人居环境系统演变与乡村转型机制。

1. 黄土高原半干旱区乡村人居环境系统的综合脆弱性显著减轻

自1980—2016年，以佳县为代表的黄土高原半干旱区乡村人居环境系统的综合脆弱性显著减轻，但仍停陷于中度脆弱等级。自然系统脆弱性波动幅度增大，雨涝灾害成为主要扰动因素。进入21世纪以来，居住系统脆弱性全面减轻，家电设备改善尤为显著。支撑系统脆弱性反弹加剧，乡村小学教育脆弱性值增至极端。2006—2016年，社会系统脆弱性逐渐减轻。四大因子脆弱性值均有不同幅度减轻，人类系统已走向重度脆弱等级，仅人口负担因子脆弱性值减轻。

2. 案例区乡村人居环境系统的脆弱性演变经历四个阶段

案例区乡村人居环境系统的脆弱性演变经历四个阶段，徘徊于顽固的脆弱系统与不受控制的脆弱系统情景之间。阶段脆弱特征提炼为以下四点。

（1）阶段1（1980—1995年），乡村人居环境系统长期处于以生态恶劣、住房简陋、基础设施与公共服务空白为主要特征的顽固高脆弱情景。

（2）阶段2（1996—2005年），系统突破阈值进入不受控制的脆弱情景，以干旱灾害持续、人口出生率骤降、性别严重失衡、社会保障滞后、城乡二元化为典型脆弱特征。

（3）阶段3（2006—2009年），系统反弹至顽固脆弱情景，经历短暂但危机四伏的阶段3，以化肥和农药泛滥、人口流失、公共服务及商业网点撤并、严重依赖枣果经济为脆弱特征。

（4）阶段4（2010—2016年），进入以雨涝灾害频现、枣果经济崩溃、人类系统极端脆弱为特征的不受控制的脆弱情景。

3. 刻画了村域尺度乡村人居环境综合系统及五大系统脆弱性时空格局演变

综合系统由空间高度脆弱的均衡状态演变为以中低度脆弱为主导。自然系统由以高度、重度脆弱全局覆盖逐步演变为以低度脆弱、健壮状态为主导，形成了以朱家坬镇何家坬—乌镇任家坪连线为分割轴、高低脆弱等级分侧而立的新局面。人类系统由1980年所展现的低度与中度脆弱等级相间分布演变至高度脆弱等级全面覆盖、中度脆弱等级零星散落的格局。居住系统则由极端脆弱等级全局覆盖演变至较低脆弱等级广泛分布的格局。支撑系统空间分异加剧，中度及以下脆弱等级集中分布于省道、沿黄公路沿线，或属于具备乡（镇）行政中心、集镇功能的样本村。社会系统脆弱性全面减轻，北部风沙区拥有更多的较低脆弱等级样本村。

4. 乡村人居环境系统脆弱性的贡献因子和抵抗因子

村域单元乡村人居环境系统脆弱性的贡献子系统由居住系统全面占据逐渐演变为支撑系统主导、人类系统助力的空间分异过程，而抵抗子系统经历了由人类系统全面主导逐渐过渡至自然系统、居住系统南北分据抵抗的时空过程。

（1）自然系统。贡献因子由土地耕作因子全面覆盖演变为河渠水体因子主导分布，抵抗因子由化肥施用因子全面分布转向风沙灾害因子成为抵抗主导。

（2）人类系统。案例区空间分异较小，乡村人居环境系统脆弱性贡献因子均由受教育程度因子过渡至人口萧条因子，抵抗因子由人口萧条因子转向人口负担因子。

（3）居住系统。贡献因子由通信条件因子全面覆盖演变至住房结构因子主导分布，生活用水因子始终为广泛分布的抵抗因子。

（4）支撑系统。贡献因子由垃圾处置因子全局分布转变为南北区域贡献因子各异的格局，抵抗因子由小学教育因子全面覆盖转变为道路建设因子广泛分布的格局。

（5）社会系统。贡献因子由收入水平因子全局覆盖转向贫富差距因子为分布主体，抵抗因子由贫富差距因子全局覆盖转向收入水平因子为分布主体。

5. 从区域尺度出发，梳理了乡村人居环境系统优劣势变迁过程

（1）案例区乡村人居环境系统始终以垃圾处置欠缺为劣势，以生活取水相对方便为优势。

（2）历史时期的乡村人居环境系统劣势主要为土地耕作比重大、人口受教育程度低、通信条件差、农户收入水平低；优势在于化肥施用量较少、乡村人口充足、小学可达性良好、贫富差距较小等方面。如今，乡村人居环境系统以河渠水体质量较差、乡村人口萧条、贫富差距较大、房屋结构脆弱及居住拥挤为劣势，以风沙灾害减轻、人口抚养比低、农村道路系统较健壮、社会治安良好为优势。北部风沙区、东南黄河沿岸土石山区优势系统已由人类系统分别转向居住系统与自然系统，劣势系统则分别由居住系统转向自然系统与支撑系统；西南黄土丘陵沟壑区优势系统由人类系统转向居住系统、自然系统，劣势系统由居住系统转向支撑系统。三类地貌片区五大系统的优劣势特征同样经历了阶段性的转换，转换过程既有相同之处又有异质之处。

6. 案例区存在清晰的乡村“生计—土地利用—空间结构”转型路径

1980—2017 年，黄土高原乡村生计—土地利用呈现出明显的非农化和生态化转变，这个变化在风沙区、丘陵沟壑区、土石山区表现一致。

在生计方面，表现为从传统农牧生计到以枣果生计为主再到以非农生计为主的轨迹，传统农牧生计所占比重逐渐降低，非农生计所占比重逐渐增加，枣果生计则经历了急剧上升到急剧下降的过程。

在土地利用方面，表现为弃耕地大量增加，耕地大规模转为林地。当然，不同阶段的生计活动占比、林耕比、弃耕地来源等方面也存在着区域差异。国家和地方政府政策、气候变化、市场变化和城市吸引力是其主要影响因素。农户行为主动或被动地适应外部环境的变化，经历了从过度开垦到退耕还林与大面积种植枣树，最后外出务工和撂荒的过程。

乡村空间结构转型突出的表现为：村镇空间范围变化经历略微调整后显著扩大的过程；交通道路轴线由乡镇干线拓展至“村村通”，最后形成延伸至“户户通”的放射状结构，社会交往尺度随之由村域逐级突破至县域空间；商业服务与公共服务站点经历覆盖村域又撤离村域的过程；乡村居民住宅由大规模分散分布持续向集中团块式分布发展。

7. 构建了乡村人居环境系统脆弱性演变与乡村转型的机制

本书指出，气候与市场变化、城市化冲击除直接导致乡村人居环境系统脆弱性发生变化以外，还通过影响政府政策、农户行为，间接地推动乡村人居环境系统演变与乡村转型，乡村人居环境系统脆弱性的演变继而推动乡村转型进程。乡村人居环境系统变化、乡村转型过程又反馈于扰动体系，或形成扰动源，或干预扰动因素。国家政府与农户行为继而迅速响应与适应，并针对乡村人居环境系统状态形成应对策略，而应对策略作为“双刃剑”进一步干预乡村人居环境系统与乡村转型。

第二节　政策启示

一、乡村人居环境系统脆弱性减轻策略

案例区乡村人居环境系统脆弱性演变过程显示以佳县为代表的黄土高原半干旱区乡村已有明显转型，如自然生态改善、生计方式转型、支撑服务布局明晰。而在气候与市场变化、城市化集聚效应之下，依赖单一农林产品生计的崩溃、乡村人口的流失、村庄商品零售点与教学点的减少等均无法逆转并成为该类地区乡村振兴与转型的首要障碍。

本书针对现阶段乡村人居环境系统脆弱根源以及关键驱动事件，提出重构乡村人居环境系统、降低脆弱性的普适性政策建议，以助力黄土高原半干旱区乡村的恢复与振兴。

（1）针对在气候变化背景之下，特色林果产销双减、枣果（或其他单一品种）生计不可持续、经济林砍伐行为涌现成为现阶段自然系统、社会系统脆弱的突出表现，本书提出两方面的建议。一方面，引进农林产品深加工企业、扩增销售渠道、改良品种以促使农户增收，劳动力向第二、第三产业转移；另一方面，对放弃耕作经济林、林下还草的农户实行区域性生态补偿，支持经济林地类灌草植被的自然恢复。

（2）针对村庄“空心化”、沟壑区沟谷深处的居民点频受洪涝侵袭、传统窑洞抗灾能力弱、居住空间混杂等现阶段人类系统、居住系统的主要脆弱特征，本书提出两点建议。一是建议契合村级行政村撤并，推进移民搬迁工程与“空心村”整治工程，促使居民点围绕村级公共服务中心布局。二是因地制宜统筹规划特色民居，达到既保留传统民居文化基因，又

引导传统居民厨卧分离及采光、通风、抗灾功能改善的目的。

(3) 针对乡村人口及资本流失，基础设施与服务空间分异加剧等支撑系统脆弱性的主要特征，本书提出两方面的建议。一方面，依托村级公共服务中心设置医疗点、互联网采销点、便民零售点、文化广场与行政中心等以方便乡村居民生活交往活动；另一方面，基于现有的教育资源布局及公共运输供给能力，构建基于乡村地区需求响应的交通运输系统，在低需求环境下提供资源节约且全面的公共交通服务，并对具有教育专项交通需求的家庭给予补贴，提高乡村地区公共服务的时空可达性。

(4) 本书系统地研究了各阶段案例区样本村的乡村人居环境系统脆弱性状态、脆弱性贡献子系统/因子与抵抗子系统/因子，并对其进行了空间显示，系列图集可为案例区样本村乡村人居环境系统脆弱性降低、人居环境建设提供直接的政策指导。非样本村域同样可以参照邻近的或社会经济发展状态类似的样本村，从脆弱性贡献与抵抗子系统/因子作为切入点开展乡村人居环境建设。

二、支撑乡村转型的人居环境建设启示

现阶段，在乡村振兴的目标导向下，乡村转型对乡村人居环境系统建设提出了更多要求以支撑乡村健康转型。

生计多样性、生计结构均衡化等要求村庄应以农产品深加工、农产品附加值增加为发展方向。

以林地、弃耕地为主的土地利用格局则要求村庄从广种薄收的农业生产模式转向农业集中化与高效化生产，同时对拥有弃耕地、生态林地的农户实施生态补偿。这既保障了生态优先的土地利用格局的稳定，又为农户提供了生计转型的资本。

村域、镇域单元半径扩大，意味着镇域、村域服务设施点服务半径的被迫扩大，因此对基础设施与公共服务站点的能力提出了新的要求，也亟须提出适应乡村转型的村庄集中规划。

社会交往活动的尺度扩大、交往网络化发展则仍要求以网络化的公路网、抗灾的交通工具为支撑，以及对交往活动集聚点、流动带等的规划设计。

以学校为代表的村域、镇域服务设施站点因村庄“空心化”而陆续被

撤离，同样对乡村人居环境支撑系统建设提出了要求，如设计以需求为导向的交通工具，以起到时空压缩的作用。

三、实现绿色转型的政策建议

绿色转型不仅仅要求减少对自然资源的过度开发和环境退化，还需要满足减贫与收入增长的目标。本书主张应引导乡村走绿色转型的发展道路，从传统增长型发展战略转向绿色发展战略，这在生态脆弱区和生态功能区尤为重要。为确保绿色转型的顺利实现，本书提出了以下三条政策建议。

（1）应综合评估农村地区生态价值和生计脆弱性，测量林产用地生态效益，放弃耕地等类型土地，引导生计与土地利用脱钩，对相应家庭实施持续的生态补偿。

（2）提高农业增加值，引导当地非农产业发展，将农业发展与旅游、生态产业融合，促进当地农林产品深加工，吸引人力资本回流农村。

（3）引导农户提高生计多样性、降低生计脆弱性，避免因气候、市场、政策等外部环境变化导致生计贫瘠。

第三节　创新与展望

一、研究的创新之处

本书从人地系统脆弱性视角切入，探索了1980—2017年以佳县为代表的黄土高原半干旱区乡村人居环境系统时空演变与乡村转型历程。一方面，映射了中国乡村从传统落后、封闭逐渐走向开放、便捷、生活充裕，而在城市化冲击下，人口持续流失，乡村地域逐渐丧失了发展机会，逐渐走向萧条衰败亟待振兴与重构的共性过程；另一方面，又反映了黄土高原自然系统由以水土流失严重、沙尘暴肆虐为典型的恶劣状态逐渐改善至植被丰富、空气清新的适宜状态，继而走向自然恢复的过程。本书的主要创新之处归纳为四个方面。

（1）提出了乡村人居环境与乡村转型整合研究的新思路，构建了涵盖扰动与危害、乡村人居环境、乡村转型、适应/响应四大部分内容间交互耦合的乡村人居环境系统脆弱性与乡村转型分析框架，最后揭示了乡村人居环境系统脆弱性演变与乡村转型的机制。将人地系统脆弱性理论与分析框架拓展至乡村人居环境系统领域，从“生计—土地—空间结构”转型的视角梳理乡村人居环境变化下的乡村转型发展轴线，揭示了乡村人居环境系统脆弱性演变与乡村转型的机制。既丰富了人地系统脆弱性的内涵，又开拓了人居环境系统研究的新方向，创新了乡村转型研究的新视角，是对黄土高原半干旱区乡村人居环境系统与乡村转型研究的一次较为完整而深入的探索。

（2）构建了多尺度整合的乡村人居环境系统脆弱性表征因子体系，并开展了尺度嵌套的乡村人居环境系统脆弱性时空演变研究。一方面，在人地系统、可持续发展领域绝大部分案例研究中，评估体系表征因子层的构建仅考虑了尺度差异性，继而构建了尺度间相对独立的评估指标体系，对比之下，本书既考虑了尺度间的差异性，又把握了研究对象在尺度间的联系，构建了涵盖适应于宏微观尺度的基础表征因子层、体现尺度差异的尺度因子层的多尺度整合表征因子体系；另一方面，以往关于系统演变或时空评估的案例研究多为单尺度或分尺度独立的研究，本书则基于多尺度整合表征因子体系开展了县域—村域—地貌片区三尺度嵌套的实证研究，并探索了乡村人居环境系统优劣势的转换过程。

（3）探索性地提出了乡村人居环境系统脆弱性情景与阈值界定规则，界定并描述了顽固脆弱、不受控制的脆弱、可控的脆弱、稳定健康、易变的系统五类脆弱性情景。将定量与质性分析相结合，基于情景与阈值界定规则对案例区 1980—2017 年人居环境脆弱性演变阶段进行定量划分。同时，为避免基于数据定量化的阶段划分结果脱离现实情况，本书采用了“ground-truthing”质性方法对情景类型进行实地验证，运用文本分析描绘出包含农户感知、体验，展现不同阶段系统脆弱性的情景画面，以期将读者置身于改革开放以来黄土高原半干旱区乡村人居环境系统演变的历史情景中，给予读者对这一类型地区乡村人居环境状态的直观感受与体验。

（4）探索性地提出了“点—线—面”结构的具有尺度特征的乡村空间结构演变图。其中，“点”由乡村服务设施及站点抽象而成，考量了小学、杂货铺、医疗机构等服务设施的分布结构；“线”主要依托社会交往、交通道路轴线的发展，关注乡村地域居民活动空间尺度变化；“面”由行政村、乡镇范围抽象成圆形以直观展示行政单元服务半径的变化。本书通过抽象的点、线、面空间结构的发展变化直观清晰地反映了乡村地域基础设施与服务要素、社会交往行为等的演变历程。

二、研究的不足

当前我国正值乡村转型的关键时期，本书关注黄土高原半干旱地区，以榆林市佳县为例，基于对乡村人居环境系统脆弱性阶段划分、时空演变分析，分析了乡村人居环境系统脆弱性变化下的乡村转型发展状态。通过梳理人居环境系统脆弱性的典型演变路径，以及“生计—土地—空间结构”视角的乡村转型历程，构建了涵盖扰动因素、响应政策、适应行为形成的演变机制，以期为乡村人居环境系统脆弱性减轻，为乡村健康转型、实现乡村振兴提供借鉴。然而，本书仍有许多不足之处。

（1）首先，虽不同于单一定量测度系统脆弱性值的变化，本书关注了基于农户体验与行为的脆弱特征、根源事件的提炼，验证了因地理空间、社会属性、家庭结构不同等而导致人居环境系统脆弱性演变过程与结果的差异，但尚未系统探讨村域内或家庭尺度具有空间差异性、群体异质性的人居环境状态的演变。其次，本书基于尺度整合表征因子系统，尺度嵌套地进行了乡村人居环境系统脆弱性时空过程的深入研究，以及开展了对三类地貌片区乡村转型历程的研究，但仅构建了三个尺度间的组织结构，缺少对话与关联性比较，如微观尺度农户生计脆弱性与宏观尺度产业脆弱性的关联，微观尺度农户公共服务可达性降低与宏观尺度公共资源布局、供需均衡的矛盾，以及微观尺度农户外出务工增强家庭生计适应性与宏观尺度造成乡村“空心化”之间的矛盾。最后，本书虽提出了具有普适性的乡村人居环境系统脆弱性与乡村转型机制，涵盖了自然地理要素与人文要素的互动耦合，但未能深入地对乡村人居环境系统脆弱性机制，以及人居环境与乡村转型耦合进行定量剖析。黄土高原半干旱区的乡村人居环境系统脆弱性演变与乡村转型机制解析还需要更多的样本。

（2）虽然本书提出了人居环境具有明显的群体分异性，指出在乡村人居环境系统脆弱性降低的趋势中，老年人、儿童、缺乏劳动能力者、偏远山区居民等弱势群体获益较少，仍处于不利地位，如公共客运线路的撤销、基础学校的撤并等对弱势群体极为不利，但是本书尚未基于弱势群体的视角探讨其所处乡村人居环境系统脆弱性。同样，本书指出了政策与农户适应/响应行为对乡村人居环境系统短期脆弱性与长期脆弱性影响的差异与表现，如财政转移支付、政策补贴虽减轻了短期脆弱性，但加强了地方财政、受助群体的依赖性，导致长期脆弱性加重。枣林推广与农户自发还枣林行为减轻了短期自然系统的脆弱性，同时增加了乡村居民收入，但导致农户形成了对单一化枣果生计的依赖。在枣果生计不可持续时，农户陷入生计困境，因对枣果生计信心丧失而出现退林还耕行为，对现有的生态成效构成威胁。本书未能继续对应对/响应策略对短期脆弱性与长期脆弱性的影响进行更为深入的探索。

（3）本书虽然界定了脆弱性情景转化的阈值边界，但未对阈值边界进行更深入的探讨。本书提出的情景界定与阈值规则需要更多的案例研究进行应用与论证。本书虽然提出了政策启示，但未系统地指出各利益主体应当如何服务于乡村人居环境系统脆弱性减轻与乡村转型目标，这值得在以后的研究中进行深入探讨。

三、讨论与未来展望

绿色转型强调减少对自然资源的过度开发和环境退化，案例区自然生态环境伴随着家庭生计与土地利用转型而变化。总体来说，案例区乡村经历的生计非农化、耕地转向林地、生产用地转向弃耕地的过程在一定程度上契合了绿色转型的过程。但案例区乡村转型的过程仍与绿色转型的减贫、生计稳健等目标存在差距。一般来说，城乡迁移与乡村转型能够增加家庭收入、帮助缩小城乡差距、促进城乡一体化，但城市化与乡村转型也在一定程度上引发了乡村衰落（Falk et al.，2007；Hedlund and Lundholm，2015；Hu et al.，2019；Suesse and Wolf，2020），尤其是经济结构单调的地区，具体表现为人口城镇化与乡村“空心化”并存、农村常住人口老龄化弱化、农业景观碎片化（Su et al.，2011；Ma et al.，2018；Jin et al.，2021）。这一问题在村域及以下尺度的研究中被凸显出来。现阶段，乡村“空心化”、人口老弱化、农业生计脆弱性高正是乡村人居环境脆弱的根源，基础设施趋于完善与公共服务可达性降低、生态恢复与农村污染、家庭务工收入增加与留守人口问题等并存。同时，这种现象在未来较长的时期内将持续存在，并成为现阶段乡村人居环境系统重构、乡村转型的基底环境。

2018 年，中国政府提出“乡村振兴战略”，表明摆脱发展困境、走向振兴之路是乡村发展面临的现实挑战和必然选择。因此，如何振兴乡村，确保生态恢复与民生改善？如何针对脆弱根源重构乡村人居环境，培育乡村恢复力？如何形成乡村人居环境系统与乡村转型的良性互动？这些已然成为乡村地理学研究学者及国家政府关注的重要问题。综上，促进尺度之间的对话，探索不同尺度之间乡村人居环境系统或关键要素脆弱性演变的机制，关注政策依赖、单一生计的弱势群体等特定群体类型的体验与感受，关注偏远、贫困乡村等特殊地理空间脆弱性形成机制、乡村转型阻碍，分析短期脆弱性与长期脆弱性的差异以及不同应对/响应策略对短期与长期脆弱性的影响，可成为乡村振兴背景下乡村人居环境系统、乡村人地系统脆弱性、乡村转型深入研究的关注点。

附　录

一、第五章第四节插图：功能子系统诊断

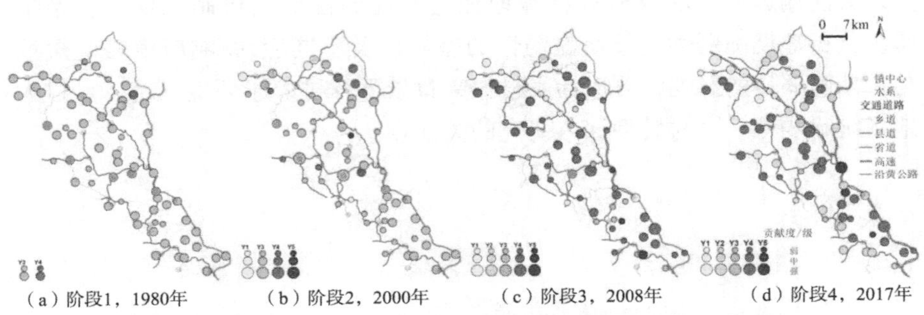

（a）阶段1，1980年　（b）阶段2，2000年　（c）阶段3，2008年　（d）阶段4，2017年

图5-8　案例区乡村人居环境系统脆弱性贡献子系统的时空变化

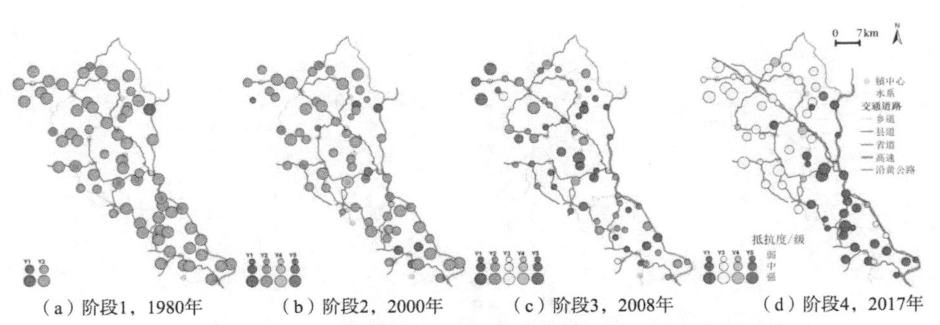

（a）阶段1，1980年　（b）阶段2，2000年　（c）阶段3，2008年　（d）阶段4，2017年

图5-9　案例区乡村人居环境系统脆弱性抵抗子系统的时空变化

二、第五章第四节插图：自然系统功能因子诊断

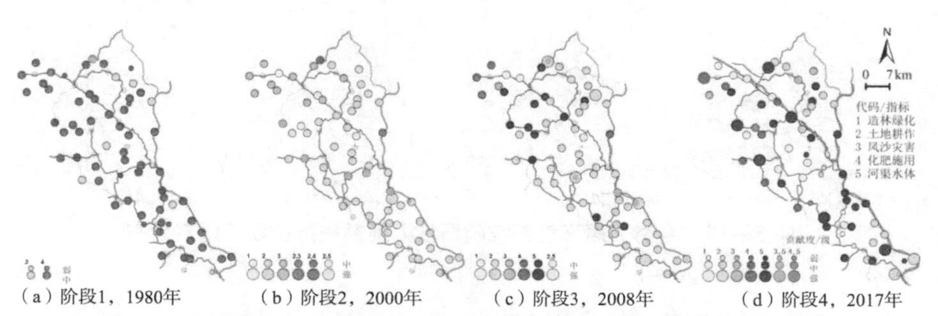

（a）阶段1，1980年　（b）阶段2，2000年　（c）阶段3，2008年　（d）阶段4，2017年

图5－10　案例区乡村人居环境系统脆弱性自然系统贡献因子的时空分布

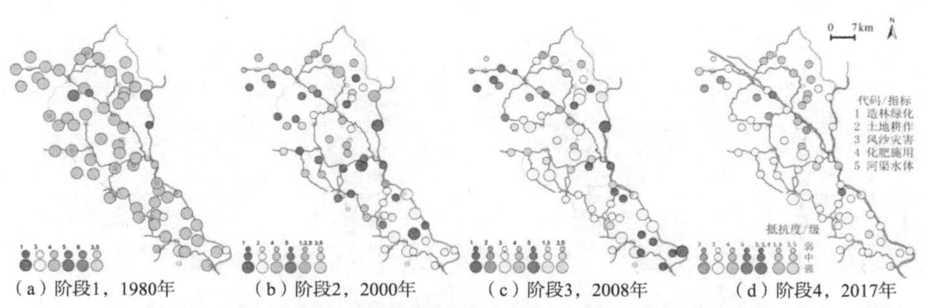

（a）阶段1，1980年　（b）阶段2，2000年　（c）阶段3，2008年　（d）阶段4，2017年

图5－11　案例区乡村人居环境系统脆弱性自然系统抵抗因子时空分布

三、第五章第四节插图：人类系统功能因子诊断

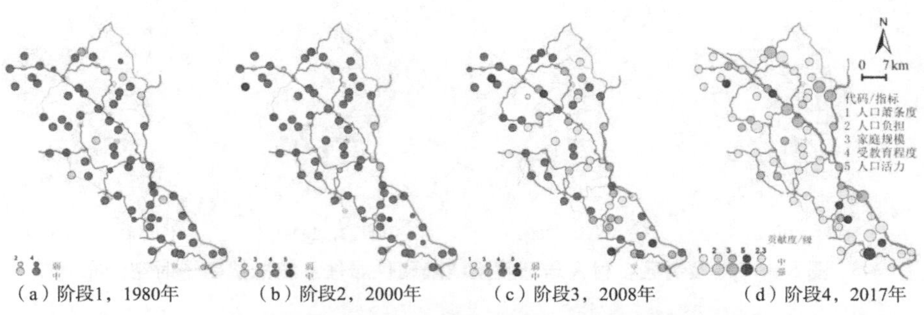

（a）阶段1，1980年　（b）阶段2，2000年　（c）阶段3，2008年　（d）阶段4，2017年

图5－12　案例区乡村人居环境系统脆弱性人类系统贡献因子时空分布

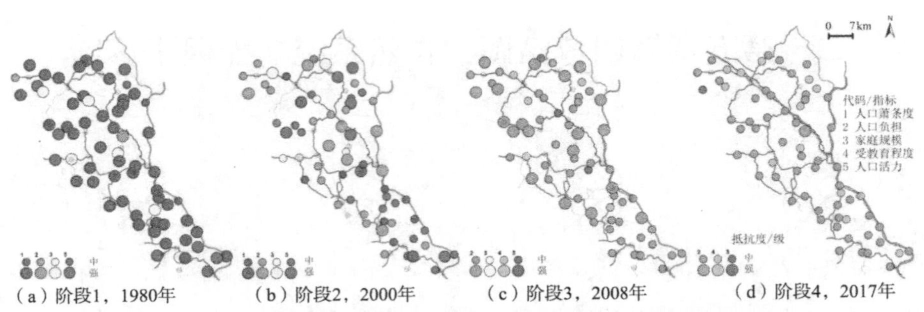

（a）阶段1，1980年　（b）阶段2，2000年　（c）阶段3，2008年　（d）阶段4，2017年

图5－13　乡村人居环境系统脆弱性人类系统抵抗因子时空分布

四、第五章第四节插图：居住系统功能因子诊断

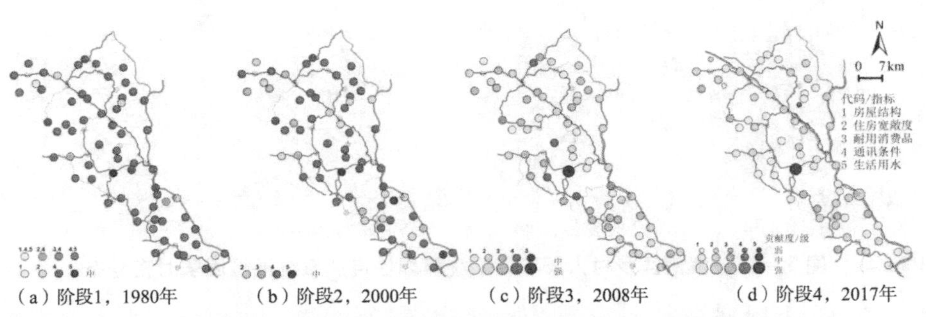

（a）阶段1，1980年　（b）阶段2，2000年　（c）阶段3，2008年　（d）阶段4，2017年

图5－14　案例区乡村人居环境系统脆弱性居住系统贡献因子时空分布

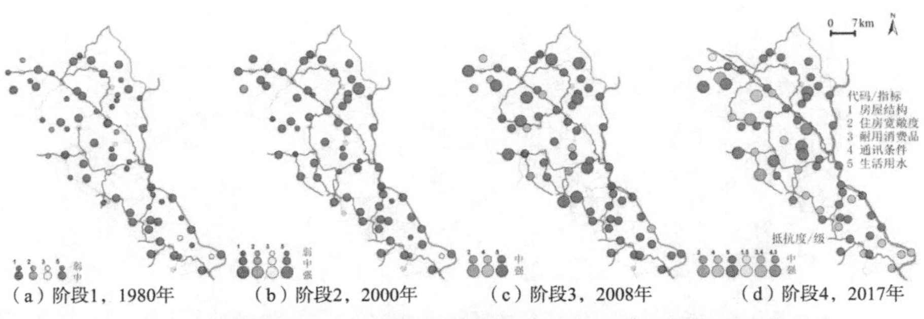

（a）阶段1，1980年　（b）阶段2，2000年　（c）阶段3，2008年　（d）阶段4，2017年

图5－15　案例区乡村人居环境系统脆弱性居住系统抵抗因子时空分布

五、第五章第四节插图：支撑系统功能因子诊断

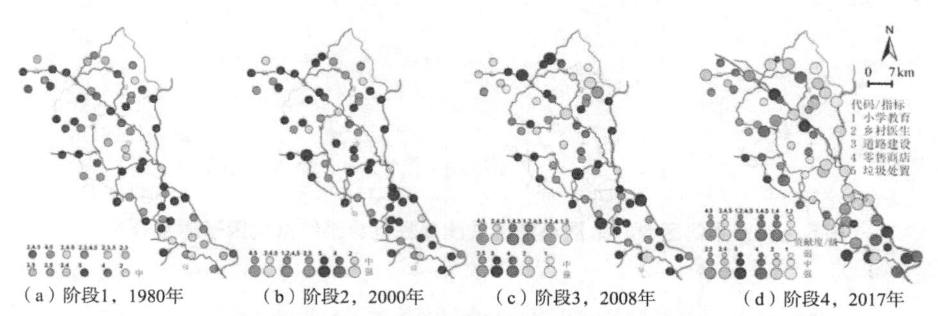

（a）阶段1，1980年　（b）阶段2，2000年　（c）阶段3，2008年　（d）阶段4，2017年

图5－16　案例区乡村人居环境系统脆弱性支撑系统贡献因子时空分布

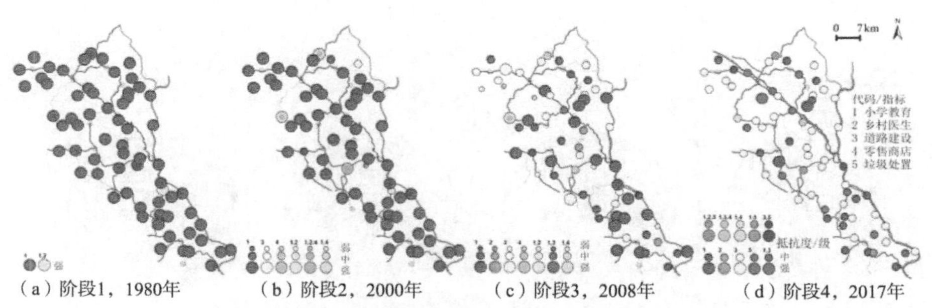

（a）阶段1，1980年　（b）阶段2，2000年　（c）阶段3，2008年　（d）阶段4，2017年

图5－17　案例区乡村人居环境系统脆弱性支撑系统抵抗因子时空分布

六、第五章第四节插图：社会系统功能因子诊断

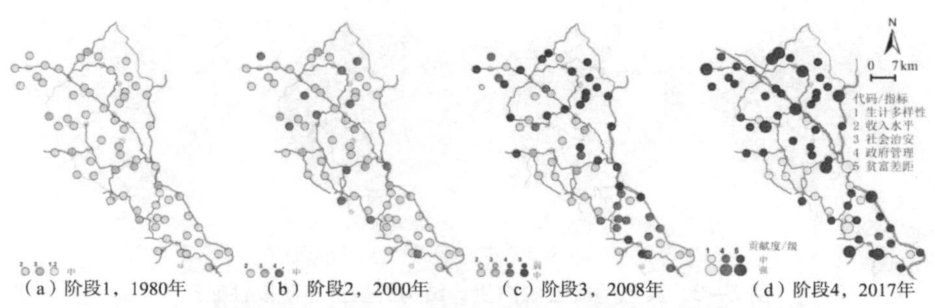

（a）阶段1，1980年　（b）阶段2，2000年　（c）阶段3，2008年　（d）阶段4，2017年

图5－18　案例区乡村人居环境系统脆弱性社会系统贡献因子时空分布

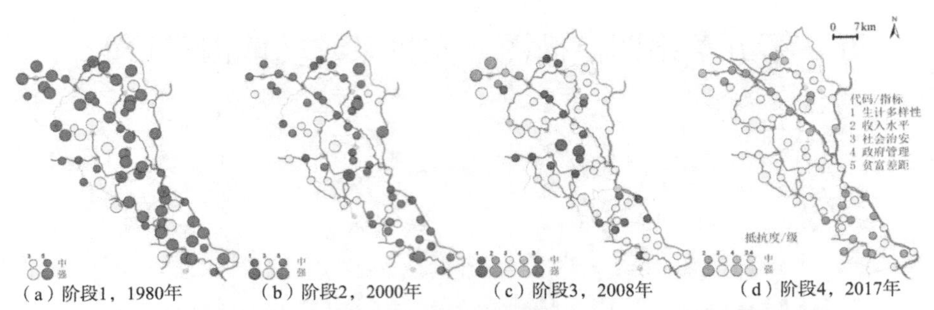

（a）阶段1，1980年　（b）阶段2，2000年　（c）阶段3，2008年　（d）阶段4，2017年

图5－19　案例区乡村人居环境系统脆弱性社会系统抵抗因子时空分布

七、第七章第二节插图：分地貌区生计结构的变化

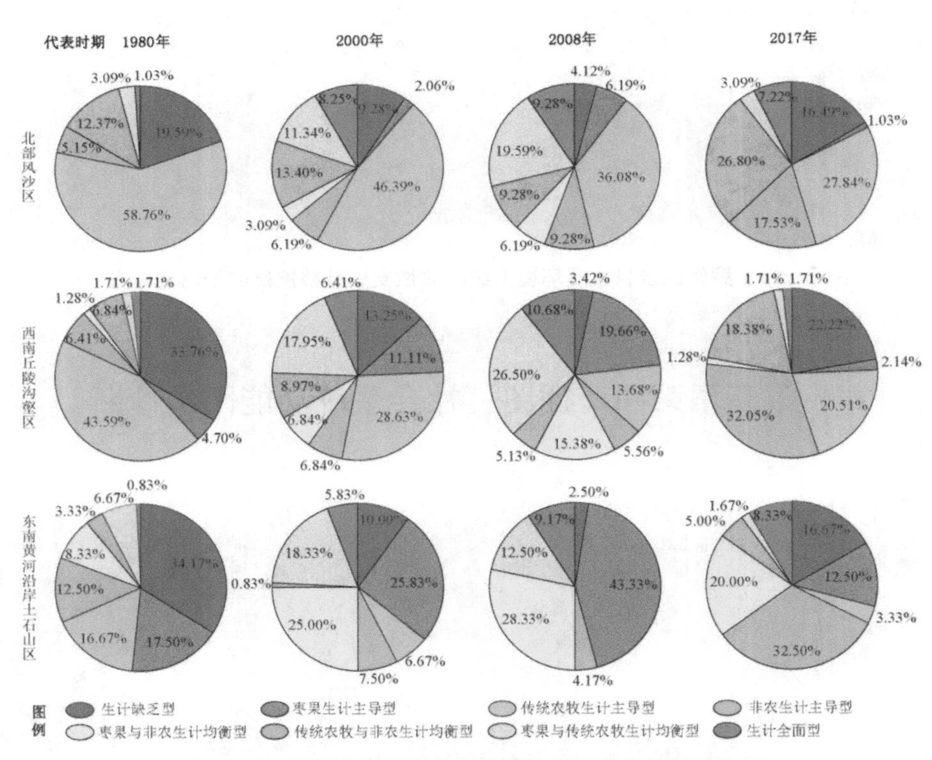

图7－3　典型地貌区农户生计结构类型分布阶段性变迁

参考文献

[1] ABRAMS J. Restructuring of land and community in the remote rural west : the case of Wallowa County, Oregon [D]. Corvallis, Oregon: Oregon State University, 2011.

[2] ACOSTA-MICHLIK L, ESPALDON V. Assessing vulnerability of selected farming communities in the Philippines based on a behavioural model of agent's adaptation to global environmental change [J]. Global environmental change, 2008, 18 (4): 554 -563.

[3] ADGER W N. Vulnerability [J]. Global environmental change, 2006, 16 (3): 268 -281.

[4] ANGEON V, BATES S. Reviewing composite vulnerability and resilience indexes: a sustainable approach and application [J]. World development, 2015, 72: 140 -162.

[5] ANSELL N, HAJDU F, BLERK L V, et al. AIDS-affected young people's access to livelihood assets: exploring "new variant famine" in rural southern Africa [J]. Journal of rural studies, 2016, 46: 23 -34.

[6] ANTROP M. Landscape change and the urbanization process in Europe [J]. Landscape and urban planning, 2004, 67 (3): 9 -29.

[7] ASH A. The good city [J]. Urban studies, 2006, 43 (5/6): 1009 -1023.

[8] BATES S, ANGEON V, AINOUCHE A. The pentagon of vulnerability and resilience: a methodological proposal in development economics by using graph theory [J]. Economic modelling, 2014, 42: 445 -453.

[9] BEESLEY M E, THOMAS D S J. The rural transport problem [J]. Rural transport problem, 1963, 32 (127): 368.

[10] BERNARD H R. Research methods in anthropology: qualitative and quantitative approaches [M]. 4th ed. Walnut Creek: Altamira Press, 2005.

[11] BIRKMANN J, CARDONA O D, CARREÑO M L, et al. Framing vulnerability, risk and societal responses: the MOVE framework [J]. Natural hazards, 2013, 67 (2): 193 -211.

[12] BIRKMANNN J. Measuring vulnerability to natural hazards: towards disaster resilient societies [M]. Tokyo: United Nations University Press, 2006.

[13] BUNCE M. Rural settlement in an urban world [M]. NewYork: St Martins Press, 1982.

[14] ÜENGIN B, ÜLENGIN F, GÜVENÇ U. A multidimensional approach to urban quality of life: the case of Istanbul [J]. European journal of operational research, 2001, 130 (2): 361 -374.

[15] CARVALHO M, GEORGE R V, ANTHONY K H. Residential satisfaction in condominios exclusivos (gate-guarded neighborhoods) in Brazil [J]. Environment and behavior, 1997, 29 (6): 734 -768.

[16] CHIANG C L, LIANG J J. An evaluation approach for livable urban environments [J]. Environmental science and pollution research international, 2013, 20 (8): 5229 -5242.

[17] CLOKE P J. Rural settlement planning [M]. London: Methuen, 1983.

[18] COLBURN L L, JEPSON M, WENG C, et al. Indicators of climate change and social vulnerability in fishing dependent communities along the Eastern and Gulf Coasts of the United States [J]. Marine policy, 2016, 74: 323 -333.

[19] DAS D. Urban quality of life: a case study of Guwahati [J]. Social indicators research, 2008, 88 (2): 297 -310.

[20] DERESSA D F. Assessing households vulnerability to poverty in rural Oromiya-Ethiopia [J]. Journal of economics and sustainable development, 2013, 4 (8): 110 -117.

[21] DOXIADIS C A. Action for human settlement [M]. Athens: Athens Publishing, 1975b.

[22] DOXIADIS C A. Ecumenopolis: the inevitable city of the future [M]. Athens: Athens Publishing, 1975a.

[23] DOXIADIS C A. Ekistics: an introduction to the science of human settlements [M]. Athens: Athens publishing center, 1968.

[24] DUMENU W K, OBENG E A. Climate change and rural communities in Ghana: social vulnerability, impacts, adaptations and policy implications [J]. Environmental science & policy, 2016, 55: 208 - 217.

[25] EASTERLIN R A, ANGELESCU L, ZWEIG J S. The impact of modern economic growth on urban-rural differences in subjective well-being [J]. World development, 2011, 39 (12): 2187 - 2198.

[26] EBI K L, BOWEN K. Extreme events as sources of health vulnerability: drought as an example [J]. Weather & climate extremes, 2016, 11: 95 - 102.

[27] FALK M D, SCHULMAN M D, TICKAMYER A R. Communities of work: rural restructuring in local and global [J]. Contexts, 2007, 23: 118 - 124.

[28] FANG Y P, ZHAO C, RASUL G, et al. Rural household vulnerability and strategies for improvement: an empirical analysis based on time series [J]. Habitat international, 2016, 53: 254 - 264.

[29] FRAZIER T G, THOMPSON C M, DEZZANI R J. A framework for the development of the SERV model: a spatially explicit resilience-vulnerability model [J]. Applied geography, 2014, 51: 158 - 172.

[30] FREEMAN C, CHEYNE C. Coasts for sale: gentrification in New Zealand [J]. Planning theory & practice, 2008, 9 (1): 33 - 56.

[31] GELLER. Smart growth: a prescription for livable cities [J]. American journal of public health, 2003, 93 (9): 1410 - 1415.

[32] GILBERT A, COLLEY K, ROBERTS D. Are rural residents happier? a quantitative analysis of subjective wellbeing in Scotland [J]. Journal of rural studies, 2016, 44: 37 - 45.

[33] GILLINGHAM R, REECE W. A new approach to quality of life measurement [J]. Urban studies, 1979, 16 (3): 329 - 332.

[34] GILMAN R. The eco-village challenge [J]. Living together, 1991, 29 (2): 10 - 11.

[35] GUDE P, HANSEN A, RASKER R, et al. Rates and drivers of rural residential development in the greater yellowstone [J]. Landscape and urban planning, 2006, 77 (3): 131 - 151.

[36] GUILLAUMONT, PATRICK. An economic vulnerability index: its design and use for international development policy [J]. Oxford development studies, 2009, 37 (3): 193 - 228.

[37] HAGENLOCHER M, HÖLBLING D, KIENBERGER S, et al. Spatial assessment of social vulnerability in the context of landmines and explosive remnants of war in Battambang province, Cambodia [J]. International journal of disaster risk reduction, 2016, 15: 148 - 161.

[38] HANSEN M. Rural poverty and the urban crisis: a strategy for regional development [M]. Bloomington: Indiana University Press, 1970.

[39] HARTMAN Y, DARAB S. The housing pathways of single older nonhome owning women in a rural region of Australia [J]. Journal of rural studies, 2017, 54: 234 - 243.

[40] HEDLUND M, LUNDHOLM E. Restructuring of rural Sweden-employment transition and out-migration of three cohorts born 1945—1980 [J]. Journal of rural studies, 2015, 42: 123 - 132.

[41] HOGGART K, PANIAGUA A. The restructuring of rural Spain? [J]. Journal of rural studies, 2001b, 17 (1): 63 - 80.

[42] HOGGART K, PANIAGUA A. What rural restructuring? [J]. Journal of rural studies, 2001a, 17 (1): 41 - 62.

[43] HU S, YU B, WANG M. Rural restructuring and transformation: western experience and its enlightenment to China [J]. Geographical research, 2019, 38 (12): 2833 - 2845.

[44] HUNG L S, WANG C, YARNAL B. Vulnerability of families and households to natural hazards: a case study of storm surge flooding in Sarasota County, Florida [J]. Applied geography, 2016, 76: 184 - 197.

[45] IPCC. Climate change: impacts, adaptation and vulnerability [M]. Cambridge, UK: Cambridge University Press, 2001.

[46] JALAN J, Ravallion M. Geographic poverty traps? a micro model of consumption growth in rural China [J]. Journal of applied econometrics, 2002, 17 (4): 329 - 346.

[47] JIN S, MIN S, HUANG J, et al. Falling price induced diversification strategies and rural inequality: evidence of smallholder rubber farmers

[J]. World development, 2021, 146: 1-23.

[48] KAJOMBO R, BOGALE A, THAMAGA-CHITJA J. Evidence for supporting vulnerable households to achieve food security in SADC Countries [J]. Journal of human ecology, 2014, 47 (1): 73-85.

[49] KAMP I V, LEIDELMEIJER K, MARSMAN G, et al. Urban environmental quality and human well-being: towards a conceptual framework and demarcation of concepts; a literature study [J]. Landscape and urban planning, 2003, 65 (1-2): 1-18.

[50] KASSOGUÉ H, BERNOUSSI A S. Vulnerability for systems described by cellular automata: application to flood phenomena [J]. Applied mathematical modelling, 2017, 50: 509-523

[51] KESHAVARZ M, MALEKSAEIDI H, KARAMI E. Livelihood vulnerability to drought: a case of rural Iran [J]. International journal of disaster risk reduction, 2017, 21: 223-230.

[52] KIM H, PARK J, YOO J, et al. Assessment of drought hazard, vulnerability, and risk: a case study for administrative districts in South Korea [J]. Journal of hydro-environment research, 2015, 9 (1): 28-35.

[53] KISS E. Rural restructuring in hungary in the period of socio-economic transition [J]. GeoJournal, 2000, 51 (3): 221-233.

[54] KLEINHANS R. Social implications of housing diversification in urban renewal: a review of recent literature [J]. Journal of housing and the built environment, 2004, 19 (4): 367-390.

[55] KORELESKI K. An outline of the evolution of rural cultural landscape in Poland [J]. Romanian review of regional studies, 2007, Ⅲ (2): 171-174.

[56] KUMAR P, GENELETTI D, NAGENDRA H. Spatial assessment of climate change vulnerability at city scale: a study in Bangalore, India [J]. Land use policy, 2016, 58: 514-532.

[57] SLAVUJ L. Life quality in urban neighbourhood-advantages and drawbacks of immediate living environment [J]. Sociology and space, 2012, 50 (2): 183-201.

[58] LEE Y J. Subjective quality of life measurement in Taipei [J]. Build environ, 2008, 43: 1205-1215.

[59] LEYSHON M. On being "in the field": practice, progress and problems in research with young people in rural areas [J]. Journal of rural studies, 2002, 18 (2): 179 - 191.

[60] LINNEKAMP F, KOEDAM A, BAUD I S. A Household vulnerability to climate change: examining perceptions of households of flood risks in Georgetown and Paramaribo [J]. Habitat international, 2011, 35 (3): 447 - 456.

[61] LONG H, WOODS M. Rural restructuring under globalization in eastern coastal China: what can be learned from wales? [J]. Journal of rural and community development, 2011, 6 (1): 70 - 94.

[62] LÓPEZ-MARTÍNEZ F, GIL-GUIRADO S, PÉREZ-MORALES A. Who can you trust? implications of institutional vulnerability in flood exposure along the Spanish mediterranean coast [J]. Environmental science & policy, 2017, 76: 29 - 39.

[63] LYONS C, CAROTHERS C, REEDY K. Means, meanings, and contexts: a framework for integrating detailed ethnographic data into assessments of fishing community vulnerability [J]. Marine policy, 2016, 74: 341 - 350.

[64] MA W, JIANG G, LI W, ZHOU T. How do population decline, urban sprawl and industrial transformation impact land use change in rural residential areas? a comparative regional analysis at the peri-urban interface [J]. Journal of cleaner production, 2018, 205: 76 - 85.

[65] MANUEL-NAVARRETE D, GÓMEZ J J, GALLOPÍN G. Syndromes of sustainability of development for assessing the vulnerability of coupled human-environmental systems. The case of hydrometeorological disasters in central America and the Caribbean [J]. Global environmental change, 2007, 17 (2): 207 - 217.

[66] MARSDEN T, LOWE P, WHATMORE S. Rural restructuring: global processes and their responses [M]. London: Fulton, 1990.

[67] MARU Y T, SMITH M S, SPARROW A, et al. A linked vulnerability and resilience framework for adaptation pathways in remote disadvantaged communities [J]. Global environmental change, 2014, 28: 337 - 350.

[68] MAYHEW A. Rural settlement and farming in Germany [M]. London: Batsford, 1973.

[69] MCGEE T. Managing the rural-urban transformation in East Asia in the 21st century [J]. Sustainability science, 2008, 3 (1): 155 – 167.

[70] MENCONI M E, GROHMANN D, MANCINELLI C. European farmers and participatory rural appraisal: a systematic literature review on experiences to optimize rural development [J]. Land use policy, 2017, 60: 1 – 11.

[71] MILBOURNE P, DOHENY S. Older people and poverty in rural Britain: material hardships, cultural denials and social inclusions [J]. Journal of rural studies, 2012, 28 (4): 389 – 397.

[72] MULETA A N, DERESSA D F. Determinants of vulnerability to poverty in female headed households in rural Ethiopia [J]. Global journal of human-social science, 2014, 14 (5): 9 – 15.

[73] MURDOCH J. Networks: a new paradigm of rural development [J]. Journal of rural studies, 2000, 16 (4): 407 – 419.

[74] MURPHY E, SCOTT M. Household vulnerability in rural areas: results of an index applied during a housing crash, economic crisis and under austerity conditions [J]. Geoforum, 2014, 51: 75 – 86.

[75] NELSON P B. Rural restructuring in the American West: land use, family and class discourses [J]. Journal of rural studies, 2001, 17 (5): 395 – 507.

[76] NELSON P B, OBERG A, NELSON L. Rural gentrification and linked migration in the United States [J]. Journal of rural studies, 2010, 26 (4): 343 – 352.

[77] NEPAL S K. Tourism and rural settlements Nepal's Annapurna region [J]. Annals of tourism research, 2007, 34 (4): 855 – 875.

[78] NEWTON. Liveable and sustainable socio-technical challenges for twenty-first-centuiy cities [J]. Journal of urban technology, 2012, 19 (1): 81 – 102.

[79] NI J L, CAI L, WANG J K. Application research on the coupled human-environment ecosystem vulnerability assessment in different spatial and temporal scales [J]. Applied mechanics & materials, 2014, 535: 255 – 265.

[80] Nnited Uoitons Centre for Human Settlements. Cities-engines of rural development [J]. Habitat debate, 2004, 10 (3): 1-24.

[81] NYBERG R, JOHANSSON M. Indicators of road network vulnerability to storm-felled trees [J]. Natural hazards, 2013, 69 (1): 185-199.

[82] PETROSILLO I, ZURLINI G, GRATO E, et al. Indicating fragility of socio-ecological tourism-based systems [J]. Ecological indicators, 2006, 6 (1): 104-113.

[83] PHILLIPS M, PAGE S, SARATSI E, et al. Diversity, scale and green landscapes in the gentrification process: travers in gecological and social science perspectives [J]. Applied geography, 2008, 28 (1): 54-76.

[84] PLAZINIĆ B R, JOVIĆ J. Women and transportation demands in rural Serbia [J]. Journal of rural studies, 2014, 36: 207-218.

[85] POLSKY C, NEFF R, YARNAL B. Building comparable global change vulnerability assessments: the vulnerability scoping diagram [J]. Global environmental change, 2007, 17 (34): 472-485.

[86] RAJAPPA S, RYLL M, BULTHOFF H H, et al. Drinking water vulnerability in rural coastal areas of Bangladesh during and after natural extreme events [J]. International journal of disaster risk reduction, 2015, 14: 411-423.

[85] RANDALL J E, MORTON P H. Quality of life in Saskatoon 1991 and 1996: a geographical perspective [J]. Urban geography, 2003, 24 (8): 691-722.

[86] RITCHIE D A. Doing oral history: a practical guide [M]. Oxford: Oxford University Press, 2003.

[87] ROGERS S, XUE T. Resettlement and climate change vulnerability: evidence from rural China [J]. Global environmental change, 2015, 35: 62-69.

[88] ROHE W M, VAN Z S, MCCARTHY G. Social benefits and costs of home-ownership [M].//RESTINAS N P, BELSKY E S. Low-income homeownership: examining the unexamined goal. Washington, DC: Brookings Institution Press, 2002: 381-406.

[89] RUDA G. Rural buildings and environment [J]. Landscape and urban

planning, 1998, 41 (2): 93 -97.

[90] RUPI F, BERNARDI S, ROSSI G, et al. The Evaluation of road network vulnerability in mountainous areas: a case study [J]. Networks & spatial economics, 2015, 15 (2): 397 -411.

[91] SAHOO S, DHAR A, KAR A. Environmental vulnerability assessment using Grey Analytic Hierarchy Process based model [J]. Environmental impact assessment review, 2016, 56: 145 -154.

[92] SAING C H. Household vulnerability to global financial crisis and their risk coping strategies: evidence from nine rural villages in Cambodia [J]. CDRI working paper, 2013, series No. 77.

[93] SANDSTRÖM U G. Green infrastructure planning in urban Sweden [J]. Planning practice & research, 2002, 17 (4): 373 -385.

[94] SAPKOTA P, KEENAN R J, PASCHEN J A, et al. Social production of vulnerability to climate change in the rural middle hills of Nepal [J]. Journal of rural studies, 2016, 48: 53 -64.

[95] SHAH K U, DULAL H B , JOHNSON C , et al. Understanding livelihood vulnerability to climate change: applying the livelihood vulnerability index in Trinidad and Tobago [J]. Geoforum, 2013, 47: 125 -137.

[96] SKJEFLO S. Measuring household vulnerability to climate change-why markets matter [J]. Global environmental change, 2013, 23: 1694 -1701.

[97] SMALL C, NICHOLLS R J. A global analysis of human settlement in coastal zones [J]. Journal of coastal research, 2003, 19 (3): 584 -599.

[98] SMITH R A J, RHINEY K. Climate (in) justice, vulnerability and livelihoods in the Caribbean: the case of the indigenous Caribs in northeastern St. Vincent [J]. Geoforum, 2016, 73: 22 -31.

[99] SMITH S L, POLLNAC R B, COLBURN L L, et al. Classification of coastal communities reporting commercial fish landings in the U. S. northeast region: developing and testing a methodology [J]. Marine fisheries review, 2011, 73 (2): 41 -61.

[100] SRINIVASAN V, SETO K C, EMERSON R, et al. The impact of urbanization on water vulnerability: a coupled human-environment system approach for Chennai, India [J]. Global environmental change, 2013,

23 (1): 229 - 239.

[101] SU S, JIANG Z, ZHANG Q, et al. Transformation of agricultural landscapes under rapid urbanization: a threat to sustainability in Hang-Jia-Hu region, China [J]. Applied geography, 2011, 31 (2): 439 - 449.

[102] SUESSE M, WOLF N. Rural transformation, inequality, and the origins of microfinance [J]. Journal of development economics, 2020, 143 (3): 102429.

[103] TALEN E. Neighborhood-level social diversity: insights from Chicago [J]. Journal of the American planning association, 2006, 72 (4): 431 - 446.

[104] TERLUIN I J. Differences in economic development in rural regions of advanced countries: an overview and critical analysis of theories [J]. Journal of rural studies, 2003, 19 (3): 327 - 344.

[105] MÜNZBERG T, WIENS M, SCHULTMANN F. A spatial-temporal vulnerability assessment to support the building of community resilience against power outage impacts [J]. Technological forecasting and social change, 2017, 121: 99 - 118.

[106] THOMPSON C, JOHNSON T, HANES S. Vulnerability of fishing communities undergoing gentrification [J]. Journal of rural studies, 2016, 45: 165 - 174.

[107] TIMMERMAN P. Vulnerability, resilience and the collapse of society [J]. Environmental monograph, 1981, 21 (3): 164 - 173.

[108] TORRES R M, CARTE L. Community participatory appraisal in migration research: connecting neoliberalism, rural restructuring and mobility [J]. Transactions of the institute of British geographers, 2014, 39 (1): 154.

[109] TURNER II B L, KASPERSON R E, MATSON P A, et al. A framework for vulnerability analysis in sustainability science [J]. PNAS, 2003, 100 (14): 8074 - 8079.

[110] TURNER II B L, MATSON P A, MCCARTHY J J, et al. Illustrating the coupled human-environment system for vulnerability analysis: three case studies [J]. Proceedings of the national academy of sciences of the

United States of America, 2003, 100 (14): 8080 - 8085.

[111] United Nations Office For Disaster Risk Reduction. Living with risk: a global review of disaster reduction initiatives [M]. Geneva, Switzerland: UN Publications, 2004.

[112] VAN AUKEN P M , FREDRIK RYE J. Amenities, affluence, and ideology: comparing rural restructuring processes in the US and Norway [J]. Landscape research, 2011, 36 (1): 63 - 84.

[113] VEECK G, PANNELL C W. Rural economic restructuring and farm household income in Jiangsu, People's Republic of China [J]. Annals of the association of American Geographers, 2005, 79 (2): 275 - 292.

[114] WALTER R C, MERRITTS D J. Natural streams and the legacy of water-powered mills [J]. Science, 2008, 319 (5861): 299 - 304.

[115] WESTLUND H. Urban futures in planning, policy and regional science: are we entering a post-urban world [J]. Built environment, 2014, 40 (4): 447 - 457.

[116] WILEY J. Rural sustainable development in America [J]. Regional studies association, 1998, 32 (2): 199 - 207.

[117] WILLIAMS A S, JOBES P C. Economic and quality-of-life considerations in urban-rural migration [J]. Journal of rural studies, 1990, 6 (2): 187 - 194.

[118] WITTEN K, EXETER D, FIELD A. The quality of urban environments: mapping variation in access to community resources [J]. Urban studies, 2003, 40 (1): 161 - 177.

[119] WOODS M. Rural geography: processes, responses and experiences in rural restructuring [M]. London: Sage, 2005.

[120] WOODS M. Rural geography: blurring boundaries and making connections [J]. Progress in human geography, 2009, 33: 849 - 858.

[121] WOODS M. Regions engaging globalization: a typology of regional responses in rural Europe [J]. Journal of rural and community development, 2013, 8 (3): 113 - 126.

[122] YADAV D K, BARVE A. Analysis of socioeconomic vulnerability for cyclone-affected communities in coastal Odisha, India [J]. Internation-

al journal of disaster risk reduction, 2017, 22: 387 - 396.

[123] YEAGER C D, GATRELL J D. Rural food accessibility: an analysis of travel impedance and the risk of potential grocery closures [J]. Applied geography, 2014, 53: 1 - 10.

[124] 阿依努尔·买买提，时丕龙，赵改君，等. 基于 GIS 的新疆和田地区人居环境适宜性评价 [J]. 干旱区地理，2012，35 (5): 847 - 855.

[125] 财政部社会保障司课题组. 社会保障支出水平的国际比较 [J]. 财政研究，2007 (10): 36 - 42.

[126] 蔡运龙. 中国农村转型与耕地保护机制 [J]. 地理科学，2001，14 (1): 1 - 6.

[127] 曾菊新，杨晴青，刘亚晶，等. 国家重点生态功能区乡村人居环境演变及影响机制：以湖北省利川市为例 [J]. 人文地理，2016，31 (1): 81 - 88.

[128] 陈佳，杨新军，王子侨，等. 乡村旅游社会 - 生态系统脆弱性及影响机制：基于秦岭景区农户调查数据的分析 [J]. 旅游学刊，2015，30 (3): 64 - 75.

[129] 陈佳，杨新军，尹莎，等. 基于 VSD 框架的半干旱地区社会 - 生态系统脆弱性演变与模拟 [J]. 地理学报，2016，71 (7): 1172 - 1188.

[130] 陈萍，陈晓玲. 全球环境变化下人—环境耦合系统的脆弱性研究综述 [J]. 地理科学进展，2010，29 (4): 454 - 462.

[131] 陈晓红，周宏浩，王秀. 基于生态文明的县域环境 - 经济 - 社会耦合脆弱性与协调性研究：以黑龙江省齐齐哈尔市为例 [J]. 人文地理，2018，33 (1): 94 - 101.

[132] 陈晓华，张小林. "苏南模式" 变迁下的乡村转型 [J]. 农业经济问题，2008 (8): 21 - 25，110 - 111.

[133] 代启梅. 南方丘陵地区乡村人居环境质量时空演变研究 [D]. 赣州：赣南师范大学，2017.

[134] 丁悦，蔡建明，刘彦随，等. 青海省都兰牧区乡村转型发展模式探析：基于公共私营合作制 (PPP) 视角 [J]. 经济地理，2014，34 (4): 139 - 144.

[135] 段小薇，李小建. 山区县域聚落演变的空间分异特征及其影响因素：以豫西山地嵩县为例 [J]. 地理研究，2018，37 (12): 2459 - 2474.

[136] 段学军，田方. 基于人居环境适宜性的市域人口增长调控分区研究：以南京市为例 [J]. 地理科学，2010，30 (1)：45 - 52.

[137] 方创琳，王岩. 中国城市脆弱性的综合测度与空间分异特征 [J]. 地理学报，2015，70 (2)：234 - 247.

[138] 方修琦，殷培红. 弹性、脆弱性和适应：IHDP 三个核心概念综述 [J]. 地理科学进展，2007，26 (5)：11 - 22.

[139] 房艳刚，刘继生. 乡村区域经济发展理论和模式的回顾与反思 [J]. 经济地理，2009，29 (9)：1530 - 1534.

[140] 封志明，唐焰，杨艳昭，等. 基于 GIS 的中国人居环境指数模型的建立与应用 [J]. 地理学报，2008，63 (12)：1327 - 1336.

[141] 封志明，杨艳昭，游珍，等. 基于分县尺度的中国人口分布适宜度研究 [J]. 地理学报，2014，69 (6)：723 - 737.

[142] 高海东，李占斌，李鹏，等. 基于土壤侵蚀控制度的黄土高原水土流失治理潜力研究 [J]. 地理学报，2015，70 (9)：1503 - 1515.

[143] 葛怡，史培军，刘婧，等. 中国水灾社会脆弱性评估方法的改进与应用：以长沙地区为例 [J]. 自然灾害学报，2005 (6)：54 - 58.

[144] 关小克，王秀丽，张佰林，等. 不同经济梯度区典型农村居民点形态特征识别与调控 [J]. 经济地理，2018，38 (10)：190 - 200.

[145] 郝慧梅，任志远. 基于栅格数据的陕西省人居环境自然适宜性测评 [J]. 地理学报，2009，64 (4)：498 - 506.

[146] 何艳冰，黄晓军，翟令鑫，等. 西安快速城市化边缘区社会脆弱性评价与影响因素 [J]. 地理学报，2016，71 (8)：1315 - 1328.

[147] 贺祥. 基于熵权灰色关联法的贵州岩溶山区人地耦合系统脆弱性分析 [J]. 水土保持研究，2014，21 (1)：283 - 289.

[148] 贺艳华，范曙光，周国华，等. 基于主体功能区划的湖南省乡村转型发展评价 [J]. 地理科学进展，2018，37 (5)：667 - 676.

[149] 黄建毅，刘毅，马丽，等. 国外脆弱性理论模型与评估框架研究评述 [J]. 地域研究与开发，2012，31 (5)：1 - 5，15.

[150] 黄宁，崔胜辉，刘启明，等. 城市化过程中半城市化地区社区人居环境特征研究：以厦门市集美区为例 [J]. 地理科学进展，2012，31 (6)：750 - 760.

[151] 黄晓军，黄馨，崔彩兰，等. 社会脆弱性概念、分析框架与评价方

法［J］. 地理科学进展，2014，33（11）：1512－1525.
［152］黄晓军，王晨，胡凯丽. 快速空间扩张下西安市边缘区社会脆弱性多尺度评估［J］. 地理学报，2018，73（6）：1002－1017.
［153］蒋维，王俊，杨新军. 黄土高原农村社会－生态系统体制转换初探：以陕西省长武县洪家镇为例［J］. 人文地理，2011，26（1）：56－60.
［154］晋培育，李雪铭，冯凯. 辽宁城市人居环境竞争力的时空演变与综合评价［J］. 经济地理，2011，31（10）：1638－1644.
［155］李伯华，刘传明，曾菊新. 乡村人居环境的居民满意度评价及其优化策略研究：以石首市久合垸乡为例［J］. 人文地理，2009，24（1）：28－32.
［156］李伯华，刘沛林，窦银娣. 转型期欠发达地区乡村人居环境演变特征及微观机制：以湖北省红安县二程镇为例［J］. 人文地理，2012，27（6）：56－61.
［157］李伯华. 农户空间行为变迁与乡村人居环境优化研究［M］. 北京：科学出版社，2014.
［158］李博，韩增林，孙才志，等. 环渤海地区人海资源环境系统脆弱性的时空分析［J］. 资源科学，2012，34（11）：2214－2221.
［159］李博，杨智，苏飞. 基于集对分析的大连市人海经济系统脆弱性测度［J］. 地理研究，2015，34（5）：967－976.
［160］李昌浩，朱晓东，李杨帆，等. 快速城市化地区农村集中住宅区和生态人居环境建设研究［J］. 重庆建筑大学学报，2007（5）：1－5.
［161］李航，李雪铭，田深圳，等. 城市人居环境的时空分异特征及其机制研究：以辽宁省为例［J］. 地理研究，2017，36（7）：1323－1338.
［162］李鹤，张平宇. 东北地区矿业城市社会就业脆弱性分析［J］. 地理研究，2009，28（3）：751－760.
［163］李鹤，张平宇. 全球变化背景下脆弱性研究进展与应用展望［J］. 地理科学进展，2011，30（7）：920－929.
［164］李红波，张小林，吴启焰，等. 发达地区乡村聚落空间重构的特征与机制研究：以苏南为例［J］. 自然资源学报，2015，30（4）：591－603.
［165］李健娜，黄云，严力蛟. 乡村人居环境评价研究［J］. 中国生态农业学报，2006，14（3）：192－195.
［166］李平星，樊杰. 基于 VSD 模型的区域生态系统脆弱性评价：以广西

西江经济带为例 [J]. 自然资源学报，2014，29（5）：779－788.

[167] 李婷婷，龙花楼. 基于“人口—土地—产业”视角的乡村转型发展研究：以山东省为例 [J]. 经济地理，2015，35（10）：149－155.

[168] 李文龙，石育中，鲁大铭，等. 北方农牧交错带干旱脆弱性时空格局演变 [J]. 自然资源学报，2018，33（9）：1599－1612.

[169] 李雪铭，晋培育. 中国城市人居环境质量特征与时空差异分析 [J]. 地理科学，2012，32（5）：521－529.

[170] 李雪铭，李婉娜. 1990 年代以来大连城市人居环境与经济协调发展定量分析 [J]. 经济地理，2005，25（3）：383－386，390.

[171] 李雪铭，倪玉娟. 近十年来我国优秀宜居城市城市化与城市人居环境协调发展评价 [J]. 干旱区资源与环境，2009，23（3）：8－14.

[172] 李雪铭，倪玉娟，宋伟. 环渤海城市群人居环境差异性发展演变研究 [J]. 现代城市研究，2009，24（6）：83－89.

[173] 李雪铭，夏春光，张英佳. 近 10 年来我国地理学视角的人居环境研究 [J]. 城市发展研究，2014，21（2）：6－13.

[174] 李雪铭，张春花，张馨，等. 城市化与城市人居环境关系的定量研究：以大连市为例 [J]. 中国人口·资源与环境，2004，14（1）：93－98.

[175] 李益敏，刘素红，李小文. 基于 GIS 的怒江峡谷人居环境容量评价：以泸水县为例 [J]. 地理科学进展，2010，29（5）：572－578.

[176] 李玉恒，阎佳玉，武文豪，等. 世界乡村转型历程与可持续发展展望 [J]. 地理科学进展，2018，37（5）：627－635.

[177] 刘春芳，石培基，焦贝贝，等. 基于乡村转型的黄土丘陵区农村居民点整治模式 [J]. 经济地理，2014，34（11）：128－134.

[178] 刘沛林，董双双. 中国古村落景观的空间意象研究 [J]. 地理研究，1998（1）：32－39.

[179] 刘颂，刘滨谊. 城市人居环境可持续发展评价指标体系研究 [J]. 城市规划汇刊，1999（5）：35－37.

[180] 刘彦随，刘玉，翟荣新. 中国农村空心化的地理学研究与整治实践 [J]. 地理学报，2009，64（10）：1193－1202.

[181] 刘彦随. 中国东部沿海地区乡村转型发展与新农村建设 [J]. 地理学报，2007，62（6）：563－570.

[182] 刘燕华，李秀彬. 脆弱性生态环境与可持续发展［M］. 北京：商务印书馆，2001.

[183] 刘永茂，李树茁. 农户生计多样性弹性测度研究：以陕西省安康市为例［J］. 资源科学，2017，39（4）：766－781.

[184] 刘志欣. 近十年来重庆三峡库区农业面源污染变化研究［D］. 重庆：重庆师范大学，2016.

[185] 龙花楼，李婷婷，邹健. 我国乡村转型发展动力机制与优化对策的典型分析［J］. 经济地理，2011，31（12）：2080－2084.

[186] 龙花楼，屠爽爽. 乡村重构的理论认知［J］. 地理科学进展，2018，37（5）：581－590.

[187] 龙花楼，邹健，李婷婷，等. 乡村转型发展特征评价及地域类型划分：以苏南—陕北样带为例［J］. 地理研究，2012，31（3）：495－506.

[188] 龙花楼，邹健. 我国快速城镇化进程中的乡村转型发展［J］. 苏州大学学报（哲学社会科学版），2011，32（4）：97－100.

[189] 龙花楼. 论土地利用转型与乡村转型发展［J］. 地理科学进展，2012，31（2）：131－138.

[190] 鲁大铭，石育中，李文龙，等. 西北地区县域脆弱性时空格局演变［J］. 地理科学进展，2017，36（4）：404－415.

[191] 陆林，凌善金，焦华富，等. 徽州古村落的景观特征及机制研究［J］. 地理科学，2004，24（6）：660－665.

[192] 罗文斌，汪友结，吴一洲，等. 基于 TOPSIS 法的城市旅游与城市发展协调性评价研究：以杭州市为例［J］. 旅游学刊，2008，23（12）：13－17.

[193] 骆高远. 宜居城市与城市旅游的互动研究：以浙江省金华市为例［J］. 经济地理，2009，29（4）：662－667.

[194] 马婧婧，曾菊新. 中国乡村长寿现象与人居环境研究：以湖北钟祥为例［J］. 地理研究，2012，31（3）：450－460.

[195] 聂承静，杨林生，李海蓉. 中国地震灾害宏观人口脆弱性评估［J］. 地理科学进展，2012，31（3）：375－382.

[196] 彭震伟，孙婕. 经济发达地区和欠发达地区农村人居环境体系比较［J］. 城市规划学刊，2007（2）：62－66.

[197] 祁新华，程煜，陈烈，等. 大城市边缘区人居环境系统演变规律：

以广州市为例 [J]. 地理研究，2008，27 (2)：421 - 430.
[198] 权瑞松. 基于情景模拟的上海中心城区建筑暴雨内涝脆弱性分析 [J]. 地理科学，2014，34 (11)：1399 - 1403.
[199] 师满江，颉耀文，曹琦. 干旱区绿洲农村居民点景观格局演变及机制分析 [J]. 地理研究，2016，35 (4)：692 - 702.
[200] 石翠萍，杨新军，王子侨，等. 基于干旱脆弱性的农户系统体制转换及其影响机制：以榆中县中连川乡为例 [J]. 人文地理，2015，30 (6)：77 - 82.
[201] 石育中，王俊，王子侨，等. 农户尺度的黄土高原乡村干旱脆弱性及适应机制 [J]. 地理科学进展，2017，36 (10)：1281 - 1293.
[202] 苏飞，陈媛，张平宇. 基于集对分析的旅游城市经济系统脆弱性评价：以舟山市为例 [J]. 地理科学，2013，33 (5)：538 - 544.
[203] 谭雪兰，安悦，蒋凌霄，等. 江南丘陵地区乡村聚落地域分异特征研究：以湖南省为例 [J]. 地理科学，2018，38 (10)：1707 - 1714.
[204] 唐宁，王成. 重庆县域乡村人居环境综合评价及其空间分异 [J]. 水土保持研究，2018，25 (2)：315 - 321.
[205] 屠爽爽，龙花楼，张英男，等. 典型村域乡村重构的过程及其驱动因素 [J]. 地理学报，2019，74 (2)：323 - 339.
[206] 王爱民. 地理学思想史 [M]. 北京：科学出版社，2010：247 - 261.
[207] 王坤鹏. 城市人居环境宜居度评价：来自我国四大直辖市的对比与分析 [J]. 经济地理，2010，30 (12)：1992 - 1997.
[208] 王士君，王永超，冯章献. 石油城市经济系统脆弱性发生过程、机制及程度研究：以大庆市为例 [J]. 经济地理，2010，30 (3)：397 - 402.
[209] 王岩，方创琳，张蔷. 城市脆弱性研究评述与展望 [J]. 地理科学进展，2013，32 (5)：755 - 768.
[210] 王岩，方创琳. 大庆市城市脆弱性综合评价与动态演变研究 [J]. 地理科学，2014，34 (5)：547 - 555.
[211] 王艳飞，刘彦随，李玉恒. 乡村转型发展格局与驱动机制的区域性分析 [J]. 经济地理，2016，36 (5)：135 - 143.
[212] 王子侨，石翠萍，蒋维，等. 社会 - 生态系统体制转换视角下的黄土高原乡村转型发展：以长武县洪家镇为例 [J]. 地理研究，2016，35 (8)：1510 - 1524.

[213] 吴良镛. 人居环境科学导论 [M]. 北京：中国建筑工业出版，2001.
[214] 熊鹰，曾光明，董力三，等. 城市人居环境与经济协调发展不确定性定量评价：以长沙市为例 [J]. 地理学报，2007，62 (4)：397-406.
[215] 杨贵庆. 大城市周边地区小城镇人居环境的可持续发展 [J]. 城市规划汇刊，1997 (2)：55-60，66.
[216] 杨贵庆. 提高社区环境品质，加强居民定居意识：对上海大都市人居环境可持续发展的探索 [J]. 城市规划汇刊，1997 (4)：17-23，33，65.
[217] 杨俊，李雪铭，李永化，等. 基于 DPSIRM 模型的社区人居环境安全空间分异：以大连市为例 [J]. 地理研究，2012，31 (1)：135-143.
[218] 杨晴青，陈佳，李伯华，等. 长江中游城市群城市人居环境演变及驱动力研究 [J]. 地理科学，2018，38 (2)：195-205.
[220] 杨晴青. 长江中游城市群城市人居环境竞争力时空演变及优化路径 [D]. 武汉：华中师范大学，2016.
[221] 杨忍，陈燕纯. 中国乡村地理学研究的主要热点演变及展望 [J]. 地理科学进展，2018，37 (5)：601-616.
[222] 杨忍，刘彦随，龙花楼，等. 中国乡村转型重构研究进展与展望：逻辑主线与内容框架 [J]. 地理科学进展，2015，34 (8)：1019-1030.
[223] 杨忍，徐茜，周敬东，等. 基于行动者网络理论的逢简村传统村落空间转型机制解析 [J]. 地理科学，2018，38 (11)：1817-1827.
[224] 杨文，孙蚌珠，王学龙. 中国农村家庭脆弱性的测量与分解 [J]. 经济研究，2012，47 (4)：40-51.
[225] 杨新军，张慧，王子侨. 基于情景分析的西北农村社会-生态系统脆弱性研究：以榆中县中连川乡为例 [J]. 地理科学，2015，35 (8)：952-959.
[226] 杨兴柱，王群. 皖南旅游区乡村人居环境质量评价及影响分析 [J]. 地理学报，2013，68 (6)：851-867.
[227] 姚兴柱，白根川，管清琛. 成都平原边缘洪雅县农村居民点时空演变与景观格局 [J]. 中国农学通报，2017，33 (18)：65-70.
[228] 于希贤. 人居环境与风水 [M]. 北京：中央编译出版社，2016.
[229] 余斌. 城市化进程中的乡村住区系统演变与人居环境优化研究 [D]. 武汉：华中师范大学，2007.

[230] 余中元，李波，张新时. 湖泊流域社会生态系统脆弱性时空演变及调控研究：以滇池为例 [J]. 人文地理，2015，30 (2)：110 -116.
[231] 虞虎，陆林，朱冬芳. 长江三角洲城市旅游与城市发展协调性及影响因素 [J]. 自然资源学报，2012，27 (10)：1746 -1757.
[232] 袁瀛，郝惠莉，马宁，等. 陕西省水土流失重点防治区的划分方法及指标体系 [J]. 水土保持通报，2017，37 (5)：333 -337，349.
[233] 湛东升，张文忠，党云晓，等. 中国城市化发展的人居环境支撑条件分析 [J]. 人文地理，2015，30 (1)：98 -104.
[234] 张富刚，刘彦随. 中国区域乡村发展动力机制及其发展模式 [J]. 地理学报，2008，63 (2)：115 -122.
[235] 张京祥，申明锐，赵晨. 超越线性转型的乡村复兴：基于南京市高淳区两个典型村庄的比较 [J]. 经济地理，2015，35 (3)：1 -8.
[236] 张立新，杨新军，陈佳，等. 大遗址区人地系统脆弱性评价及影响机制：以汉长安城大遗址区为例 [J]. 资源科学，2015，37 (9)：1848 -1859.
[237] 张南. 转型时期农村人口结构变化与经济发展问题研究 [J]. 农业经济，2016 (7)：10 -11.
[238] 赵林，韩增林，马慧强. 东北地区城市人居环境质量时空变化分析 [J]. 地域研究与开发，2013，32 (2)：73 -78.
[239] 赵蕊. 湖泊型旅游地乡村人居环境演变及其规划应对策略 [D]. 西安：西北大学，2017.
[240] 赵彤，马晓冬，周玉玉. 江苏省农村经济转型发展的区域分异 [J]. 经济地理，2014，34 (1)：128 -132.
[241] 赵万民，周学红. 人居环境发展中的五律协同机制研究 [J]. 城市问题，2007 (1)：20 -23.
[242] 赵雪雁，刘春芳，王学良，等. 干旱区内陆河流域农户生计对生态退化的脆弱性评价：以石羊河中下游为例 [J]. 生态学报，2016，36 (13)：4141 -4151.
[243] 周国华，贺艳华，唐承丽，等. 中国农村聚居演变的驱动机制及态势分析 [J]. 地理学报，2011，66 (4)：515 -524.
[244] 周庆华. 黄土高原·河谷中的聚落：陕北地区人居环境空间形态模式研究 [M]. 北京：中国建筑工业出版社，2009.

[245] 周直，朱未易. 人居环境研究综述 [J]. 南京社会科学，2002（2）：84－88.
[246] 朱彬，张小林，尹旭. 江苏省乡村人居环境质量评价及空间格局分析 [J]. 经济地理，2015，35（3）：138－144.
[247] 朱媛媛. 城镇化进程中的城乡文化整合研究 [D]. 武汉：华中师范大学，2014.

后　　记

本书是在我的博士学位论文的基础上修改、补充而成的。求学之路十分漫长，但又十分纯粹。从初入南岳时恋家哭泣的小女生，到欣喜入驻桂子山的山民，再到毅然踏上博士求学路的西行者，万千思绪涌上心头，唯以感恩之心致谢给予我帮助的良师、同窗、益友、亲人。

首先，感谢我的博士生导师杨新军教授。您治学严谨，视角独特又深邃，言语犀利又风趣，每每与您交谈，我都获益良多。传说中艰辛的博士求学之路竟走得有些欢快。是您营造了宽松自由、张弛有度的科研环境，引导我基于研究兴趣深入探索，聚焦人地系统、乡村转型与振兴。在您的支持与鼓励下，我尝试突破以往研究的局限，由基于宏观统计数据的定量研究转向践行“用脚做研究”，扎根田野开展农户参与式的体验研究，调研足迹也从关中、秦岭、黄土高原，直至甘肃民勤绿洲，博士学位论文的框架也随着这些足迹逐渐搭建。师恩深重，无以为报，唯愿老师喜乐安康。

在西北大学的三年如白驹过隙，在此感谢老师们的谆谆教诲与支持。他们是李同昇教授、宋进喜教授、杨勤科教授、陈海教授、黄晓军教授、李钢教授、赵新正教授、惠怡安老师等。感谢同门对我的学业、生活提供的帮助，尤其感谢张戬、胡峰、吴孔森等同学在每天超 12 小时的高负荷实地调研工作中的坚持，以及韩文维、马江浩、袁倩文同学在资料整理等事项中提供的帮助。感谢 2016 级博士研究生同学安传艳、张行、宋琼、王昭、吴冲、付鑫、黄晨露、叶珊珊等，怀念与你们一同听课、讨论的时光。感谢华中师范大学区域经济学专业的同学，师姐朱媛媛、师兄万庆等，与你们畅聊科学研究、休闲娱乐的时光愉悦了整个博士求学生涯。谢谢你们的陪伴与分享，愿友谊之树长青。

真诚地感谢榆林市佳县地方政府、行业部门及基层干部对实地调研工作的长期支持与倾囊相助，确保了资料收集、入户访谈工作的顺利进行。

感谢当地向导、司机刘师傅在调研行程中热情、翔实地介绍当地风土人情，给予我们野外调研工作多方面的助力。感谢参与问卷调查、田野访谈的近600位当地居民、基层管理者，谢谢你们不厌其烦、毫无保留地与我们畅聊，你们的朴实、刚毅、热忱与无私是陕北高原乡村振兴的星星之火。

感谢工作单位陕西师范大学西北国土资源研究中心主任曹小曙教授，您给予的激励与支持让我很快地融入了工作团队。感谢中心的各位同事，多学科的理论与技术支持使我收获颇多。感谢陕西师范大学的各位老师、学生给予我的帮助与鼓励。

感谢中山大学出版社副总编嵇春霞老师、本书的责任编辑潘惠虹老师，是你们的付出与耐心促成了本专著的出版。

最后，感谢不知不觉已年过半百的父母，是你们的辛勤劳作为我创造了良好的学习环境，支持、理解、包容我的成长与选择。感谢我的爱人高岩辉博士对我的包容与支持。感谢我的宝宝杨澍芃小朋友，是你的出生给了妈妈努力的动力，愿你无忧无虑、健康成长。感谢所有的亲人、朋友们对我成长的期盼与体贴。感谢求学路上托举我成长的恩师曾菊新教授、李伯华教授，你们是我行走于科研之路的领路人。

求学二十载，已过万重山，感谢那个踏夜前行、执着的自己。在无数个辗转难眠的夜晚，我崩溃过、反思过、困扰过，却从未后悔踏上博士求学路，因为始终坚信，无论过程多么难熬，终将有回报。而今，站在新的起点向前看，路漫漫亦灿灿。

杨晴青

2023年3月于长安